U0211844

博弈论——博弈思维与创新应用

主　编　禹明刚

副主编　张东戈　李清伟　韩　伟　陈　瑾

哈尔滨工业大学出版社

内 容 简 介

　　本书以专题形式,将博弈论划分为博弈与均衡、非合作博弈、合作博弈、演化博弈四篇专题,由浅入深地介绍博弈论基本知识、数理逻辑和现实应用。在"博弈与均衡"专题,首先梳理博弈论基本概念、起源、范式,为后续专题的展开奠定理论基础;在"非合作博弈"专题,重点围绕经典零和博弈,以及对称信息动态及重复博弈展开讨论,对非合作博弈的经典模型、均衡求解方法进行系统阐述;在"合作博弈"专题,聚焦合作行为产生的条件、效益的分配等合作博弈中的核心关切问题进行阐释;在"演化博弈"专题,按照博弈的规模及信息交互模式,区分混合均匀与无标度两种网络拓扑形态,系统讨论了演化博弈的动力学过程及演化稳定求解过程。由于博弈本身(尤其是非合作博弈)的对抗性本质,本书最后以博弈视角下的未来智能化战争为切入点,展望了博弈论在军事领域的应用。

　　本书可作为从事博弈论研究相关人员,以及高等院校运筹学、经济学相关专业本科生和研究生的参考书籍,也可作为广大博弈论爱好者的普及读物。

图书在版编目(CIP)数据

　　博弈论:博弈思维与创新应用/禹明刚主编.
—哈尔滨:哈尔滨工业大学出版社,2025.1. —ISBN
978－7－5767－1815－7

　　Ⅰ.O225

　　中国国家版本馆 CIP 数据核字第 2025F9X766 号

策划编辑　　薛　力
责任编辑　　薛　力
封面设计　　刘　乐
出版发行　　哈尔滨工业大学出版社
社　　址　　哈尔滨市南岗区复华四道街 10 号　　邮编 150006
传　　真　　0451－86414749
网　　址　　http://hitpress.hit.edu.cn
印　　刷　　哈尔滨博奇印刷有限公司
开　　本　　787mm×960mm　　1/16　　印张 19.75　　字数 307 千字
版　　次　　2025 年 1 月第 1 版　　2025 年 1 月第 1 次印刷
书　　号　　ISBN 978－7－5767－1815－7
定　　价　　128.00 元

　　(如因印装质量问题影响阅读,我社负责调换)

前　言

以冯·诺依曼和奥斯·摩根斯坦奠基性的成果——于 1944 年共同出版的《博弈论和经济行为》为时间起点,经过几十年发展,博弈论已经在经济、军事、社会治理等领域大放异彩,成为人类认识世界的基本方法论之一。事实上,在我们生活的世界里时时事事皆博弈,我们需要的不仅仅是掌握某一种具体的博弈论方法,还需要培塑认知世界的博弈思维,以及在此思维下解决具有时代背景的现实问题的能力。

苏格拉底认为"教育的真谛不是灌输而是点燃,一万次灌输不如一次真正的唤醒";爱因斯坦指出"大学教育的价值不在于记住很多事实,而是训练大脑会思考"。我认为,这里的"大学"应当是广义上的大学,"教育"则是超脱于本科/专科教育之上的、不以程式化知识记忆为目的,以培养个性化创新性思维为导向的高等教育。

本书以大学教育导向为牵引,紧扣"博弈思维",在系统梳理博弈论理论知识的基础上,穿插大量生活中的博弈案例及游戏故事,目的不在于使读者掌握某一个理论知识,而在于以此方式点燃和培塑读者的博弈思维。同时,本书紧扣"创新应用",内容上共设四个专题,每个专题最后均以案例分析方式将本专题的理论内容"串"起来,这些案例具有智能化时代背景,是博弈论与智能技术、无人化技术的碰撞,是对经典博弈论在智能时代的创新应用,目的在于强化读者用博弈论分析和解决现实问题的能力。

国内介绍博弈论的著作较多,极大推动了博弈论的知识传播及理论进步,但大部分聚焦于博弈论在某一专业领域的应用,专业性过强,通俗性不足,博弈背后的机理解析凸显不够。有些著作又过于通俗,严谨性有所欠缺。本书包括博弈与均衡、非合作博弈、合作博弈、演化博弈四篇专题,由浅入深地介绍博弈论基本知识、数理逻辑、现实应用,在写作及逻辑安排上力求兼具通俗性与专业性,既可作为博弈论爱好者的普及读物,也可作为运筹学、经济学领域研究生专

博弈论——博弈思维与创新应用

业研究的参考资料。

本书得到国家自然科学基金（72471240、71901217、62071488）、军委科技委×××重点基础研究项目、国家社会科学基金（19BXW117）、陆军工程大学教学成果立项培育项目（研究生"博弈论及其应用"课程课堂博弈对抗教学模式的探索与实践）等项目的支持。

陆军工程大学禹明刚撰写本书第 1~4、8、10、14、16、17 章，张东戈撰写第5、6 章，中国电子科技集团有限公司第二十八研究所李清伟撰写第 7、9 章，韩伟撰写第 11、12 章，陈瑾撰写第 13、15 章。感谢刘锦涛、朱卫星、何红悦、董经纬、孙雪非、许贝佳、徐兵、徐鹏、刘叶芳、高宁、王转平对本书提出的宝贵意见及给予本书的启发与帮助。

在编写过程中，作者参阅了大量翔实的文献资料，同时融入了自身多年来在博弈论教学科研中的理论积累和实践经验，但由于博弈论这一年轻学科尚处于发展阶段，同时受时间、作者水平所限，对一些问题的看法可能有失偏颇，书中难免会存在不足之处，请广大读者朋友批评斧正。

禹明刚

2025 年 1 月于南京

目　　录

第一篇　博弈与均衡

第二篇　非合作博弈

第三篇　合作博弈

第一篇　博弈与均衡

要想在现代社会做一个有文化的人,你应当对博弈论有一个大致的了解。

——保罗·萨缪尔森

第1章 漫谈博弈论

博弈论是一门理论性与实用性兼备的学科,其在解决管理、决策、评估等现实问题中发挥着不可替代的重要作用。那么,到底什么是博弈?它的发展形成历史是怎样的?它有哪些基本假设?它的基本研究范式是什么?了解这些问题是迈入博弈论大门的第一步。

1.1 何为"博弈"

"博弈论"这个术语出自英语的"game theory",直译就是"游戏理论"。这个直译有点过于直白,已被淘汰了;而"博弈论"则典雅一些,现已成为标准译名,至少在我国是这样。

此外,"对策论"这个译名,也在很多场合大量使用。比如,国内从事博弈论研究的一个很重要的学术组织,名字就叫"中国运筹学会对策论分会"。应该说,"对策论"也是一个非常精彩的译名,因为博弈论是决策理论的一个分支。从"决策"到"对策",从构词来看非常优美;而且尽管仍有误导成分,但它的研究对象和研究意义基本都不言自明了。因此,目前使用较为广泛的译名就是"博弈论"和"对策论"。"game theory"的不同翻译如图 1-1 所示。

图 1-1 "game theory"的不同翻译

例如,在文学名著 *Gone with the Wind* 的翻译中,《飘》被公认为是最精彩的译名,而《乱世佳人》的流传也很广,如图 1-2 所示。这两个译名的味道差别,就

好比是"博弈论"和"对策论"之于"game theory"的翻译,"博弈论"用得更广,用词上也更典雅;但"对策论"的说法应用也很广泛。此外,"对策"与"博弈"不同,它是单方视角而非全局视角,这也与"博弈论"的研究方式相冲突。总体来看,"对策论"的使用基本局限于运筹学和数学领域,而在其他领域和媒体报道中,"博弈论"这个词已经占据了压倒性的优势。

图1-2　"Gone with the wind"的不同翻译

那么,博弈论的研究对象究竟是什么呢?从构词法来讲,博弈论就是研究博弈的理论。所谓博弈,就是一个"多人互动决策"的环境,如图1-3所示。在这个环境下,至少要有两个人,他们需要做决策(同时或不同时),这些决策相互影响、相互依赖。对于每个人的每个决策来说,静止地、孤立地说它"好"还是"不好"都没有意义,因为能有多少收益,不完全取决于他自己的决策,还取决于其他人的决策。当然,每个人自己的决策同时也会影响其他人的收益。

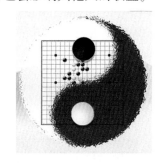

图1-3　博弈的多人互动决策属性

举例来说,进行团队游戏时,仅仅知道某个玩家的行为,很难判断他究竟是"猪一样的队友"还是"神一样的对手",他的这些行为必须放到大环境中,结合其他玩家的行为,才能判断是妙招还是蠢招。所以,博弈论更加贴切的名称应该是"互动决策理论"。

关于"多人互动决策",纳什在1948年发明的六贯棋(图1-4)也能用来对其进行说明。红方和蓝方轮流布子,谁能先让自己的棋子从棋盘的一条边一直延伸到对边,即为胜利方。在这个过程中,棋手要根据对方的策略不断调整自己的策略,每一步都要设法阻断对方通路并延伸己方通路。

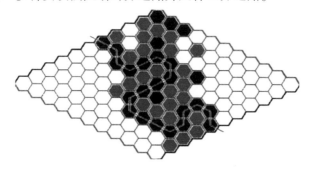

图 1-4　基于博弈思维的"六贯棋"

观察日常生活,你会惊讶地发现:博弈行为简直无处不在(图 1-5)。例如,婚姻是一场博弈。婚姻生活是否幸福,取决于两个人的行动,完全有可能一方觉得幸福而另一方觉得不幸福。博弈论中有个著名的模型就叫"性别大战",市场上有专门关于婚姻博弈的书,如《爱的博弈》《婚姻博弈论》。例如,高考是一场博弈。考生能否考上理想的大学,不仅取决于自己的高考成绩,更是受竞争对手(所有其他考生)成绩的影响。例如,股市是一场博弈。每个股民的收益,最终都取决于所有股民买进卖出的行为。市场上有专门关于股市博弈的书,如《股市博弈论》。再例如,在菜市场或电商平台讨价还价买东西,毫无疑问也是一种博弈。事实上,博弈论的一个重要研究方向就叫"讨价还价理论",市场上有专门关于讨价还价博弈的书,如《讨价还价的博弈论模型》。当然,军事作战更是一场各方作战力量之间的攻防博弈。

(a)　　　　　　　　(b)

(c)　　　　　　　　(d)

图 1-5　时时处处皆博弈

知识学习的目的在于运用,博弈论如何在婚姻、高考、股市、讨价还价及军事作战中发挥作用呢? 这就需要对博弈论的起源、基本假设和研究范式有一个大致的了解。

1.2 博弈论起源

博弈论之所以会被公众所了解,除了一届届宣传造势都很成功的诺贝尔经济学奖(以下简称"诺奖")之外,更要归功于一部优秀的美国电影——《美丽心灵》(A Beautiful Mind)。通过它,很多人认识了数学天才约翰·纳什(John Nash),也由此知道了博弈论。《美丽心灵》电影海报与纳什如图1-6所示。因为患有精神分裂症,纳什不仅错过了学术上出成就的黄金年龄,也因此与多个世界顶级奖项(如数学领域最高奖——菲尔茨奖)擦肩而过,据说这也反过来又加重了他的病情。不过,金子的光芒总是遮不住的,1994年诺贝尔经济学奖最终颁给了纳什。

(a)　　　　　　　　　　　　　　(b)

图1-6 《美丽心灵》电影海报与纳什

纳什对博弈论的贡献虽然是奠基性的,但"博弈论之父"这顶桂冠,却应该戴在另一位数学天才,也就是约翰·冯·诺依曼(John von Neumann)的头上。

众所周知,冯·诺依曼还被公认为"计算机之父"。纳什的一生是传奇的,冯·诺依曼的一生更是传奇。其实,在纳什和冯·诺依曼之前,数学家策梅洛和波雷尔,经济学家埃奇沃思、古诺、伯川德、斯坦博格等的研究,都与博弈论有非常密切的关系。据著名的博弈论学家宾默尔考证,"均衡"的思想最早可以追溯到13世纪,出自与著名的经济学家亚当·斯密同时代的哲学家大卫·休谟。

但是,直到1928年,冯·诺依曼证明了二人零和博弈的极大极小定理,这才被公认为是博弈论正式诞生的标志。这不仅是博弈论领域的第一个实质性结果,而且是整个博弈论领域最核心、最重要的几个结果之一,即便到了今天也仍是这样。冯·诺依曼和他的突出贡献如图 1-7 所示。

√　二人零和博弈的“极大极小定理”

《博弈论和经济行为》
(*Theory of Games and Economic Behavior*)
√　是博弈论的奠基之作。

图 1-7　冯·诺依曼和他的突出贡献

1944 年,冯·诺依曼和摩根斯坦合作撰写了划时代巨著《博弈论和经济行为》,这是博弈论发展史上的又一个里程碑事件。该书出版后引起了学术界(主要是数学界)的巨大轰动,吸引了一大批最优秀的年轻人(包括纳什等)追随研究,形成了博弈论历史上无出其右的“普林斯顿学派”。

冯·诺依曼写作该书的终极目的是尝试用博弈论的框架为经济学建立一个坚实的理论基础,使其能够像物理学一样成为一门严格的科学。从 20 世纪 50 年代开始,越来越多的经济学家进入了博弈论的领域,在博弈论这个工具的帮助下,经济学的经典理论已经在一定程度上被改写。今天的经济学研究,尤其是微观经济学研究,已经完全离不开博弈论,这也是为什么这个领域会一次又一次地被授予诺奖的原因。

冯·诺依曼正是干了这么两件具有划时代意义的开创性工作,才被奉为“博弈论之父”的。有人可能会问,既然冯·诺依曼这么厉害,他怎么没获得诺奖呢?我们知道,诺奖的经济学奖与物理学奖、化学奖等不太一样,它并不是诺贝尔遗嘱中的奖项,而是瑞典银行以纪念诺贝尔为名颁发的奖项。虽然它也和其他诺奖一起颁发,但是奖金并非来自诺贝尔基金会。1969 年,诺贝尔经济学奖首次颁发,但早在 1957 年,冯·诺依曼就已经去世了(诺奖只颁发给在世的人)。至于博弈论被经济学界广泛认可,也是从 20 世纪八九十年代才开始的,直到 1994 年,该奖才首次颁发给博弈论这个领域。

尽管博弈论兴起于经济学领域,但更好地分析战争和国际关系,也是冯·

诺依曼创建博弈论的初始目的之一,如图 1-8 所示。

> 无论战争,还是国际形式,博弈论分析的都是有冲突的局面。事实上,博弈论也可以被称为"冲突分析理论",用以研究利益相互有影响、有冲突的情况下的决策问题。

> 博弈论也是一门研究如何更好地合作的学问。冲突与合作是人类的永恒话题。如何化解冲突、走向合作,是人类文明和人类社会得以存在的基础。

图 1-8　博弈论不仅研究对抗冲突,也研究合作

在当时的国际环境下,这是很容易理解的,而冯·诺依曼坚持不懈地研究零和博弈,也正是出于这个原因。已故的以色列博弈论学家席勒,当年在美国提出了谈判集概念后,很长一段时间受美国中央情报局的专人保护,因为美国怕苏联把这个概念偷走。众所周知,战争是人类有史以来最大的伤痛来源之一。为了步入永久的和平,人们必须对战争的逻辑有深刻的理解,这与"为了治疗癌症,必须对癌症的机制有深刻理解"是一样的道理。

博弈论的集大成者、以色列博弈论学家奥曼,在 2005 年荣获诺奖的获奖致辞的题目就是"战争与和平";而同年的另一位诺奖得主谢林,他的获奖原因之一,也是利用博弈论令人信服地分析了冷战形势。无论是战争、经济,博弈论分析的都是有冲突的局面。事实上,博弈论也可以被称为"冲突分析理论",用以研究大家的利益相互有影响、有冲突的情况下的决策问题。

与此同时,博弈论也是一门研究大家如何更好合作的学问。冲突与合作是人类的永恒话题,是一枚硬币不可分割的两面。如何化解冲突、走向合作,是人类文明和人类社会得以存在的基础。

"加深了人类对于冲突与合作的理解",这正是诺奖委员会给奥曼和谢林的颁奖词。

1.3　博弈的理性

1.3.1　完全理性

经典博弈论研究中的一个基本假设,就是参与人是完全理性的。什么是"完全理性"呢?对于博弈论来说,这是一个非常核心的问题(事实上,世界著名的以色列希伯来大学博弈论研究中心,它的名字就叫"理性研究中心")。简单来说,"完全理性"指的是参与人足够聪明、拥有无穷的计算和推理能力,而且从来不会犯错误,如图 1-9 所示。

理性人假设中
人们所有的经济和社会决策
都建立在对成本和收益的分析基础上
追求自身利益最大化

图 1-9　博弈的完全理性

博弈论研究的是:如果大家都这样理性,最终会出现什么结果?博弈论里把最终可能出现的结果称为"纳什均衡"(图 1-10)。纳什均衡是这样一种局面:对于每个人而言,如果其他人都不改变他们行为的话,那么他也不愿意改变自己的行为。

一个均衡就是一个稳定局面,一旦出现就不会发生变化。

例如,囚徒困境博弈。有两个共同作案的犯罪嫌疑人被警方抓住,警方没有他们直接的犯罪证据,只有他们妨碍执法的证据,对他们的审讯结果将直接影响对他们的量刑结果,两人被分开关押,他们面临如图 1-11 所示的局势。

博 弈 论 ——

纳什均衡：如果某种情况下没有一个参与者可以通过独自行动而增加收益，这个策略组合叫作纳什均衡。

图 1-10 纳什均衡

小偷甲和乙联手偷窃，这两人在私人民宅作案时被警方逮住，但警方未获证据。警方将两人置于两所房间分开审讯。现在共有四种可能等待他们：

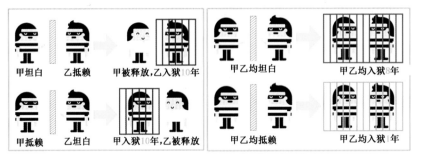

甲坦白　乙抵赖　→　甲被释放，乙入狱10年

甲抵赖　乙坦白　→　甲入狱10年，乙被释放

甲乙均坦白　→　甲乙均入狱8年

甲乙均抵赖　→　甲乙均入狱1年

图 1-11 囚徒困境博弈

在这个博弈中，最好的选择是两个囚徒均选择抵赖，这样他们只要都坐 1 年牢就被释放了。结果呢？由于两个囚徒彼此不信任，因此只能自己打自己的小算盘选择坦白。所以最后，两个人都坐了 8 年的牢。因此，(坦白，坦白)就是一个纳什均衡。

前几年，课外补习班大行其道，上补习班与囚徒困境是一个模型。假设有 A、B 两位家长，他们在是否让孩子上补习班这件事上面临表 1-1 所示的局势。

表 1-1 补习班博弈

A	收益	B	
		上	不上
	上	−5，−5(上策均衡)	−1，−10
	不上	−10，−1	−2，−2

最好的结果是大家都不上,但是大家形不成有约束力的协议(可信的承诺)。如果所有人均不上补习班,此时有一个人偷偷上了,他就可以从中受益——提升孩子分数。因此(不上,不上)不是一个稳定的均衡点,最后大家都上,达成了(上,上)这样一个上策均衡。

你可能会问:实际上,现实中的人远没有博弈论里假设的那么理性(会受到外部环境、亲情或友情等各种感性因素影响),所谓的"完全理性假设"不就是很荒谬的吗?

其实,这正是很多人批评甚至攻击博弈论和理论经济学的主要依据。例如前面例子中的两个小偷,如果他们是多年的老搭档,彼此有着深厚的感情并且非常信赖彼此,很可能最后两个人都选择了抵赖;再例如,其中一个小偷想我就选择抵赖赌一把吧,我赌我的伙伴也选择抵赖,这样我们只坐一年牢就出来了,但是另外一个小偷很可能非常理性和狡猾,他知道无论对方选择什么,坦白都是他最好的选择,因此他选择了坦白。以上两种情况都达不到(坦白,坦白)这样一种理想的纳什均衡状态。

"完全理性"这样的假设肯定不完美,但是绝对不荒谬;抛弃这个假设的研究非常有意义,但是基于这个假设的研究也永远不会过时。

首先,不能简单地以"假设是否符合现实"来评判一个模型的好坏。如图1-12所示,任何模型都只是现实世界的近似,好的模型和假设是对现实世界的抽象而非扭曲,能帮助研究者抓住所研究问题的主要矛盾而抛开不重要的细节。至于什么是好的假设、什么是坏的假设,对任何具体问题来说,这都是一件很微妙的事情,学术界内部也经常有非常大的争议。正如著名统计学家鲍克斯所讲,"所有模型都是错误的,但有些是有用的"。完全理性模型就是非常有用的。

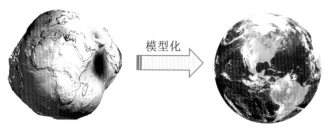

图 1-12　模型化的失真

其次,理论研究除了用来解释历史、理解现实和预测未来以外,还可以作为基准比较对象(benchmark)。基于完全理性假设的模型,有时候可以对现实有非常好的逼近。更重要的是,它永远可以作为一个理想的基准比较对象,这就

像物理学可以假设物体处于真空中一样。真实的世界可以纷繁芜杂、不断变化和演进，但是基准比较对象却可以简单而永远不变，这也正是某些学者所讲的"理论模型比现实更真实"的准确含义。

1.3.2　有限理性

博弈论中有一个研究方向叫"有限理性模型"，从 20 世纪 90 年代开始就吸引了学术界的广泛关注。这个方向的基本假设，就是人没有那么聪明、没有那么理性。不可否认，这是非常有意义的一个方向。但是，什么叫有限理性呢？这仍是一个远未达成共识的问题，而且它要比"完全理性"具有更多的歧义。"完全理性"与"有限理性"是博弈论的一体之两翼，如图 1-13 所示。

图 1-13　"完全理性"与"有限理性"是博弈论的一体之两翼

几乎所有基于完全理性假设的模型都是相通的，所以也可以说，本质上只有一个完全理性模型；但是有本质差别的有限理性模型，却可以有非常多个。这是很容易理解的，因为完美的东西永远只有一个，它要具备所有的优点；不完美的东西却可以因为种种不同的原因，而呈现出各自的不完美（有人将上述逻辑称为"托尔斯泰效应"）。所以，具有"完美性"和"唯一性"，也是完全理性模型可以作为基准比较对象的原因。

1.3.3　行为博弈论

博弈论还有一个比较前沿的研究方向叫"行为博弈论"，其主要是用实验的办法来研究现实中大家进行各种博弈的时候，究竟会出现什么结果。总的发现是，它的很多结果与博弈论的分析有较大的出入。能发现现实中大家决策的真实规律，这当然是非常有意义的工作；但是，并不能用这些实验结果来简单地否定依靠完全理性模型得出的结论。

经常有科学家宣称，他们的实验结果推翻了经典博弈论的预测。这是非常不合适的说法。对于经典博弈论来说，预测只是它的几个功能中最不重要的一个，何况很多的实验控制还不能做到非常严格。退一步说，即使实验控制真的足够严格、足够使我们信服"经典博弈论不符合现实"，作为基准比较对象，完全理性模型也仍然有其永远存在、永远值得研究的价值。

事实上,完全理性模型、有限理性模型和行为博弈论,是 3 个互相补充的研究方向,都有其存在的价值,没有简单的谁对谁错、谁好谁坏之分。

1.4　博弈论基本范式

1.4.1　实然与应然

尽管在一些自然科学领域也有应用,但博弈论基本上还是应该划为社会科学范畴,因为它研究的是人与人之间的互动。与其他社会科学一样,博弈论的研究也大致有两种范式,即实然性(positive 或 descriptive)研究,和应然性(normative 或 prescriptive)研究,如图 1-14 所示。

图 1-14　"实然性"与"应然性"

粗略来讲,"实然性研究"想知道现实社会是什么样(fact),"应然性研究"想探索理想社会应该是什么样(belief);前者想了解现实,后者则试图改变现实。因此,博弈论有两大研究分支,即"非合作博弈"与"合作博弈"。大致而言,非合作博弈主要采取实然性研究范式,合作博弈主要采取应然性研究范式。非合作博弈是指一种参与者不可能达成具有约束力的协议的博弈类型,这是一种具有互不相容性质的博弈,非合作博弈研究人们在利益相互影响的局势中如何选择决策使自己的收益最大。

1.4.2　合作与非合作

正如上面提到的,博弈论大的方向上可以分为合作博弈与非合作博弈。

合作博弈亦称为正和博弈,是指博弈参与方的利益都有所增加,或者至少一方的利益是增加的,而另一方的利益不受损害,因而整个社会的利益是有所增加的。

因此，一定程度上，可以这么说，合作博弈以全局最优为目的，即你好我好大家好；非合作博弈以个体最优为目的。

实际上，博弈论的形象主要是由非合作博弈这个分支塑造的；至于合作博弈，则可谓是"没落贵族"了。历史上，合作博弈的研究曾经非常辉煌。例如，前面提到的冯·诺依曼的《博弈论与经济行为》中，有 2/3 以上的内容都属于合作博弈(尽管那时候还没有合作博弈与非合作博弈的区分)；到了 20 世纪五六十年代，博弈论的主流研究也仍然是合作博弈。但是慢慢地，从 20 世纪七八十年代开始，非合作博弈越来越成为主流，并将压倒性优势保持到了今天。现在，博弈论几乎所有的成熟应用都来自非合作博弈，而合作博弈这个方向，迄今为止仍未获得过诺奖。

合作博弈研究合作，非合作博弈研究竞争冲突，对吗？

这是简单的望文生义。冲突与合作是一个事物的两个方面，博弈论的核心研究目的(至少之一)就是解决冲突达成合作。例如，非合作博弈里的一个重要研究分支"重复博弈"，主要就是研究"一次博弈无法形成的合作局面，如何在多次博弈中达成"。在合作博弈中，各种解的概念也必须考虑所有人的利益，尽量让所有的参与人都满意。

当然了，望文生义也不是无缘无故的，这两个分支的名字起得太容易让人产生这种联想了。冲突与合作是博弈论的核心研究话题，那么"合作博弈研究合作，非合作博弈研究竞争与冲突"，听起来似乎就非常顺理成章了。所以，包括奥曼在内的博弈论学家，都建议用"策略博弈"和"联盟博弈"的术语来分别替代"非合作博弈"和"合作博弈"。尽管他们的号召得到了很多人的响应，前两个术语在文献中也被大量使用，但是容易让人望文生义的后两个称呼，至今仍占据主导地位。

1.4.3　博弈论与数学及社会科学

另一个问题：博弈论与数学是什么关系？

正如前面已经讲到的，博弈论是天才数学家冯·诺依曼提出的，另一个天才数学家纳什则奠定了现代博弈论的基础。至于早期的博弈论学家更是几乎全是数学专业甚至纯数学专业出身。在今天，没有一定的数学基础而想要比较深刻地理解博弈论的主要内容，几乎是一件不可能完成的任务。博弈论与数学示意图如图 1-15 所示。

博弈论　　　　　　　　　　　　　　　　**数学**

图 1-15　博弈论与数学示意图

　　尽管数学对于博弈论非常重要,博弈论里面也有很多深刻而有趣的数学问题,但博弈论不是数学的一个分支,它与数学的研究范式有很大的差异。

　　博弈论是门社会科学,研究的是现实世界中人的决策行为,所以需要建模,需要研究者对社会和人的行为有比较深入的了解和洞察;而数学是与自然科学和社会科学并列的一门学科。严格来说:数学不应称为科学(如果按照一般的理解,将"科学"二字定义为研究现实世界的学问)。数学只是在"可能世界"里寻找规律,而科学则在"现实世界"里寻求规律。

　　从这个角度来说,数学的研究对象比科学的更普适,如图 1-16 所示。这也是数学可以作为工具应用到科学中的原因。逻辑和结构的可能世界远比现实世界简洁得多,因为它抛弃了更多的细节,这也是数学推理的链条可以长得令人吃惊、数学内在的一致性可以紧密得令人吃惊的原因。

　　所以,要成为一名优秀的数学家,完全可以不懂任何人情世故,可以对现实世界没有任何了解而只活在自己孤独的内心里,这样的例子比比皆是。但是,博弈论不是这样的,像其他社会科学一样,博弈论里的推理链条不会太长,而且非常重视问题的现实解释。

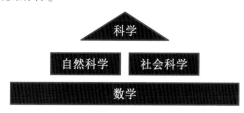

图 1-16　数学的普适性与基础性

　　如果说 20 世纪 80 年代以前的博弈论研究主要由数学家完成,大量的博弈论研究成果发表在数学类的期刊上,那么从那以后,越来越多的一流成果是由经济学家完成的,而且更多的一流文章被发表在经济学领域的期刊上。早期的博弈论学家的名气也主要是从经济学领域获得的,他们的工作大多是被经济学领域认可的。

　　那些历史上著名的博弈论学家,说他们同时也是经济学家,基本上都没问

题。因此,"博弈论是数学的一个分支"这个说法,远没有"博弈论是经济学的一个分支"(同时博弈论应用最成功的领域也是经济学)更恰当。当然,后者也不完全正确,因为博弈论有其学科独立性,更严格的说法是"博弈论是决策科学的一个分支"。博弈论的经济学及决策科学属性如图1-17所示。

图1-17 博弈论的经济学及决策科学属性

本章从博弈的概念谈起,回顾了博弈论的发展历史,梳理了博弈论的基本假设、研究范式。本章内容是博弈论的基础知识,后续专题和章节将在这些基础知识之上展开更深入的讨论。

第2章　博弈规则

博弈是一种行为现象,描述的是意识到其行为将相互影响的决策者的行为。博弈论是研究博弈行为的科学。博弈行为的发生须遵循一定的规则,了解博弈规则的重点是厘清博弈的概念,区分博弈要素组成,掌握博弈论的基本假设,并且知道不同视角下博弈论的分类。为明确上述内容及其关系,这里给出各部分的划分及内在逻辑,如图 2-1 所示。

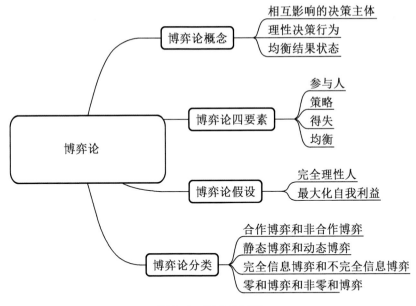

图 2-1　博弈的规则

2.1　拍卖 1 元硬币

博弈是个人、团队或组织,面临一定的环境条件,在一定的规则下,同时或者先后,一次或者多次,选择策略并实施的过程。

17

需要注意的是,博弈论关注的是决策者意识到其行动将相互影响时的行为。例如,当一个城市中仅有的两家报社为其报纸定价时,它们会意识到自己的销量既受对方影响,又同时影响对方。此时,它们就成为了一个博弈的参与人,它们不是在与购买其报纸的读者进行博弈,因为每一位读者都不会考虑自己对报社的影响。对于制定决策时不考虑别人的反应,或是将其视为非人格化的市场力量的场合,博弈论无用武之地。

为了直观和理性地理解博弈,请参加一个简单的博弈实验——拍卖1元硬币。首先必须明确的是,所谓"拍卖1元硬币"只是个假想情形。准确地形容,这是一场颇为有趣的博弈游戏,最早由美国普林斯顿大学的马丁·苏比克提出。表面上看起来,这场游戏具有拍卖竞争的刺激性,但其中蕴含的数学思想方法及对生活的启示,更耐推敲和回味。

拍卖基础规则为英格兰式拍卖[①]。

硬币起拍价格为1分钱,第1个报价1分,加价幅度每次至少1分。没有更高出价者时拍卖结束。出价最高者可以用所报的数目获得这枚硬币,出价次高的竞拍者要交出所报数目之和的钱,但不能获得这枚硬币。

拍卖结束后,请讨论:什么策略是最好的策略?

参考答案:A,不参与。

它有滑坡陷阱现象。现实中很多"套牢"现象就是滑坡陷阱。

参考答案:B,合谋。

特别注意,在很多国家拍卖合谋属于非法行为,但是这种现象存在,需要分析了解。

对博弈过程可以做如下分析:参与拍卖的人都想以最少的价钱得到这枚1元硬币,于是,甲抢先报价1分,随即付出1分钱。如果没有人和他竞争,甲将以1分钱的代价换得1元,而且自己刚刚付出的1分还可以收回,净赚1元,看起来很合算。

当然这仅仅是甲的想法,肯定会有乙报价2分,随即付出2分钱。如果拍

---

①　英格兰式拍卖亦称"增价拍卖",拍卖人宣布拍卖标的的起叫价及最低增幅,竞买人遵循由低到高的次序逐次应价竞争,最后以最高竞价者以三次报价无人应价后,响槌成交。此种拍卖方式因源于英国而得此名。拍卖初兴时,英国曾富甲全球,许多富豪都乐意在拍卖场证实自己的身份与实力,早期的拍卖是真正的"富人的游戏",标的多为古玩、艺术品、古书籍等,参加者的身份使其"面子心理"发生很大作用,拍卖现场竞价较为激烈,增价幅度大,竞争加价的特征明显。与此对应的是荷兰式拍卖,也称"降价拍卖",是一种特殊的拍卖形式。拍卖人先将价格设定在足以阻止所有竞拍者的水平,然后由高价往低价喊,第一个应价的竞拍者获胜,并支付当时所喊到的价格。

卖就此结束,乙可以拿到:1 元硬币+甲付的 1 分+自己付的 2 分。这样他自己的 2 分没有损失,还能赚到 101 分。这也是乙报价 2 分的原因,如果成功自然划算。

但事情仍然不会结束,因为甲会思考:如果拍卖就此结束,自己会白白损失 1 分钱。还不如继续报价 3 分接着竞拍,如果拍卖成交,那么自己会得到:1 元硬币+甲付的 1 分+乙付的 2 分+甲付的 3 分。扣除自己前后付出的 4 分,还能赚到 102 分。这好像也挺不错!

不难想象,乙也有类似理由继续报价 4 分,接着甲继续报价 5 分……如此反复交替,报价不断上升,那么这个拍卖将如何结束呢?是不是报价总额达到 1 元就停止了呢?为了方便大家直观理解,下面列表 2-1 说明。

表 2-1　拍卖 1 元硬币博弈中的报价情况

次数	1	2	3	4	5	6	7	8	9	10	11	12	13	14
报价者	甲	乙	甲	乙	甲	乙	甲	乙	甲	乙	甲	乙	甲	乙
当场付出钱数/分	1	2	3	4	5	6	7	8	9	10	11	12	13	14
总计/分	1	2	4	6	9	12	16	20	25	30	36	42	49	56

次数	15	16	17	18	19	20	21	22	23	24	25	26	……
报价者	甲	乙	甲	乙	甲	乙	甲	乙	甲	乙	甲	乙	
当场付出钱数/分	15	16	17	18	19	20	21	22	23	24	25	26	
总计/分	64	72	81	90	100	110	121	132	144	156	169	182	……

从表 2-1 可以看出,当第 19 次甲报价 19 分时,他一共已付出了 100 分即 1 元。如果此时乙不再报价的话,乙将损失前 9 次报价累计付出的 90 分,所以乙此时的想法是:不妨继续报价 20 分,即使这 20 分输了,也比输 90 分强,更何况此时的报价 20 分还可能赢,若获胜将额外赢得更多。同样,甲也会这样考虑,如果就此罢休,将白白损失 100 分,所以甲也有理由继续报价 21 分……于是两个竞拍者就陷入这种想当然的怪圈,渐渐身不由己难以自拔。明明知道这样下去损失更大,但就是心存不甘和侥幸,继续攀比拍价,这显然是始作俑者希望的。

当然,攀比拍价不会一直进行下去。因为一般情况下,它会因为其中一方不能承受而终止,但最终的拍卖价正如马丁·苏比克的实验结论:1 元硬币可以用远远高于 1 元的价格"拍卖"掉,得到超值的 3~5 元应该稀松平常。弄懂了"拍卖 1 元硬币"的奥秘,你或许对某些电商平台 1 元拍卖飞机就不再感到惊

奇,明白如此低的起拍价只不过是吸人眼球的炒作噱头,而其他所谓"1元拍"的活动亦大抵如此。

在我们的生活和学习中,类似"拍卖1元硬币"的情形也随处可见。例如,自己已在不喜欢的专业读了两年,忍耐到必须做出抉择,是继续未竟的学业,还是立刻调换?自己工作多年的单位不景气,决定跳槽还是留守,等等,这些问题里都不难窥见"拍卖1元硬币"的影子。明白了其中的数学道理,就能冷静对待果断抉择,采取明智之举摆脱沉溺,确保损失更小。

其实拍卖无处不在,它渗透在人们生活的方方面面。2020年的诺贝尔经济学奖被授予如图2-2所示的保罗·米尔格罗姆(Paul R. Milgrom)和罗伯特·威尔逊(Robert B. Wilson)两位美国斯坦福大学教授,以表彰"拍卖理论(auction theory)的改进和新拍卖形式的发明"。

图2-2　2020年诺贝尔经济学奖获得者保罗·米尔格罗姆和罗伯特·威尔逊

"拍卖1元硬币"是一个博弈过程,尽管在上面的分析中并未提及博弈论的任何知识,但其过程涉及了参与人、参与人的策略、每个策略的效用、最后的结果等要素,这些要素正是博弈论所包括的核心要素。

2.2　如何描述一场博弈

描述一场博弈,最主要的有4个要素:参与人、策略、支付、均衡。实际上,在一场博弈中除了涉及上述4个要素,还有行动、结果、信息、顺序等要素与博弈过程密切相关,在此一并介绍。

□　**参与人(player)**

参与人指做决策的个体,博弈参与人示意图如图2-3所示。每个参与人的目标都是通过选择行动来最大化自身的收益。

　　有时,模型可以明确地引入被称为虚拟参与人(pseudo-players)的个体,它们以一种纯机械般的方式来采取行动。

图 2-3　博弈参与人示意图

　　"自然"是一种虚拟参与人,它在博弈的特定时点上以特定的概率随机选择行动。在博弈论中,尤其是使用博弈论分析不确定性时,自然(又被称为"老天爷",英文通常用 nature 表示)指的是一种抽象的角色或机制,用来表示自然界或无法控制的外部因素的影响。

　　□　**策略**(strategies)

　　参与人 i 的策略 s_i 规则如下:给定其信息集,该策略决定在博弈的每一时点他选择何种行动。例如,石头剪刀布博弈游戏中的出拳策略,如图 2-4 所示。

　　参与人的策略集(strategy set)或策略空间(strategy space)$S_i = \{s_i\}$ 是其可行策略的集合。例如,在田忌赛马博弈中,{(上中下),(中下上),…,(下上中)}为田忌和齐威王的策略空间。

　　策略组合(strategy profile)$s = (s_1, \cdots, s_n)$ 是由博弈的 n 个参与人每人选择一个策略所组成的一个有序集。比如{(上中下),(下上中)}。

　　在田忌赛马博弈中,田忌的一个策略为:如果齐威王出(上中下),我就出(下上中)。

　　策略的例子还有很多,如人际关系中"人不犯我,我不犯人;人若犯我,我必犯人";婚姻中"如果他没有劣迹我就嫁,否则我就不嫁";商业竞争中"他选择低价我就选择低价,他选择高价我就选择高价"。

图 2-4　石头剪刀布博弈游戏中的出拳策略示意图

□　行动(actions)

行动是指一局博弈中,局中人选择的实际可行的一个行动动作。对于参与人 i,行动或者活动以 a_i 表示。

行动集合:参与人 i 的全部行动集合表示为 $A_i = \{a_i\}$。A_i 表示参与人 i 所能采取的全部行动。

一个行动组合(action profile)是由博弈中的每个参与人选取一个行动所组成的有序集,$a = \{a_i\}$,$(i=1,\cdots,n)$。

按(上中下)顺序出马是一个行动;犯人、不犯人都是策略下的行动;嫁人是行动,不嫁人也是行动;选择高价是一个行动,选择低价也是一个行动。

需要特别注意的是,策略与行动存在区别,初学者很容易将这两个概念混淆。策略不可观测,行动可以观测;策略是意识上的,行动是物质上的;策略告诉我们参与人在每一种情况下会采用什么行动,而不管这种情况会不会发生。

因此,博弈的一个重难点是:人们只能看到行动,但是人们需要分析的是策略。从行动挖掘推导出策略,是人类始终面临的难题。从行动理解意图,是高级认知行为。

□　支付(payoffs)

支付是指可以比较或者计算大小的博弈得失。

参与人 i 的支付 $\pi_i(s_1,\cdots,s_n)$ 表达这样的含义:在所有的参与人和"自然"都选择了各自策略且博弈已经完成之后,参与人 i 获得的效用。图 2-5 给出了博弈支付收益示意图。

在博弈论中,效用有两种形式:一种是基数效用,一种是序数效用。

基数效用可以进行加减乘除,序数效用只是用来比较大小,表示博弈中双方相对的满意度大小,而不是绝对的数值。例如,给甲定义支付为2,并且我知道乙的支付比甲大一点,我可以将其定义为3,但是它们是绝对的1.5倍的关系吗？并不是的，只是为了表达乙的支付比甲的支付大这样一种大小关系。

图 2-5　博弈支付收益示意图

此外，还有一种常用效用形式——期望效用。参与人 i 获得的期望效用是参与人 i 及其他参与人所选择的策略的函数。

例如，有一个陌生人 x 说他遇到了困难需要你来资助他，但是你拿不准要不要资助他，他可能是个真正遇到困难的人，也可能是个骗子。你每资助 1 元钱，如果 x 是骗子的概率为 0.7，当他是骗子，你资助的效用是 50（骗子也可能被感化所以效用不是 0，更不是负数）；x 是好人的概率为 0.3，此时你资助的效用是 500。则你的期望效用为

$$U = 0.7 \times 50 + 0.3 \times 500 = 185$$

从这个例子出发，我们延伸讨论一个问题：为什么如果资助的是个骗子时效用不是 0，或者说平日里为什么我们要资助别人？

该问题没有标准答案，有一个参考答案可供讨论：我们资助别人是希望让资助人成为一种常见的行为规范，它保证在我们自己需要帮助的时候有可能得到陌生人的帮助。极端情况下，我们在需要帮助（例如 1 元钱）的时候，如果无法得到陌生人的帮助，就有可能会去抢劫，结果，为了一个很小的利益，我们可能会做严重破坏社会秩序的事。

□　**结果**（outcome）

一场博弈的结果是指在博弈结束之后，建模者从行动、支付和其他变量的取值中所挑选出来的他所感兴趣的要素的集合。

通俗地说，结果就是博弈的后果是什么。

例如，对抗激烈到一定程度，最后可能会导致战争，则战争就是后果。

对于恋爱博弈来说，结婚、收到的彩礼、送出的嫁妆、亲友的支持与反对等合并起来构成博弈的结果。

结果会对支付的计算产生很大影响。追求的结果不同，支付不同，倒过来

选择的策略也不同。

□ 信息(information)

博弈中信息存在结构,信息差异会造成决策行为的差异和博弈结果的不同。

如果博弈各方都完全了解所有博弈方各种情况下的支付,该博弈称为完全信息博弈。至少部分博弈方不完全了解其他博弈方的支付情况,该博弈称为不完全信息博弈。不完全信息博弈通常意味着博弈方之间对信息的了解是不对称的,故为"不对称信息博弈"。

存在先后次序的动态博弈中,当轮到某方行动时,若他能够观察到在他行动之前行动的其他所有博弈方的行为,则称他对博弈过程/历史有"完美的知识"。若博弈方对其之前的历史行为过程有完全的了解,则为有"完美信息"的博弈,否则为"不完美信息"博弈方。图2-6为根据信息对博弈进行的分类。

完全信息静态博弈	完全信息动态博弈
纳什均衡	子博弈精炼纳什均衡
囚徒困境	市场进入(斗争、合作)
性别大战	恋爱阻止(继续、停止)
一次性选择	它有一次次的渐进过程
不完全信息静态博弈	不完全信息动态博弈
贝叶斯纳什均衡	精炼贝叶斯纳什均衡
包办婚姻的求婚选择(好人信任度、坏人信任度;接受、不接受)	黔驴技穷(一鸣、二踢;老虎修正关于驴的信念)
一次性选择	它有多次渐进的过程

图2-6 根据信息对博弈进行的分类

与"信息"紧密关联的概念是"信息集",信息集用来表示博弈参与人所知道的"信息的集合"。

为了说明信息集的概念,此处引用博弈论经典著作《博弈与信息:博弈论概论(第四版)》中关于信息集的内容。在该书的图2.3中,琼斯有3个信息集:$\{J_1\}$、$\{J_2\}$、$\{J_3, J_4\}$,其中$\{J_3, J_4\}$表示琼斯并不知道自己到底进入了J_3还是J_4,此时琼斯和史密斯很大可能是同时选的。如果信息集都是单结的,意味着没有任何模糊的地方,信息的质量最好,即我知道的很多。但并不意味着一定可以获得更高的支付,不存在必然联系。一个癌症患者,在不知道真实病情的时候有可能长期活下去,知道了反而可能很快病危了。

在信息和信息集的基础上,引申出另外两个概念:共同知识、海萨尼转换与贝叶斯博弈。

(1)共同知识(common knowledge)。

如果某一信息是所有参与人都知道的,且每个参与人都知道其他参与人也知道这一信息,则称该信息为共同知识。

在日常生活中,许多事实就是共同知识,如,"所有人均会死""一年有 12 个月",对于这些知识,所有人均知道,并且所有人知道其他人知道,当然其他人也知道别人知道他知道……然而,有一些知识只有少部分人知道。科学家知道的知识是其他人所不知道的,而且科学家之中不同科学家知道的知识也不同。可以这么说,知识的分布在各个人中是不同的。

安徒生童话《皇帝的新装》大家都熟悉,在这个童话中,骗子们所谓的皇帝的新衣服其实什么也没有,每个人都知道这是事实。也就是说,对每个人来说,"皇帝什么都没穿"是知识。但是每个人不知道其他人是否知道这个事实,即每个人不知道其他人是否拥有这个知识。同时,每个人知道只要他不说,其他人不知道他知道这个事实。即"皇帝什么都没穿"不是皇帝、大臣及老百姓之间的共同知识。

(2)海萨尼转换与贝叶斯博弈(Harsanyi transformation and Bayesian game)。

一个问题可能面临着多种完全独立的博弈(不同的信息内容,可以使得该问题落入其中某一个博弈),且每种博弈的结果可能差别很大,无法分析。通过老天爷 N 给每种博弈赋予一定的概率(P_1、P_2、P_3),从而将几种完全独立的博弈纳入统一分析的轨道。

老天爷 N 最开始定的概率(P_1、P_2、P_3)到底靠不靠谱?此时通过基于先验概率和后验概率的贝叶斯方法来不断修正这个概率(更新信念),即为基于贝叶斯法则的信念更新。其中,先验概率是预先对情况的看法;后验概率为根据观察到的事件或者行动,对原先情况看法更改后的认识。

□ **顺序**(order)

博弈的顺序对博弈的结果有很大的影响,包括谁先出招,谁后出招。它是博弈规则的一部分。博弈的顺序有以下三个特性。

(1)真实物理顺序和逻辑顺序不一样,博弈论讨论的是逻辑顺序。

(2)在复杂博弈中,顺序不一定是可知的。

(3)顺序可能是可变的。

□ 均衡(equilibrium)

均衡 $s^* = (s_1^*, \cdots, s_n^*)$ 是指由博弈中的 n 个参与人每人选取的最佳策略所组成的一个策略组合。

均衡策略则是指参与人在最大化各自支付时所选取的策略。

均衡是一个定义于可能策略组合与支付函数之上的一个规则。

$$F: \{S_1, \cdots, S_n, \pi_1, \cdots, \pi_n\} \rightarrow s^*$$

对均衡确切含义的理解,要通过对具体模型问题的理解来逐渐深化和掌握。均衡是一个稳定的结果,或者说博弈中某个"稳定的结果"一定对应着一个均衡。图 2-7 给出了博弈均衡的示意图。

图 2-7　博弈均衡的示意图

根据达成均衡的条件,均衡又可划分为上策均衡、重复剔除下策均衡和纳什均衡等。

□ 聚点(focal point)

托马斯·谢林(Thomas Schelling)的《冲突的策略》(*The Strategy of Conflict*)是博弈论的经典之作。谢林本人是战略家而非数学家,他研究的领域包括威胁、承诺、人质和谈判,等等。谢林的合作博弈理论恐怕是他最为人所知之处。下述的几个博弈都改编自谢林的《冲突的策略》一书,请考虑在这些博弈中你将采取什么策略,你的选择与其他参与人的选择一致的次数越多,你就赢得越多。

(1) 是要硬币的正面还是反面。

(2) 是要硬币的反面还是正面。

(3) 选择下述一个数,并画上圈:7、100、13、261、99、666。

(4) 你要在纽约和一个人会面,但应在何时何地碰头呢?

(5) 你和别人一起分蛋糕,你们各自报出欲分得的比例,但若你们报的比例之和超过百分之百,则你们都将一无所获。

(6) 选择下述一个数,并画上圈:14、15、16、17、18、1 000。

上述博弈中的每一个都有许多纳什均衡——在例(3)中,如果我认为你会选666,而你也认为我会选666,那么666就会是我们共同的选择。但在这些纳什均衡中,总有一些看来或多或少更可能一些。这些特定的策略组合就称为聚点,即出于心理上的原因尤为引人注目的那些纳什均衡。要使得某一策略组合成为聚点的缘由正规地形式化并非易事,这往往有赖于具体的环境。在例(3)中,谢林发现选7是最常见的策略,但在一群贪得无厌的人中,666没准就会成为聚点。在重复博弈中,过去的历史常常就规定了聚点的所在。如果我们第1次分蛋糕,我们可能会同意五五开。但是,若去年我们曾按四六开分过一次蛋糕,则这就为今年规定了一个聚点。

边界(boundary)是一种特殊的聚点。在边界处的行为是存在极度的不连续性的。一个例子便是"北纬五十四度四十分或者战争"这一含有嘲笑意味的口号。这一口号正是由于其任意性而变得格外鲜明,它是在19世纪40年代美国和英国发生俄勒冈之争时,由美国的好战分子喊出来的。他们想将北纬五十四度四十分作为美国和加拿大之间的边界。边界一旦建立起来,就具有与众不同的重要性,因为针对边界的行为就传递了信息。如果要保证边界不被侵犯,那么它必须被严格划定且成为共识。因此为了划界清楚,无论是在法律上还是在外交上都要费尽心血。在商业领域也会出现类似边界的问题。两家生产不益于健康的产品的公司也许会达成默契,不在广告中提及各自产品的相对健康程度。但是,诸如"如果你乐意,不妨提一提,只要别大肆渲染"这种边界规则是不会奏效的。

在没有清楚的聚点之时,调解(mediation)和沟通(communication)就变得十分重要了。如果参与人可以相互沟通,那么人们就可以告诉别人自己将采取什么行动。在诸如分级协调的某些场合,这一招会奏效,因为参与人没有动机去撒谎。如果参与人之间无法沟通,则调解人就大有用武之地了,因为此时他可以向参与人建议一个均衡。参与人此时没有理由不接受建议,而且即使请调解人花费不菲他们也会乐于去请。在这些情况下的调解就如同由外人来给出解决方案的仲裁一样有效。

因此,聚点是一种纳什均衡,它代表着共识。聚点的自然形成有多种可能,例如特殊的数字、边界;聚点的人工形成,可以通过谈判、沟通等达成。

在博弈的表示方式上,一般分为策略式、扩展式(博弈树)、时间线三大类。其中,策略式擅长刻画不存在时序关系的博弈,如果用来刻画存在时序关系的博弈将显得比较复杂,例如"跟随领头羊博弈Ⅰ"是可以用策略式表示的,但是扩展式会更直观、简单;扩展式(博弈树)能够比较直观地刻画时序关系,但是也

可以刻画不存在时序关系的博弈。因此,"策略式"和"扩展式(博弈树)"都分别可以表示存在时序关系的博弈和不存在时序关系的博弈,但它们各自的特点不同,就像碗也可以用来喝水,但似乎茶杯更为适合用来喝水。

2.3 海盗分金博弈

1.3 节对博弈的理性进行了定性描述,本节在进一步挖掘理性内涵的基础之上,以"海盗分金博弈"为例,对博弈论的这一基本前提假设进行深入探讨。

博弈参与者的理性:理性人将遵循明确的外在的目标,考虑其他决策者的行为,参照自己的经验,实施最恰当的行为。

理性人有一个容易定义的偏好,他会在面临给定的约束条件时,最大化自己的偏好。通俗地讲就是大家都是明白人,谁也不比谁更傻,你想到的别人也想到了,而别人想到的你也能想到。博弈的理性人如图 2-8 所示。

图 2-8　博弈的理性人

"所有的人都是理性的"用经济学术语表示叫作"理性经济人"。所谓"理性经济人"原本是西方经济学的一个基本假设,即假定人都是利己的,而且在面对选择时,总会选择对自己更有利的方案。

西方经济学鼻祖亚当·斯密认为:人只要做"理性经济人"就可以了,因为"如此一来,他就好像被一只无形的手引领,在不自觉中对社会的改进尽力而为"。

而博弈论中的"理性经济人",则是指博弈的参与者都是绝对理性的,其参与博弈的根本目的就是通过理性的决策,使自己的收益最大化。也就是在环境已知的条件下,采取一定的行为,使自己获得最大的收益(在博弈论中将其称为"最优反应")。在博弈论中,个人收益不仅由自己的策略选择与市场状况决定,更为重要的是,参与者需要考虑其他理性参与者会采取的决策,于是每个人都将面对复杂的情况。即便如此,我们仍然可以把理性条件下的策略选择看作数学问题,以决策者的收益最大化为目标。因此,博弈论中的一些理论模式,只有在参与者是"理性经济人"这一条件下,才会将作用发挥到最大。

为了形象说明"理性"的概念,我们来看一个海盗分金博弈,如图 2-9 所示。

100金币

1号   2号   3号   4号   5号

图 2-9 海盗分金博弈

海盗船上有座次分别为 1、2、3、4、5 的 5 个海盗,有一天他们抢到了 100 枚金币,他们决定按以下规则进行分配:

(1)由老大即 1 号提出分配方案;

(2)剩余海盗对该方案进行投票表决;

(3)若有超过半数(不含半数)海盗同意,就按照该方案进行分配,否则就将老大丢进海里喂鲨鱼,再由老二即 2 号来充当老大继续提出分配方案,以此类推。

海盗们遵循如下行事逻辑:

(1)每个海盗都是很聪明的人,都能理智地判断得失,从而做出选择。

(2)海盗贪生胜过贪财,若是没命了给再多钱也不干。

(3)海盗贪权,但更贪财。若是拿到相同的金币,海盗更想弄死老大然后自己来当老大,但只要能多拿 1 个金币,海盗就会拥护老大的分配方案。

问:若你是海盗老大,你会提出怎样的分配方案,有没有最佳的分配方案?

海盗分金博弈结果(逆向思维):

(1)若前 4 个海盗都被丢进海里喂鲨鱼,5 号的分配方案一定是自己拿 100 枚金币,这是 5 号的最优解,满足了 5 号的所有愿望(活着,拿走全部的金币,当老大);

(2)若前 3 个海盗被丢进海里喂鲨鱼,4 号无论出什么方案都不能说服 5 号,因为 5 号自己有最优分配方案,故 5 号会不同意 4 号的方案从而把 4 号丢进海里;

（3）若前 2 个海盗被丢进海里喂鲨鱼，3 号无论提出什么方案，4 号都会同意，因为活着是第一驱动力，而 5 号会反对，理由同上，结果是 3 号被丢进海里；

（4）若只有 1 号被丢进海里喂鲨鱼，2 号无论提出什么方案，3 号与 4 号都会同意，因为他们不想死，5 号一定会反对但没有用，所以 2 比 1 方案一定会通过，故 2 号能肆无忌惮地拿走全部的金币，而这也是 2 号的最优解，所以 2 号不会同意 1 号的任何方案；

（5）考虑所有海盗都活着的情况，若 1 号拿走全部的金币，在 3 号、4 号、5 号看来和 2 号的方案没区别，他们会遵循好杀原则投反对票把 1 号杀死，所以 1 号得收买 3 号、4 号、5 号，给他们每人 1 枚金币，这样 3 号、4 号、5 号就会支持 1 号，方案就能够 3 比 1 通过。

故 1 号最佳的分金策略是 97、0、1、1、1。

有一种批评博弈论的观点认为，理论上的博弈需要太高的计算理性，这几乎是一个不太现实的要求，因为博弈论所要求的完美计算能力或者推理能力是绝大多数人所不具备的。譬如下围棋，每个人的水平都不一样，事实上不可能人人都能达到专业九段的水准。此外，人的精力与时间总是有限的，人不可能具有完全的理性。现实生活中，人们在做决策时的理性也往往是有限的，因为人在做一个决定前，不可能掌握所有的知识和信息。而且搜集知识和信息也是需要成本的，有时甚至还会为此付出大量的时间与金钱。

2.4 博弈分类

根据不同的准则博弈也有不同的分类方法。一般地，将博弈分为以下几类，如图 2-10 所示。

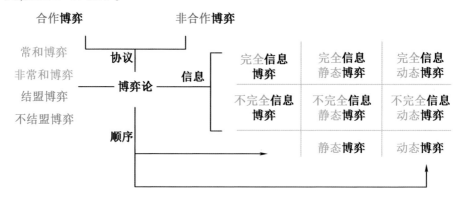

图 2-10 博弈的分类

博弈可以分为合作博弈(cooperative game)和非合作博弈(non-cooperative game),其示意如图 2-11 所示。合作博弈和非合作博弈的区别在于相互发生作用的参与人之间有没有一个具有约束力的协议。如果有,就是合作博弈;如果没有,就是非合作博弈。

图 2-11　合作博弈与非合作博弈示意图

按照参与人对其他参与人的了解程度博弈分为完全信息博弈(complete information game)、不完全信息博弈(incomplete information game)、完美信息博弈(perfect information game)、不完美信息博弈(imperfect information game)、对称信息博弈(symmetric game)和非对称信息博弈(asymmetric game)等。其中,完全信息博弈是指在博弈过程中,每一位参与人对其他参与人的特征、策略空间及收益函数有准确的信息。如果参与人对其他参与人的特征、策略空间及收益函数信息了解得不够准确或者不是对所有参与人的特征、策略空间及收益函数都有准确的信息,在这种情况下进行的博弈就是不完全信息博弈。

2001 年,因在信息经济学领域研究取得巨大成就,经济学家阿克洛夫、斯蒂格利兹和斯宾塞获得诺贝尔经济学奖,他们共同的贡献是分析了"信息不对称",信息的非对称性如图 2-12 所示。阿克洛夫发现了柠檬市场现象,柠檬闻起来特别香吃起来特别酸,柠檬市场指的是假货市场,假货市场里劣等商品卖得很好,优质商品反而卖不出去(A、B 两种商品,前者值 100 元,后者值 50 元,卖家同时标价 100 元,买家并不知道真实价值,他会还价,例如还到 80 元,这样卖家只会卖掉 B,优质的 A 反而卖不出去。极端一点,市场就慢慢演化成了假货市场)。

按照博弈参与人出招的顺序、博弈继续时间和重复次数的角度,博弈分为静态博弈(static game)和动态博弈(dynamic game),如图 2-13 所示。博弈的参与人各自做出决策,但各方都不知道彼此的策略,称为静态博弈,又称"同时行

动的博弈"（simultaneous-move games）。例如，在剪刀石头布游戏中，在出拳之前参与人都不知道对方要出什么策略，这便是静态博弈。博弈参与人的行动决策有先后顺序，并且后者能在前者的决策的前提下做出自己的决策，如下棋、打扑克等，则是动态博弈。

图 2-12　信息的非对称性

图 2-13　静态/动态博弈

　　按照博弈参与人的收益情况，博弈分为零和博弈（zero-sum game）与非零和博弈（non-zero-sum game），常和博弈（constant-sum game）与变和博弈（variable-sum game）。零和博弈：这类博弈中，一个玩家的收益与另一个玩家的损失相等，使得所有玩家收益的总和为零。换句话说，一个玩家的利益是以另一个玩家的利益为代价的，如图 2-14 所示。非零和博弈：在这类博弈中，所有玩家的收益之和不一定为零。玩家之间的互动可能导致整体收益的增加或减少，因此玩家可能需要寻求合作，以便实现双赢或多赢的局面。1994 年数学家纳什、经济学家海萨尼、泽尔腾获得诺贝尔经济学奖，他们将传统的零和博弈拓展为非零和博弈，博弈论在各个领域尤其是经济领域开始广泛地应用。

图 2-14 零和博弈

　　人类的任何活动都有规则,都是在规则约束下的有序行为,博弈论同样不例外。博弈参与者依据理性人假设,采取策略,计算收益,取得均衡。本章的博弈规则是后续所有博弈模型构建及分析的基本依据。

第3章 博弈均衡

"均衡"是博弈论的核心概念,均衡是博弈最终的稳态。很多博弈问题能够构建模型,但不一定能够求得均衡解。那么,博弈论中存在哪些均衡形式,如何求解均衡呢?本章紧扣这些问题,抽丝剥茧,介绍几类均衡概念,结合经典博弈案例给出求解方式,并最终梳理出几类均衡的内在逻辑关系。

3.1 均　衡

中华上下五千年,在悠久的历史岁月中诞生了无数灿烂的文化。"均衡"一词最早出自《黄帝内经》中的《素问·五常政大论》"升明之纪,正阳而治,德旋周普,五化均衡。"(这句话的意思是升明的年份,天地的气化协调和平,其德行普及四方,使五行气化平衡发展),《黄帝内经》对均衡的定义如图3-1所示。均衡多用于形容影响事物存在与发展的诸因素旗鼓相当,事物处于一种平衡的状态。

图3-1 《黄帝内经》对均衡的定义

博弈均衡(equilibrium)是指使博弈各方实现各自认为的最大效用,即实现各方对博弈结果的满意,在博弈均衡中,所有参与者都不想改变自己的策略的这样一种相对静止的状态。

博弈论中存在多种均衡形式。下面将针对常见的优势策略均衡、重复剔除优势均衡、纳什均衡、混合策略纳什均衡进行一一介绍。

3.2　优势策略均衡

3.2.1　优势策略与优势策略均衡

□　优势策略(dominant strategy)是指博弈中某个参与人的最优策略不依赖其他参与人的策略选择。即不论其他参与者选择什么策略,该参与者的最优策略是唯一的。

用严谨的数学语言定义优势策略如下:

如果无论其他参与人选择什么策略,策略 s_i^* 都是参与人 i 的严格最优反应,那么 s_i^* 就称为优势策略。这意味着无论别人选择什么策略,s_i^* 都使参与人 i 的支付最大化。从数学上讲,就是:

$$\pi_i(s_i^*, s_{-i}) > \pi_i(s_i', s_{-i}) \qquad \forall s_{-i}, \forall s_i' \neq s_i^* \tag{3-1}$$

□　优势策略均衡(dominant-strategy equilibrium)是指由博弈中的所有参与人的上策组合所构成的均衡,又称上策均衡。

为了加深对优势策略均衡概念的理解,我们结合囚徒困境博弈来分析其中的优势策略是什么,优势策略均衡是什么。

3.2.2　囚徒困境博弈中的优势策略

囚徒困境博弈的支付矩阵如图 3-2 所示。

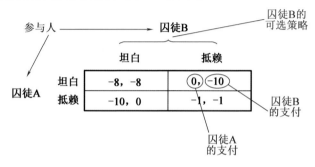

图 3-2　囚徒困境博弈的支付矩阵

在囚徒困境博弈中，囚徒 A 和 B 的最好策略都是选择坦白，因为不管对方选择坦白还是抵赖，自己选择坦白可以判得最轻，于是，二人都坦白就构成他们的上策均衡。

优势策略均衡是一个非常理想化的情况，只有极少数的博弈存在优势策略均衡。如果一个博弈不存在优势策略均衡，能不能退而求其次，找到一个接近于优势策略均衡的均衡呢？这就是接下来要讲的重复剔除优势均衡。

3.3 重复剔除优势均衡

3.3.1 弱优势策略与弱优势策略均衡

在讨论重复剔除优势均衡前，首先明确两个概念：弱优势策略（weakly dominant strategy）和弱优势策略均衡（weakly-dominance equilibrium）。

□ 弱优势策略是指某策略至少与其他策略一样好，且严格好于某些策略。

用严谨的数学语言定义弱优势策略如下：

对于参与人 i 的策略 s_i' 来说，如果存在有可能比 s_i' 好而绝不会比 s_i' 差的另一策略 s_i''，即在某些策略组合下，s_i'' 可带来更高的支付而绝不会产生更低的支付，那么就说 s_i' 弱劣于 s_i''。从数学上讲，若存在 s_i''，使得

$$\pi_i(s_i'', s_{-i}) \geq \pi_i(s_i', s_{-i}) \qquad \forall s_{-i} \tag{3-2}$$

式中 s_{-i} 表示 s 集合中除 i 之外的其他参与人，且对于某一 s_{-i}，有

$$\pi_i(s_i'', s_{-i}) > \pi_i(s_i', s_{-i}) \tag{3-3}$$

则称 s_i' 弱劣。

□ 弱优势策略均衡是指剔除了每个参与人的全部弱劣势策略后所得到的策略组合。

那么什么是重复剔除优势均衡（iterated dominance equilibrium）呢？首先从某一参与人的策略集里剔除一个弱劣势策略，再重新考察各参与人剩余策略中哪些是弱劣的并剔除其一，重复该过程，直至各参与人都仅剩一个策略。由此所得策略组合称为重复剔除优势均衡。

3.3.2 俾斯麦海之战博弈

俾斯麦海之战发生在 1943 年的南太平洋上。日本大举入侵荷属东印度，侵占当地丰富的石油资源，之后，日军又踏上菲律宾群岛，当地盟军节节败退。

1942 年的前三个月里,日本海军和陆军巩固了占领成果后,继续向西南太平洋深入挺进,其下一个目标是新几内亚,日军计划占领整个新几内亚,甚至登陆澳大利亚。

在这样一个背景下,日本海军上将木村(Imamura)受命将日本陆军运抵新几内亚增援莱城,其间需要穿越俾斯麦海。而美国海军上将肯尼(Kenney)欲对日军运输船进行轰炸。穿越俾斯麦海通往新几内亚有两条航线:较短的北线和较长的南线,木村必须从中选择一条。而肯尼则决定将其飞机派往何处去搜索日军。若肯尼将他的飞机派到了错误的航线上,他虽然可以召回它们,但可供轰炸的天数就会减少。俾斯麦海之战中的南线与北线如图 3-3 所示。

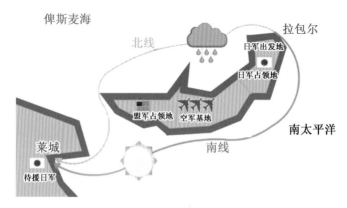

图 3-3 俾斯麦海之战中的南线与北线

俾斯麦海之战博弈的参与人是肯尼和木村。他们的行动集相同,都为{北,南}。但他们的收益(表 3-1)是截然不同的。木村所失正是肯尼所得,这是一个典型的零和博弈。

表 3-1 俾斯麦海之战博弈中的收益矩阵

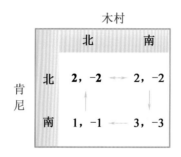

严格来说,两个参与人都没有优势策略。如果肯尼认为木村会选择北线的

话,他也会选择北线。但是如果肯尼认为木村会选择南线的话,他就会选择南线;反过来看,如果木村认为肯尼会选择南线的话,他会选择北线,而如果他认为肯尼会选择北线的话,那么南线、北线两种选择对他来说都是一样的。尽管每个人都没有优势策略,但退而求其次,使用"弱优势"的概念,仍然能找到一个较为合理的均衡。

将这一均衡概念应用于"俾斯麦海之战",则意味着肯尼断定木村会选择北线策略,因为它是弱优势的。故而肯尼将{木村选择南线}排除在考虑之外。在已去掉了表中一列的情况下,肯尼有一个强优势策略:选择北线,他这样做所获得的支付严格大于选择南线。策略组合(北,北)是重复剔除优势均衡。而(北,北)也是在1943年所发生的真实情况。

到这里读者可能会觉得重复剔除优势均衡的概念已经掌握了,并且好像也不难。既然如此,再给读者一个例子(表3-2),分析该博弈的重复剔除优势均衡是什么。

表3-2　重复剔除优势均衡博弈的收益矩阵

收益		列		
		c_1	c_2	c_3
行	r_1	2, 12	1, 10	1, 12
	r_2	2, 12	1, 10	1, 12
	r_3	2, 12	1, 10	1, 12

再回到重复剔除优势均衡定义,这里其实有一个陷阱,请问"某一个参与人"指的到底是谁? 就以上述这个例子来讲,是行还是列?

这里涉及策略剔除的顺序,如果剔除顺序是(r_3, c_3, c_2, r_2)则结果是(r_1, c_1);如果顺序是(c_2, r_2, c_1, r_3)则结果是(r_1, c_3)。这说明两个问题:一是重复剔除优势均衡不一定唯一,二是剔除的顺序会决定不同的均衡。

然而,很遗憾,对于大多数博弈而言,重复剔除优势均衡还是太理想化了,大多数博弈是找不到这样一个重复剔除优势均衡的。没关系,进一步将均衡条件放宽,看是否还有其他形式的均衡,这就是接下来要讨论的纳什均衡。

3.4　纳什均衡

3.4.1　纳什均衡

纳什均衡(Nash equilibrium)指的是这样一类均衡:如果某种情况下(某种策略组合下),没有任何一个参与者可以通过独自行动而增加收益,这个策略组合就是纳什均衡。

严格意义上而言,用数学表达式来描述上面这句话,即是要满足以下条件:在一个策略组合 s^* 中,在其他参与人都不会改变已有策略的条件下,如果没有参与人用激励去改变自身的策略,则称 s^* 为纳什均衡。形式化表示为

$$\forall i, \pi_i(s_i^*, s_{-i}^*) \geq \pi_i(s_i', s_{-i}^*) \quad \forall s_i' \tag{3-4}$$

3.4.2　智猪博弈

现实生活中我们经常开玩笑说"蠢得像猪",但是在智猪博弈里,猪很聪明,会思考。猪圈里有一大一小两头猪。在猪圈的两端,一端是按钮,另一端是食槽。这边按了按钮,那边才会有食物掉入食槽。不管是谁去按按钮,再跑回来吃,都要消耗能量,而且守在食槽旁的猪占便宜,可以先吃到食物。智猪博弈示意图如图 3-4 所示。

图 3-4　智猪博弈示意图

具体而言,每按一次按钮可得 10 个单位的食物,但需要付出 2 个单位的劳动成本;若大猪按按钮,大猪吃 6 个单位,小猪吃 4 个单位;若小猪按按钮,大猪吃 9 个单位,小猪吃 1 个单位;若一起按按钮,大猪吃 7 个单位,小猪吃 3 个单位。据此给出表 3-3 所示的智猪博弈收益矩阵。那么谁去按按钮呢?

表 3-3　智猪博弈收益矩阵

		小猪	
		按	等待
大猪	按	5，1	4，4
	等待	9，-1	0，0

上述博弈既不存在优势策略也不存在重复剔除优势策略,只存在纳什均衡策略。

如何求解纳什均衡呢?最常见的是画线法,画线法的核心思想是构造一个策略组合,检查每个参与人的策略是否为对其他参与人策略的最好回应。

画线法的线法步骤为:先给定一方的策略,然后让另一方比较自己的支付,在支付最大的地方,做上标记。穷举可能策略。最终,同时有标记的支付所对应的策略组合,就是纳什均衡。智猪博弈中(按,等待)即为一个纳什均衡。

3.4.3　性别战

"性别战"博弈描述的是一对恋人间的矛盾。其中男方想看拳击,女方喜欢芭蕾。尽管他们都是自利的,但他们是如此深爱,以致如果需要的话,他们都会牺牲自己的喜好来陪伴对方。性别战博弈示意图如图 3-5 所示。

图 3-5　性别战博弈示意图

他们的支付(这么说尽管不太浪漫)由表 3-4 给出。

表 3-4　性别战博弈收益矩阵

女

	拳击	芭蕾
拳击	2, 1	0, 0
芭蕾	0, 0	1, 2

男

在性别战博弈模型中,存在两个纳什均衡,(拳击,拳击)是其中之一。给定男方选择拳击,女方也会夫唱妇随;给定女方选择拳击,男方当然求之不得。同理,(芭蕾,芭蕾)也是一个纳什均衡。

性别战博弈结构的显著特点是,博弈有两个均衡,博弈双方各自会偏爱一个均衡,比如男方偏爱(拳击,拳击)均衡,而女方偏爱(芭蕾,芭蕾)均衡;不过他们还是有一些共同利益的,因为任何一个均衡中,他们都可以得到比非均衡状态更多的好处。

在性别战中,究竟哪一个均衡会出现? 也许这取决于情侣在恋爱关系中的地位,如果什么都是男方说了算,那么很可能出现男方偏爱的均衡,或者也可能出现轮流做主的情况。另外,在性别战中,谁先采取行动是至关重要的,这一点与前面提到的几种博弈有所不同。如果男方提前就买好了拳击赛的票,那么他的这一行为就会使得女方也去看拳击。在许多(但是绝非全部)博弈中,先采取行动的参与人拥有先动优势(first-mover advantage)。

谈论到一个博弈存在多个均衡的问题,这里有一点扩充。"多难兴邦"这个成语大家耳熟能详,多难兴邦从博弈论的视角来看,是这样一种解释:一般来讲一个国家、一个组织、一个个人在与环境的博弈中存在多个均衡,但是一旦达成某种均衡就会比较稳定,不容易改变。如果除了当前的均衡外,还有一个更好的均衡,在"难"的干预下靠外力强行跳到了这个更好的均衡,即实现了"多难兴邦"。但多难并不一定兴邦,前提是有一个"更好"的均衡。

3.5　混合策略纳什均衡

3.5.1　纯策略与混合策略

对于没有优势策略均衡(包括重复剔除优势策略均衡)的博弈,可以用纳什均衡来寻求博弈均衡解(我们知道纳什均衡中的策略都是纯策略,如智猪博弈

中的"按按钮""等待";性别战中的"拳击""芭蕾"),但是在一些博弈中,即便是这样的纯策略纳什均衡也是不存在的,此时需要将均衡的概念扩展到混合策略纳什均衡。

如果说纯策略是一条告诉参与人应该选择什么行动的规则的话,那么混合策略就是一条告诉他应该掷一个什么样的骰子来选择行动的规则。如果参与人执行的是混合策略,那么在同一种给定的情况下他也有可能选择几种不同行动中的任何一种。

首先明确两个概念:纯策略和混合策略。

□ 纯策略(pure strategy):如果一个策略规定参与人在每一个给定的信息情况下只选择一种特定的行动,称为纯策略,简称"策略",即参与人在其策略空间中选取唯一确定的策略。

纯策略将参与人的每一个可能信息集映射到一个行动上,$s_i : \omega_i \to a_i$。

□ 混合策略(mixed strategy):如果一个策略规定参与人在给定的信息情况下以某种概率分布随机地选择不同的行动,称为混合策略。参与人采取的不是明确唯一的策略,而是其策略空间上的一种概率分布。

混合策略将参与人的每一个可能信息集映射到一个关于行动的概率分布上,$s_i : \omega_i \to m(a_i)$,其中 $m \geqslant 0$,而且 $\int_{A_i} m(a_i) \mathrm{d}a_i = 1$。

3.5.2　社会福利博弈

博弈论中把政府面对失业者时的博弈称为社会福利博弈。在福利国家,政府对那些失业者进行救济,例如,发放最低生活保障金,免费培训以便失业者再就业,培训对于失业者再就业找到更好的工作有帮助。

如此会出现以下三种情况:

(1)政府救济,失业者找工作,对于社会来说是最好的选择;

(2)政府救济,但失业者不工作,政府的投资没有回报,失业者享受其他纳税人提供的福利;

(3)政府不救济,没有经过培训的失业者找不到工作,即便找到工作给社会带来的利益也比较少,这可以理解为政府没有履行其职责。

社会福利博弈模型如图3-6所示。

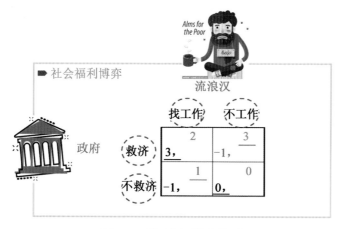

图 3-6　社会福利博弈模型

我们来分析该博弈：

（1）如果政府救济，失业者最好的选择是待在家里不工作；

（2）如果政府不救济，失业者最好的选择是再找工作，否则就会饿肚子；

（3）如果失业者愿意再找工作，政府的最优策略是救济；

（4）如果失业者喜欢待在家里，政府的最优策略是不救济。

该博弈是否存在纯策略纳什均衡？用画线法求解，可以发现该博弈没有纯策略纳什均衡解。

但是社会福利博弈有一个混合策略纳什均衡。设政府选择救济的概率为θ_a，失业者选择工作的概率为γ_ω，则政府的期望支付为

$$
\begin{aligned}
\pi_{政府} &= \theta_a[3\gamma_\omega + (-1)(1-\gamma_\omega)] + (1-\theta_a)[-1\gamma_\omega + 0(1-\gamma_\omega)] \\
&= \theta_a(3\gamma_\omega - 1 + \gamma_\omega) - \gamma_\omega + \theta_a\gamma_\omega \\
&= \theta_a(5\gamma_\omega - 1) - \gamma_\omega
\end{aligned}
\tag{3-5}
$$

我们希望政府的收益最大化，那么按照解最大化问题的通常办法，可以求支付函数关于变量的导数（这里是一阶）来得到

$$
0 = \frac{\mathrm{d}\pi_{政府}}{\mathrm{d}\theta_a} = 5\gamma_\omega - 1 \Rightarrow \gamma_\omega = 0.2
\tag{3-6}
$$

同理，失业者的期望支付为

$$
\begin{aligned}
\pi_{失业者} &= \gamma_\omega[2\theta_a + 1(1-\theta_a)] + (1-\gamma_\omega)[3\theta_a + 0(1-\theta_a)] \\
&= 2\gamma_\omega\theta_a + \gamma_\omega - \gamma_\omega\theta_a + 3\theta_a - 3\gamma_\omega\theta_a \\
&= -\gamma_\omega(2\theta_a - 1) + 3\theta_a
\end{aligned}
\tag{3-7}
$$

求支付函数关于变量的导数（这里是一阶）来得到概率：

$$
\frac{\mathrm{d}\pi_{失业者}}{\mathrm{d}\gamma_\omega} = -(2\theta_a - 1) = 0 \Rightarrow \theta_a = \frac{1}{2}
\tag{3-8}
$$

根据上面的计算结果，在社会福利博弈中，混合策略纳什均衡是：政府以0.5的概率选择救济，失业者以0.2的概率选择工作。

既然纳什均衡是以一定概率出现的，不是一定出现的，就意味着所有策略的任何一种排列组合都有可能是均衡结果。即（不救济，不工作）、（救济，不工作）、（救济，工作）、（不救济，工作）都有可能是混合策略纳什均衡。

理解社会福利博弈的一种方式是，设想在实际中存在许多失业者而不是只有一个失业者，他们的偏好和支付函数都相同，政府对待他们的方式必须一致。在混合策略均衡中，每个失业者都以0.2的概率选择工作，这与只有一个失业者的博弈并无二致。但是这一多失业者博弈拥有纯策略均衡：20%的失业者选择纯策略工作，而80%的失业者选择纯策略不工作。在各种纯策略之间无差异的单个失业者到底会选择何种纯策略的问题依然存在，但是可以将决定哪个失业者选择哪种策略的因素归结为模型之外的那些失业者各自的特点。

对于混合策略的另一种理解即使在单个失业者的情况下也可以成立。它假定那个单个的失业者是从失业者的总体中抽样出来的，而政府不知道他的特点。政府只知道存在两种失业者，当政府选择 $\theta_a = 0.5$ 时，一种人会选择工作，而另一种人会选择不工作，二者的比例为 0.2：0.8。从总体中随机抽样出的这一个失业者可能是两种人中的任何一种。

3.5.3　支付均等

前面在求解混合策略纳什均衡的时候，按照解最大化问题的通常办法，即求支付函数关于变量的导数来得到。其实还有一种更好的方法，称为支付均等的方法来求解混合策略纳什均衡。

支付均等（payoff-equating）是指当参与人在均衡中应用一个混合策略时，他所得到的支付必须与他在混合策略中所应用的每个纯策略的支付相同。对该方法的解释是：若他的某个纯策略有更高的支付，他就应该选择应用那个策略而舍弃混合策略；若某个纯策略有更少的支付，他就应该从他的混合策略中去掉那个纯策略。

所谓均衡就是"既不吃亏又不占便宜"。之所以会有其他想法是因为有利可图，当无利可图（工作、不工作没区别；救济、不救济没区别），此时参与人就死心了，状态即稳定了。

有读者可能会提出这样的疑问：这种"自己内部"策略之间的收益均等，乍一看没考虑对方，怪怪的。其与对方无关吗？不是。算期望收益时牵涉（用到了）对方各策略的概率，因此以"支付均等"原则算出来的均衡是双方的均衡，不是单方均衡。

当参与人在均衡中应用一个混合策略时,他所得到的支付必须与他在混合策略中所应用的每个纯策略的支付相同。

按照支付均等方法计算社会福利博弈的混合策略均衡,结果与 3.5.2 节求一阶导数计算结果一致。

$$V_{政府}(救济) = V_{政府}(不救济)$$

$$V_{失业者}(不工作) = V_{失业者}(工作)$$

支付均等是求解混合策略的一种方法,实际上还存在另外一种常用的均衡求解方法——图解法。我们看下面一个例子。

一个小偷欲偷窃有一个守卫看守的仓库,如果小偷偷窃时守卫在睡觉则小偷可以得手,偷得价值 V 的赃物;如果小偷偷窃时守卫没有睡觉,则小偷就会被捉住,则其有收益 $-P$;守卫睡觉而小偷没来则守卫有收益 S,守卫因睡觉而遭盗窃,则其有收益 $-D$。如果小偷没有偷,守卫也没有睡觉,则小偷和守卫的收益均为 0。小偷和守卫博弈支付矩阵见表 3-5。

表 3-5　小偷和守卫博弈支付矩阵

收益		守卫	
		睡觉	不睡觉
小偷	偷窃	V, $-D$	$-P$, 0
	不偷窃	0, S	0, 0

用画线法可见小偷和守卫博弈无纯策略纳什均衡。但是小偷和守卫都有冒险的企图:如果小偷不来,守卫希望睡觉,守卫睡觉则小偷会来偷,小偷要偷则守卫不能睡觉,守卫不睡觉则小偷不来偷。任何一方的行为被对方所察觉则必是无利可图的,因此守卫以随机的方式选择睡觉或不睡,而小偷也以随机的方式选择偷与不偷。由此构成一个混合策略。

如图 3-7 所示,在二维空间构建一个坐标系:以横轴表示小偷偷窃概率,纵轴表示守卫收益。小偷偷窃概率为 0 时,守卫收益为 S;小偷偷窃时,守卫收益为 $-D$,将以上两点用直线相连,直线与横轴的交点为 $(P^*, 0)$。

从图 3-7 中可见 P^* 点为小偷选择偷窃的概率,该点是小偷的一个均衡点。当小偷偷窃概率高于 P^* 时,守卫收益低于 0,因此守卫将不睡觉,小偷被捉概率增大,因此小偷偷窃概率降低;当小偷偷窃概率低于 P^* 时,守卫睡觉的收益增加,因此会选择睡觉。守卫一旦睡觉小偷就会倾向于去偷窃,小偷偷窃概率增

加。因此,无论偷窃概率高于还是低于 P^*,最终都会被拉回来稳定在 P^* 点。

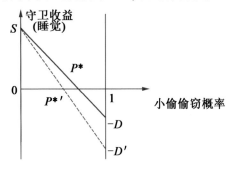

图 3-7　小偷偷窃与守卫收益之间的关系

同样地,守卫也有一个均衡概率 P_g^*。守卫睡觉概率与小偷收益之间的关系如图 3-8 所示。

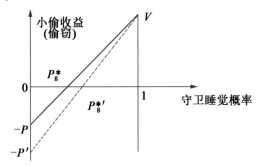

图 3-8　守卫睡觉与小偷收益之间的关系

综合以上分析可以获得混合策略纳什均衡,这也是该博弈唯一的纳什均衡。

3.5.4　懦夫博弈

再举个例子,这个例子用于说明即便一个博弈存在纯策略纳什均衡,我们仍然认为混合策略纳什均衡是最优的。

博弈论中有个经典模型称为懦夫博弈,讲的是两个司机在一个可能相撞的路上开车相向而行。两人都可以在相撞前转向一边而避免相撞,但这将使转向者被视为"懦夫",向前者被视为"勇士";他也可以选择继续向前——如果两人都向前,那么就会出现双双车毁人亡的局面。懦夫博弈收益矩阵见表 3-6。

因此(坚持,避让)是纳什均衡,类似的,(避让,坚持)也是纳什均衡。即纯策略纳什均衡为一个司机向前,另一个司机转向避让。

纯策略纳什均衡的缺陷是:假如你是参与人,你并不知道博弈出现的均衡到底是哪一个,假如你是司机史密斯,你肯定想要(坚持,避让)这样一个均衡,因为这个均衡对你最有利;同样,假如你是司机琼斯,你肯定想要(避让,坚持)这样的一个均衡。现实中史密斯和琼斯可能都会想,没关系只要我坚持向前,按照均衡分析结果,对方肯定会转向的,这就坏事了,最终的情况有可能是大家都向前,最后两败俱伤车毁人亡。

表3-6 懦夫博弈收益矩阵

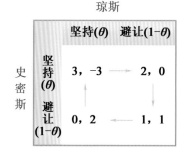

现在用混合策略纳什均衡来分析一下。按照支付均等方法求解懦夫博弈的混合策略纳什均衡,就要满足:

$$\pi_{琼斯}(避让) = (\theta_{史密斯})(0) + (1-\theta_{史密斯})$$
$$= (\theta_{史密斯})(-3) + (1-\theta_{史密斯})$$
$$= \pi_{琼斯}(坚持) \qquad (3-9)$$

根据上述方程,可以看到 $1-\theta_{史密斯} = 2-5\theta_{史密斯}$,因此 $\theta_{史密斯} = 0.25$。在这一对称均衡中,两个参与人都选择相同的概率,因此可以简单地用 θ 来代表 $\theta_{史密斯}$。对于史密斯和琼斯的母亲来说,最关心的莫过于他们两人安然无恙的概率有多大,这一概率为 $1-\theta \times \theta = 0.9375$。在懦夫博弈中,混合策略均衡相比于纯策略均衡的优势就体现出来了——纯策略均衡是无法预测这个概率的。同时,这个博弈也说明了在一个特定博弈中,纯策略均衡和混合策略均衡并不是非此即彼的,它们可能同时存在。

通过求解混合策略纳什均衡,不仅可以算出来每个人采取坚持策略的概率,还可以算出来刚才所说的两败俱伤车毁人亡这种最糟糕情况发生的概率。

再回来分析懦夫博弈的收益矩阵。现在做一个假设,把表3-6左上角的支付-3一般化为变量 x,将会出现什么有趣的结果呢?

按照支付均等方法求解坚持的概率,即 θ 值。

$$\theta = \frac{1}{1-x} \qquad (3-10)$$

若 $x=-3$，那么 $\theta=0.25$，与刚才的计算结果一致，若 $x=-9$，那么 $\theta=0.10$，随着撞车带来的损失的上升，自然会降低大家坚持开飞车的概率。但是如果 $x=0.5$，那么 $\theta=2$，但是我们知道 $0<\theta<1$，θ 是属于 $0\sim1$ 之间的一个小数。出现这个结果的原因是什么呢？一种可能是你算错了——也就是犯了数学计算上的错误；还有一种可能是该博弈模型根本就不存在混合策略纳什均衡，换句话说，如果建模者不知道均衡是否为混合策略，就可以用这种方法来验证。

前面讲的博弈策略集都是离散的，坦白、抵赖、救济、不救济、坚持、避让。当策略集（策略空间）是连续的（最直观的例子，例如策略集就是自然数 1、2、3 等），均衡该如何求解呢？下面以古诺博弈模型来探讨这种情况。

3.5.5　古诺博弈模型

古诺博弈模型是法国经济学家古诺于 1838 年提出的第一个双寡头模型，即市场上仅有两个企业相互竞争的模型。它是纳什均衡应用的最早版本，通常被当作寡头理论分析的出发点。古诺博弈是一个只有两个寡头厂商的简单模型，该模型也被称为"双寡头模型"。该模型阐述了相互竞争而没有相互协调的厂商的产量决策是如何相互作用从而产生一个位于竞争均衡和垄断均衡之间的结果。古诺博弈模型的结论可以很容易地推广到 3 个或 3 个以上的寡头厂商的情况。

参与人

A 企业和 B 企业。

博弈顺序

A 企业和 B 企业同时在连续集合 $[0,\infty)$ 中选择产量 q_A 和 q_B。

支付

边际成本是常数 $c=12$。需求是总销售数量的函数 $Q=q_A+q_B$，并且假定它是线性函数，实际上，我们将应用如下确切的函数：

$$p(Q)=120-q_A-q_B$$

支付是利润，等于一个企业的价格乘产量减去其成本，即

$$\pi_A=(120-q_A-q_B)q_A-cq_A=(120-c)q_A-q_A^2-q_Aq_B$$

$$\pi_B=(120-q_A-q_B)q_B-cq_B=(120-c)q_B-q_Aq_B-q_B^2$$

这里有一个概念——边际成本，边际成本非绝对成本。例如，对一双鞋子是很难算出它的绝对成本的，需要考虑土地、厂房、机器折旧率、设计、原材料和人工等因素，其中有些因素是很难准确量化的，所以算其成本的时候一般算"如

果再新增加一双鞋子,会增加多少钱的成本"。因此边际成本是一个相对的成本。

古诺博弈假定一种产品在市场上只有两家生产企业,并且相互间没有任何勾结行为,但相互间都知道对方将怎样行动,从而各自确定最优的产量来实现利润最大化,因此,古诺博弈又称为双头垄断理论。

如果这是一个合作博弈,两家企业不在意自己单方的收益,共同目的是提升两家企业总利润,那么只需要求出 $pQ-cQ$ 的最大值即可。对其求一阶导数,得出总产出 $Q=54$,进而价格 p 为 66,具体每家企业生产 54 中的多少由两家自己来定。这个时候两家企业的产量 q_A 和 q_B 是一条倾斜 45° 的直线,在这条直线的任意一点,$q_A+q_B=54$。合作博弈下的均衡如图 3-9 所示。

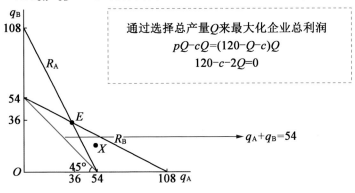

图 3-9 合作博弈下的均衡

如果这是一个非合作博弈,两家只在意自己单方的收益,每家公司都想最大化本公司的利润,将会出现什么情况呢? 分别对 A、B 两家企业的支付函数进行求导,得到 $q_A=54-q_B/2$ 和 $q_B=54-q_A/2$,两条线的交点 $(36,36)$ 就是博弈均衡点,在这个点上 A、B 两家企业都满意。非合作博弈下的均衡如图 3-10 所示。

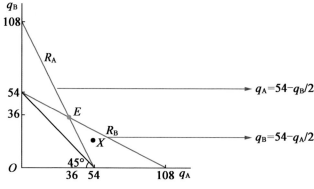

图 3-10 非合作博弈下的均衡

在古诺模型中,竞争厂商在市场上的地位是平等的,因而它们的行为是相似的。而且,它们的决策是同时的。当 A 企业在做决策时,它并不知道 B 企业的决策。但事实上,在有些市场,竞争厂商之间的地位并不是对称的,市场地位的不对称引起了决策次序的不对称。通常,小企业先观察到大企业的行为,再决定自己的对策。

古诺博弈中双方"同时"决策,如果决策时两方存在先后次序,会有何不同呢?接下来的斯塔尔伯格博弈将就此问题展开讨论。

3.5.6　斯塔尔伯格博弈

德国经济学家斯塔克伯格建立的模型就反映了上述不对称的竞争关系。该模型的假定是:主导企业知道跟随企业一定会对它的产量做出反应,因而当它在确定产量时,把跟随企业的反应也考虑进去了。这样一种博弈模型叫斯塔尔伯格博弈。斯塔尔伯格博弈阐述了处于不平等竞争关系的参与人之间的博弈过程。其中占优一方称为 leader(领导者),弱势的一方称为 follower(跟随者)。两者之间的博弈是按次序进行的。在博弈过程中,由 leader 先选择自己的策略,之后 follower 根据 leader 的策略选择自己的最优策略。leader 在做出自己的决策时自然而然地会将 follower 对自己所做决策的反应考虑在内,因此 leader 在选择自己的最优策略时会以 follower 的反应函数作为约束条件。从上面的讨论中可以看出,斯塔尔伯格博弈模型是一个两阶段的完全信息动态博弈。

参与人

A 企业和 B 企业。

博弈顺序

1. A 企业从集合 $[0,\infty)$ 中选择产量 q_A；

2. B 企业从集合 $[0,\infty)$ 中选择产量 q_B。

支付

边际成本是常数 $c=12$。需求是总销售数量的函数,$Q=q_A+q_B$。

$$p(Q)=120-q_A-q_B$$

支付是利润,等于一个企业的价格乘产量减去其成本,即

$$\pi_A=(120-q_A-q_B)q_A-cq_A=(120-c)q_A-q_A^2-q_Aq_B$$

$$\pi_B=(120-q_A-q_B)q_B-cq_B=(120-c)q_B-q_Aq_B-q_B^2$$

上面这个案例实际上假定 A、B 两家企业是同时行动的,同时决策,没有决策的时间先后次序。不存在 A、B 两家企业做决策时对 $q_A=54-q_B/2$ 和 $q_B=54-q_A/2$ 这种反应关系的揣测。那么,如果 A 企业首先行动,它会选择什么产量呢?此时,A 企业知道 B 企业将如何对自己的选择做出反应,因此它将在 B 企业的反应曲线上挑选可以最大化自身利润的那一点。

既然 A 企业先行决策,那么 A 企业就会进行计算,得出 $q_B=60-(q_A+c)/2$,然后 A 企业就会把这个已知的事实代入自己的收益计算中得到上述第 3 个式子,进一步对该求一阶导数得到下面式子,因为 $c=12$ 为常量,从而 $q_A=54$。A 企业先行决策下的产量分配过程如图 3-11 所示。

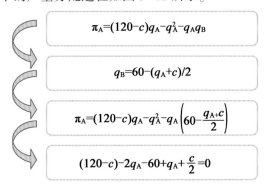

$$\pi_A=(120-c)q_A-q_A^2-q_Aq_B$$

$$q_B=60-(q_A+c)/2$$

$$\pi_A=(120-c)q_A-q_A^2-q_A\left(60-\frac{q_A+c}{2}\right)$$

$$(120-c)-2q_A-60+q_A+\frac{c}{2}=0$$

图 3-11　A 企业先行决策下的产量分配过程

从 B 企业的收益公式可知,它的利益极值点在收益公式一阶导数为零的点,也即必须满足 $q_B=60-(q_A+c)/2$,此时 B 企业为了获得尽可能多的利益,只能被动地根据 A 企业的产量 54,确定自己的产量 $q_B=60-(q_A+c)/2=27$。也就

是,最后博弈均衡在(54,27)这个点(图3-12)。即,B企业没有办法,它只能眼睁睁看着自己地盘被蚕食,只能被动稳定在这个点,稍一偏离,可计算得到它的收益就不如现在。

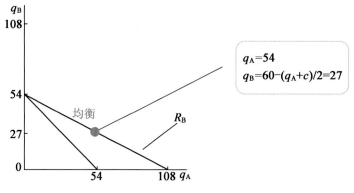

$q_A=54$

$q_B=60-(q_A+c)/2=27$

图3-12　B企业的均衡点

回到最开始的问题,古诺博弈中双方"同时"决策,但如果决策时两方存在先后次序,会有什么不同?比较一下两个博弈的结果,如图3-13所示。

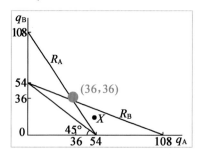
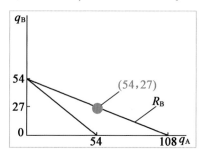

类别	A收益	A、B总收益	单件收益	A产量	B产量
古诺博弈	1 296	2 592	48	36	36
斯塔尔伯格博弈	1 458	2 187	39	54	27

图3-13　古诺博弈与斯塔尔伯格博弈的均衡区别

在斯塔尔伯格博弈中,由于A企业先决策,因此它的收益增加了(由博弈1 296增加到1 458),这在博弈论里叫作"先动优势"。其实在前面性别战博弈中已经提到过这个概念。

但是需要注意的是,A企业收益的增加是要付出代价的,是以A、B企业总收益的降低为代价,以单件商品的利润降低为代价,以A企业产量的增加为代价(自己要生产更多的商品,付出更多的劳动),以挤压B企业的产量为代价(从36被挤压到27)。

读者可以思考一个问题：从竞争的角度，A 企业这样做赢了，因为它进一步挤占了 B 企业的生存空间；但如果单纯从性价比的角度分析，A 企业这样做不一定值得，A 企业以利润从 48 降到 39、劳动量从 36 增加到 54 为代价，换取了收益从 1 296 到 1 458 的提升，这里面到底划不划算？你是怎样看的？

到目前为止，我们已经掌握了博弈论中的 4 类均衡：优势策略均衡、重复剔除优势均衡、纳什均衡和混合策略纳什均衡。那么这 4 类均衡之间有什么关系呢？具体而言，优势策略均衡一定是重复剔除优势均衡吗？重复剔除优势均衡一定是纳什均衡吗？纳什均衡和混合策略纳什均衡又是什么关系？如图 3-14 所示。

事实上，根据 4 类均衡的概念内涵及其严格的数学约束，不难发现优势策略均衡是最严苛的一类均衡，重复剔除优势均衡次之，纳什均衡条件又稍微宽松一些，混合策略纳什均衡相对最为宽松，基本能够涵盖前面 3 类均衡。4 类均衡间的关系如图 3-15 所示。

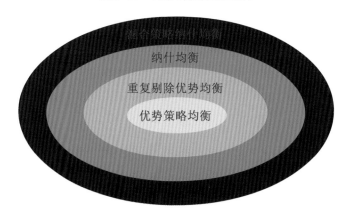

图 3-14　4 类均衡的关系之问

图 3-15　4 类均衡间的关系

需要补充说明的是,尽管纳什均衡作为非合作博弈的解概念在博弈论的发展历程中具有举足轻重的作用,但它并不是十全十美的。首先,纳什均衡解不仅要求博弈的参与人是完全理性的,还要求博弈本身是完全信息的,即博弈模型中诸如策略集和收益函数等参数信息是所有博弈者的共同知识。对于大量现实博弈场景,这样的要求显然是苛刻的。一个典型的例子就是人类参与的各种博弈,一方面,人在获取、存储、使用和回忆信息的过程中无法保证是完全准确无误的;另一方面,人的表达能力是有限的,其通过文字、数字、图表或语音等形式传递消息的过程中,无论多么努力,最终的效果都无法保证是完美无缺的。因此,人类作为博弈参与者通常无法满足完全理性这一要求。另外,人类作为博弈参与者所参与的各种博弈通常也并不是完全信息的,因为在人类社会中,任何一个个体都无法完全知道其他个体的所有信息。此外,纳什均衡作为非合作博弈的解本质上是一个"静态的"概念。它只描述了在"稳定的"策略组合状态下,当其他博弈者不改变其自身策略时,目标博弈参与者如何进行最佳的策略响应。因此,如果博弈本身或者博弈参与者的决策会随时间发生动态变化,标准的纳什均衡则需进一步精炼才能对这种动态博弈的解进行刻画。

本章从"均衡"概念入手,分别介绍了优势策略均衡、重复剔除优势均衡、纳什均衡、混合策略纳什均衡 4 类均衡的内涵,并结合案例分析了其求解方法,最后对几类均衡之间的关系进行了梳理。均衡是博弈论的核心概念,求得均衡也是利用博弈论解决现实问题的最终目的。

第4章 混合策略纳什均衡——创新应用

第3章依次讨论了4类均衡:优势策略均衡、重复剔除优势均衡、纳什均衡、混合策略纳什均衡。对于没有优势策略均衡(包括重复剔除优势均衡)的博弈,可以用纳什均衡来寻求博弈均衡解。我们知道纳什均衡中的策略都是纯策略,如智猪博弈中的"按按钮""等待";性别战中的"拳击""芭蕾",但是在一些博弈中,即便这样的纯策略纳什均衡也是不存在的,此时需要将均衡的概念扩展到混合策略纳什均衡。

如果说纯策略是一条告诉参与人应该选择什么行动的规则的话,那么混合策略就是一条告诉他参与人他(她)应该掷一个什么样的骰子来选择行动的规则。如果参与人执行的是混合策略,那么在同一种给定的情况下他(她)也有可能选择几种不同行动中的任何一种。本章以具体案例讲解分析混合策略纳什均衡的求解。

4.1 背景剖析

4.1.1 无人集群作战

2020年9月,阿塞拜疆多架TB-2型无人机突破亚美尼亚SA-8防空系统,对纳卡地区进行了非对称火力打击,瞬间摧毁12个防空阵地。近年来,随着无人化、智能化作战概念及技术的不断成熟,无人机凭借其成本低廉、易于大规模部署、编组灵活等诸多优势,越来越多地出现在实际战场。无人集群作战示意图如图4-1所示。

事实上,随着第三次人工智能浪潮的持续推进,由"单体自主智能"发展而来的"群体演化智能",成为人工智能2.0的重要特征之一。尤其在军事领域,无人集群(陆战场无人车集群、水面无人艇集群、空域蜂群)作战得到了前所未有的关注,美军已将无人集群作战列为一种能够改变作战规则的"颠覆性技术"。

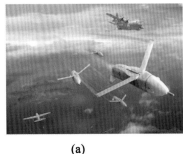

(a)

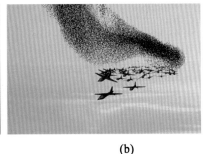

(b)

图 4-1　无人集群作战示意图

无人集群作战是多个异构无人平台通过能力互补和行动协调,实现单个无人作战平台的任务能力扩展,以及多无人系统的整体作战效能提升,以遂行共同战斗任务的联合作战行动。

4.1.2　火力分配问题

无人集群作战对多无人平台间的协作提出了极高的要求,"协作"的本质是资源的优化配置,如编队控制、路径规划、任务分配和火力分配等。探究无人集群作战的特点规律,挖掘协作机理,实现资源优化配置,已然成为学术研究和技术应用领域亟待解决的现实难题。

现有的对集群协作和资源优化配置的研究,有很高的理论和工程应用价值。然而,在解决现实作战问题时,现有的研究成果仍存在两点不足:一是在进行协作中的资源配置时,多从己方视角出发,以"单方优化"为主,对作战的"双方对抗"考虑不足。无人集群作战聚焦于与作战对手之间的攻防博弈。博弈的目的是在快速、高强度对抗环境下得到我方最适合的、能够取得作战效能最大化的最优资源配置方案;二是现有研究聚焦"飞行控制"多,"战术指挥"少。由于军事和民用的领域通用性,蜂拥控制、牵制控制等飞行控制算法被大量提出并不断改进,然而技术和战术是作战致胜的一体之两翼,两者不可厚此薄彼。以火力分配为例,如何在战术层面确定合理的火力分配策略,直接决定了目标毁伤效果甚至战争胜负。

在无人集群作战中,首先由侦察型无人机实施情报侦察,在探知目标方位、速度、规模和技战术指标基础上,由干扰型无人机对目标实施电子干扰,同时由攻击型无人机实施攻击。因此,将无人集群作战(红方)中的作战单元按照业务功能,划分为侦察、干扰、攻击 3 种类型。对于反无人集群作战一方(蓝方)而言,其可采用对等的无人集群参与交战,也可据守防空阵地借助高炮、防空导弹、定向能武器等实施防守反击,无论何种反制方式,均可将作战单元抽象为侦察、干扰、攻击 3 种类型。无人集群作战中的无人平台类型划分如图 4-2 所示。

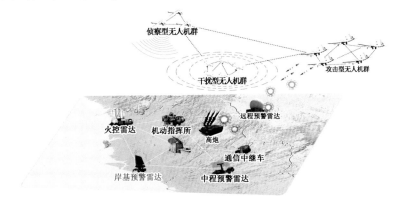

图 4-2 无人集群作战中的无人平台类型划分

红方攻击型无人机可以攻击蓝方侦察、干扰、攻击 3 种类型的作战单元,致其无法形成封闭作战环路。同时,攻击型无人机打击不同类型的目标有不同的难度系数及命中率,产生不同的作战效能。因此,针对特定作战任务,红方配备数量固定的无人机,此时如何选择攻击策略,即如何针对蓝方不同类型目标实施火力分配,是战术决策的关键。红方需要依据对抗双方的策略选择进行收益值计算,进而比较判断己方策略优劣,最终做出最优决策。

与追求单方效用最大化为目标的传统优选方法相比,博弈论强调决策主体各方策略的相互依存性,侧重多个主体行为相互影响和作用的分析,体现了合作与冲突的对立统一关系。因此,本章基于博弈论框架,针对无人集群作战中的火力分配问题展开研究。首先分析无人集群作战中的对抗博弈需求,在此基础上构建火力分配博弈模型,接下来求解博弈模型,在求解博弈模型均衡解的时候对经典粒子群算法进行改进,最后结合案例验证模型算法的可行性和适应性。

4.2 模型构建

4.2.1 基本假设

结合无人集群作战特点,本节给出以下两个基本假设。

□ 假设 1:无人集群作战中的博弈方均为完全理性决策者。即红蓝双方为完全理性决策者,在无人集群作战博弈中始终选择使得己方收益最大化的策略。

57

□ 假设 2：博弈双方所处的信息空间为完全不完美信息。即对方的完全理性为共同知识，且双方均掌握彼此的所有可能策略，但无法确定具体的策略选择。

经典博弈模型包含局中人、策略、收益 3 个要素。不失一般性，定义面向火力分配的无人集群作战博弈模型为

$$G_{swarm}::=<(\mathrm{Red},\mathrm{Blue}),(S_r,S_b),(\Psi_r,\Psi_b)> \tag{4-1}$$

其中，$(\mathrm{Red},\mathrm{Blue})$ 为红蓝双方局中人；(S_r,S_b) 为红蓝双方的纯策略组合；(Ψ_r,Ψ_b) 为红蓝双方的收益，且有

$$\begin{cases} \Psi_r = \{\Psi_r^l \mid \Psi_r^l = S_r^\chi \times S_b^\theta, \Psi_r^l \in R, \chi \in [1,\varphi_r], \theta \in [1,\varphi_b], l \in \varphi_r \times \varphi_b\} \\ \Psi_b = \{\Psi_b^l \mid \Psi_b^l = S_b^\theta \times S_r^\chi, \Psi_b^l \in R, \chi \in [1,\varphi_r], \theta \in [1,\varphi_b], l \in \varphi_r \times \varphi_b\} \end{cases} \tag{4-2}$$

即每个收益都是双方策略组合 (S_r,S_b) 向实数集的一个映射，φ_r 和 φ_b 分别为红蓝双方的纯策略数量，"$\times$" 为笛卡尔积。

4.2.2 策略空间

设红蓝双方作战单元总规模分别为 U 和 U'，$U=U_i+U_j+U_k$，其中，U_i、U_j、U_k 分别为侦察型、干扰型、攻击型无人机数量。

进一步地，令 $U_k=U_{ki}+U_{kj}+U_{kk}$，其中，U_{ki}、U_{kj}、U_{kk} 分别为攻击对方侦察型、干扰型、攻击型作战单元的己方无人机数量。红蓝双方力量组成如图 4-3 所示。

同理，$U'=U_i'+U_j'+U_k'$，$U_k'=U_{ki}'+U_{kj}'+U_{kk}'$。

图 4-3　红蓝双方力量组成

对于红方而言，其火力分配策略为：在规模 U_k 固定的前提下，针对蓝方 3 类作战单元，分别编配的攻击型无人机数量。遍历攻击型无人机 U_k 在 U_{ki}、U_{kj}、U_{kj} 中所有的数量分配情况，得到红方纯策略规模为 $\varphi_k=U_k+1+(U_k+1)U_k/2$。同理蓝方纯策略规模为 $\varphi_k'=U_k'+1+(U_k'+1)U_k'/2$。因此，红蓝双方的策略空间 Ω 为

$$\Omega=\varphi_k\times\varphi_k'=[U_k+1+(U_k+1)U_k/2]\times[U_k'+1+(U_k'+1)U_k'/2] \tag{4-3}$$

4.2.3 收益计算

红蓝双方在攻击对方不同类型的目标时，有不同的命中率，为己方带来不

同的作战收益。表 4-1 为不同类型作战单元时的毁伤概率及毁伤效能。

表 4-1　不同类型作战单元的毁伤概率及毁伤效能

类型	概率	效能
侦察	(P_i, P_i')	(E_i, E_i')
干扰	(P_j, P_j')	(E_j, E_j')
攻击	(P_k, P_k')	(E_k, E_k')

表 4-1 中 (x, y) 形式的参数对中, x 表示红方攻击蓝方目标的毁伤概率 P 及给蓝方造成的毁伤效能 E, y 则相反。例如 (P_i, P_i') 表示红方攻击蓝方侦察型单元的毁伤概率为 P_i, 蓝方攻击红方侦察型单元的毁伤概率为 P_i'; (E_i, E_i') 表示红方攻击蓝方侦察型单元的毁伤效能为 E_i, 蓝方攻击红方侦察型单元的毁伤效能为 E_i'。

此外, 对方侦察型和干扰型作战单元对乙方实施的侦察、干扰行动会降低己方攻击型作战单元对敌的毁伤概率, 定义衰减函数为

$$\rho = K_\omega^{-\frac{N}{M}} \qquad (4-4)$$

式中, K_ω 为衰减系数 $K_\omega > 1, \omega \in \{1, 2, 3, 4\}$; N 为一方侦察型或干扰型作战单元数量; M 为一方作战单元总数量。以红方侦察型作战单元为例, 其为己方攻击型作战单元带来的毁伤衰减系数为 $\rho = K_1^{-U_i'/U}$。

定义 4-1: 对敌毁伤。攻击对手侦察型、干扰型、攻击型作战单元给对手造成的效能损失的叠加。

则红方对敌毁伤 ψ_r 可表示为

$$\psi_r = \sum_{i=1}^{3} \psi_r^i \qquad (4-5)$$

ψ_r^1、ψ_r^2、ψ_r^3 分别为毁伤蓝方侦察型、干扰型、攻击型作战单元给蓝方造成的损失, 则有如图 4-4 所示的计算过程。

$$\text{红方} \quad \psi_r = \sum_{i=1}^{3} \psi_r^i \begin{cases} \psi_r^1 = U_i' \cdot \left[1 - (1 - P_i \cdot K_3^{\frac{U_i'}{U}} \cdot K_4^{\frac{U_j'}{U}})^{U_{ki}} \right] \cdot E_i \\ \psi_r^2 = U_j' \cdot \left[1 - (1 - P_j \cdot K_3^{\frac{U_i'}{U}} \cdot K_4^{\frac{U_j'}{U}})^{U_{kj}} \right] \cdot E_j \\ \psi_r^3 = U_k' \cdot \left[1 - (1 - P_k \cdot K_3^{\frac{U_i'}{U}} \cdot K_4^{\frac{U_j'}{U}})^{U_{kk}} \right] \cdot E_k \end{cases}$$

图 4-4　红方对敌毁伤

同理,蓝方对红方的毁伤为 ψ_{b},有

$$\psi_{\mathrm{b}} = \sum_{i=1}^{3} \psi_{\mathrm{b}}^{i} \tag{4-6}$$

ψ_{b}^{i} 的计算过程与图 4-4 过程类似,此处不再展开。

依据曼彻斯特作战理论,给出"作战收益"的定义。

定义 4-2:作战收益。一方作战收益为其对敌毁伤与自身遭敌毁伤的比值,即对敌"毁伤"与"自损"的相对程度。

则红方收益 Ψ_{r} 可表示为

$$\Psi_{\mathrm{r}} = \frac{\psi_{\mathrm{r}}}{\psi_{\mathrm{b}}} \tag{4-7}$$

同理,蓝方收益 $\Psi_{\mathrm{b}} = \psi_{\mathrm{b}}/\psi_{\mathrm{r}}$。综上,红蓝双方收益对比如图 4-5 所示。

图 4-5　红蓝双方收益对比

面向火力分配的无人集群作战博弈的收益矩阵见表 4-2。

表 4-2　无人集群作战博弈收益矩阵

收益		蓝方			
		S_{b}^{1}	S_{b}^{2}	$\cdots$	$S_{\mathrm{b}}^{\varphi_{\mathrm{b}}}$
红方	S_{r}^{1}	$(\Psi_{\mathrm{r}}^{1},\Psi_{\mathrm{b}}^{1})$	$(\Psi_{\mathrm{r}}^{1},\Psi_{\mathrm{b}}^{2})$	$\cdots$	$(\Psi_{\mathrm{r}}^{1},\Psi_{\mathrm{b}}^{\varphi_{\mathrm{b}}})$
	S_{r}^{2}	$(\Psi_{\mathrm{r}}^{2},\Psi_{\mathrm{b}}^{1})$	$(\Psi_{\mathrm{r}}^{2},\Psi_{\mathrm{b}}^{2})$	$\cdots$	$(\Psi_{\mathrm{r}}^{2},\Psi_{\mathrm{b}}^{\varphi_{\mathrm{b}}})$
	$\cdots$	$\cdots$	$\cdots$	$\cdots$	$\cdots$
	$S_{\mathrm{r}}^{\varphi_{\mathrm{r}}}$	$(\Psi_{\mathrm{r}}^{\varphi_{\mathrm{r}}},\Psi_{\mathrm{b}}^{1})$	$(\Psi_{\mathrm{r}}^{\varphi_{\mathrm{r}}},\Psi_{\mathrm{b}}^{2})$	$\cdots$	$(\Psi_{\mathrm{r}}^{\varphi_{\mathrm{r}}},\Psi_{\mathrm{b}}^{\varphi_{\mathrm{b}}})$

到此为止,在规模 U_k 固定的前提下,针对蓝方 3 类作战单元,分别编配的攻击型无人机数量,每一种数量组合就是一个策略。

4.3　均衡求解

在红蓝双方的对抗博弈中,求得博弈模型的均衡解是获取最优作战策略的关键。对于两方多策略博弈模型,纯策略均衡解大多只存在于理论层面,在解决实际问题时如何求解混合策略纳什均衡是模型求解的重点和难点。

4.3.1　对抗博弈纳什均衡

根据无人集群作战博弈模型 G_{swarm}，红方策略集合 $S_r = \{S_r^1, S_r^2, \cdots, S_r^i, \cdots S_r^{\varphi_r}\}$，设 x 为定义在 S_r 上的混合策略，则有

$$x = \left\{(x_1, x_2, \cdots, x_i, \cdots, x_{\varphi_r}) \mid i \in \mathbb{Z}, x_i \in [0,1], \sum_{i=1}^{\varphi_r} x_i = 1\right\} \quad (4\text{-}8)$$

混合策略 x 表示红方以概率 x_i 在博弈中采取策略 S_r^i。同理，蓝方策略集合 $S_b = \{S_b^1, S_b^2, \cdots, S_b^j, \cdots S_b^{\varphi_b}\}$，则有 $y = \left(y_1, y_2, \cdots, y_j, \cdots, y_{\varphi_r}\right) \mid j \in \mathbb{Z}, y_j \in [0,1], \sum_{j=1}^{\varphi_b} y_j = 1$。因此，作战博弈的混合策略组合可记为 $X = \{x, y\}$。则，红蓝双方混合策略如图 4-6 所示。

```
┌─────────────────────────────────────┐ ┌─────────────────────────────────────┐
│ 红方策略集合：                        │ │ 蓝方策略集合：                        │
│ S_r={S_r¹,S_r²,···,S_r^i,···,S_r^φr}  │ │ S_b={S_b¹,S_b²,···,S_b^j,···,S_b^φb}  │
│ 设x为定义在S_r上的混合策略，则有：    │ │ 设y为定义在S_b上的混合策略，则有：    │
│ x={(x₁,x₂,···,x_i,···,x_φr)|i∈ℤ,      │ │ y={(y₁,y₂,···,y_j,···,y_φb)|j∈ℤ,      │
│ x_i∈[0,1],∑φr_{i=1}x_i=1}             │ │ y_j∈[0,1],∑φb_{j=1}y_j=1}             │
│ 混合策略x表示红方以概率x_i在博弈中    │ │ 混合策略y表示红方以概率y_j在博弈中    │
│ 采取策略S_r^i                         │ │ 采取策略S_b^j                         │
└─────────────────────────────────────┘ └─────────────────────────────────────┘
                        VS
```

图 4-6　红蓝双方混合策略

同时，依据表 4-2 分别设 $A_{\varphi_r \times \varphi_b}^r$ 和 $A_{\varphi_r \times \varphi_b}^b$ 为红蓝双方的纯策略收益矩阵，则红蓝双方的期望收益分别为

$$\begin{cases} \overline{\varPsi_r} = x A_{\varphi_r \times \varphi_b}^r y^{\mathrm{T}} \\ \overline{\varPsi_b} = x A_{\varphi_r \times \varphi_b}^b y^{\mathrm{T}} \end{cases} \quad (4\text{-}9)$$

进一步地，若令 $X^* = \{x^*, y^*\}$ 为博弈的混合策略均衡解，根据经典博弈论关于混合策略均衡的定义，X^* 必然满足

$$\begin{cases} \overline{\varPsi(X^*)} \geq \overline{\varPsi_r(x_i, y^*)} \\ \overline{\varPsi(X^*)} \geq \overline{\varPsi_b(x^*, y_j)} \end{cases} \quad (4\text{-}10)$$

即混合策略均衡收益不劣于任何一方采用纯策略时的收益。或者，在均衡时任何一方改变策略，其收益不会优于现有收益。

因此，无人集群作战博弈若要取得混合策略均衡解，必然满足

$$\begin{cases} x^* A_{\varphi_r \times \varphi_b}^r y^{*\,\mathrm{T}} \geq A_i^r y^{*\,\mathrm{T}}, 1 \leq i \leq \varphi_r \\ x^* A_{\varphi_r \times \varphi_b}^b y^{*\,\mathrm{T}} \geq x^* A_j^b, 1 \leq j \leq \varphi_b \end{cases} \quad (4\text{-}11)$$

式中，A_i^r 为红方纯策略收益矩阵 $A_{\varphi_r \times \varphi_b}^r$ 的第 i 个行向量；A_j^b 为蓝方纯策略收益矩阵 $A_{\varphi_r \times \varphi_b}^b$ 的第 j 个列向量。

本节通过分析博弈模型 G_{swarm}，获得了无人集群作战博弈混合策略均衡的必要条件，接下来将对混合策略均衡 X^* 进行求解。

4.3.2 改进的粒子群优化

混合策略均衡求解是一个 NP-Hard 问题，除了经典的上策均衡法、劣策剔除法外，单纯型剖析、牛顿算法等最优化算法也得到了广泛应用。近年来，受生物群体"群智涌现"的启发，各类智能算法被相继提出，其中粒子群算法表现出了较广的适用性和较强的优越性。本节将在相关研究成果的基础上，对经典粒子群算法进行改进，求解无人集群作战博弈均衡。

粒子群优化算法源于鸟群搜索觅食。粒子群 I 中每个粒子 i 的位置 X_i 和速度 V_i 可分别看作 n 维空间中的 n 维向量：$X_i = \{x_1, x_2, \cdots, x_n\}$，$V_i = \{v_1, v_2, \cdots, v_n\}$。设粒子 i 在 T 时刻所处位置为 X_i^T，则其可依据预定义的适应值函数 $f(X_i)$ 计算其 T 时刻为止所经过的最佳位置 p_{best}（$p_{best} = \max\limits_{0 \leq t \leq T} \{f(X_i^t)\}$），此外，整个粒子群 T 时刻为止所经历的最佳位置 s_{best}（$s_{best} = \max\limits_{0 \leq i \leq I} \{p_{best}\}$）对于每个粒子均为共同知识。粒子 i 在行进过程中，通过不断比较 (p_{best}, s_{best}) 来改变 V_i，进而迭代更新位置 X_i。迭代更新依据为

$$\begin{cases} V_i^{t+1} = V_i^t + c_1 r_1 (p_{best} - X_i^t) + c_2 r_2 (s_{best} - X_i^t) \\ X_i^{t+1} = X_i^t + V_i^{t+1} \end{cases} \quad (4-12)$$

式中，c_1 和 c_2 为学习因子，用于调节粒子 i 向 p_{best} 和 s_{best} 移动的步长和快慢；r_1 和 r_2 为随机数，服从 $(0,1)$ 之间的均匀分布。

分析粒子群算法的稳定性和收敛性，发现基本粒子群算法无法保证收敛到全局最优。结合无人集群作战博弈的特点，本节通过调整惯性因子 ω 和学习因子 c 对其加以改进。

惯性因子 ω 表示粒子对其原始速度的继承状况，惯性因子的取值直接影响粒子速度的变化，进而影响全局搜索的广度和精细搜索的深度。较大的惯性因子 ω 有助于粒子跳出局部极小点，便于全局搜索；而较小的惯性因子 ω 有助于粒子对于当前的搜索区域进行精细搜索，便于算法收敛。因此，有必要调整恰当的惯性因子 ω 值，使算法在全局搜索和精细搜索之间取得平衡。增加惯性因子之后的迭代更新依据为

$$\begin{cases} V_i^{t+1} = \omega V_i^t + c_1 r_1 (p_{best} - X_i^t) + c_2 r_2 (s_{best} - X_i^t) \\ X_i^{t+1} = X_i^t + V_i^{t+1} \end{cases} \quad (4-13)$$

惯性因子 ω 值越大越有利于全局搜索，越小越有利于精细搜索，因此在算

法初期应尽可能取较大值,而在算法结束时应尽可能取较小值,即惯性因子 ω 应为关于时间的减函数。惯性因子关于时间的线性减函数在收敛性上优于凸函数,但差于凹函数。基于此,有研究通过定义惯性因子 ω 关于迭代次数的凹函数求解混合策略均衡,但进一步研究发现先上凸后下凹函数在保证全局搜索和精细搜索上的性能更佳,因此对惯性因子 ω 调整如下。

$$\omega(t) = 0.65 + 0.25 \cdot \cos\frac{\pi t}{t_{\max}} \tag{4-14}$$

式中,t 为当前迭代次数;$t_{\max}$ 为最大迭代次数;$\omega(t) \in [0.4, 0.9]$。

在学习因子方面,受鸟群搜索觅食启发,初始时每只鸟都在探索中飞行,对个体的探索能力要求较高;随着群体整体认知能力的增强,社会认知能力开始占据主导。由于 c_1 代表粒子自身认知能力,c_2 代表粒子的社会认知能力,初始阶段应设置较大的 c_1 和较小的 c_2,之后逐步减小 c_1 和增大 c_2。区别于传统 $c_1 = c_2 = 2$ 的常量设定,此处设 $c_1 = 2 - t/t_{\max}$,$c_2 = 2 + t/t_{\max}$。

根据式(4-11),定义适应值函数:

$$f(X) = \max\left\{\max_{1 \le i \le \varphi_r}\left\{\boldsymbol{A}_i^r y^{\mathrm{T}} - x\boldsymbol{A}_{\varphi_r \times \varphi_b}^r y^{\mathrm{T}}\right\}, 0\right\} + \max\left\{\max_{1 \le j \le \varphi_b}\left\{x\boldsymbol{A}_j^b - x\boldsymbol{A}_{\varphi_r \times \varphi_b}^b y^{\mathrm{T}}\right\}, 0\right\}$$

$$\tag{4-15}$$

$X^* = \{x^*, y^*\}$ 为红蓝博弈的混合策略均衡解的充要条件为:$\exists X^* = \{x^*, y^*\}$,st.$f(X^*) = 0$ 且 $\forall X \ne X^*$,$f(X) > 0$。

基于上述对博弈均衡解的讨论及对经典粒子群算法的优化改进,这里给出混合策略均衡解的求解算法(伪代码),见表 4-3。

表 4-3　混合策略均衡解的求解算法

输入

　　$\boldsymbol{A}_{\varphi_r \times \varphi_b}^r$——红方纯策略收益矩阵;

　　$\boldsymbol{A}_{\varphi_r \times \varphi_b}^b$——蓝方纯策略收益矩阵;

　　X——红蓝双方初始混合策略;

输出

　　X^*——混合策略均衡解;

Step1 init(N, $t_{\max}$);

Step2 for each $x_i \in x, y_j \in y$

　　　　$x_i = \mathrm{random}(0, 1)$;

　　　　$y_j = \mathrm{random}(0, 1)$.

　　end for

表 4-3（续）

for each x_i, y_j

$$x_i = x_i / \sum_{i=1}^{\varphi_r} x_i;$$

$$y_j = y_j / \sum_{i=1}^{\varphi_b} y_j.$$

  end for

Step3 for each $i \in I$

  $p_{current} = f(X_i^t);$

  If $p_{current} > p_{best}$ then

  $p_{best} = p_{current};$

  else

  save(p_{best}).

  end if

 end for

Step4 if $p_{best} > s_{best}$ then

  $s_{best} = p_{best};$

  else

  save(s_{best}).

  end if

Step5 $\omega_0 = \omega(t)$.

Step6 for each $i \in I$

  $V_i^{t+1} = \text{renew}(V_i^t, p_{best}, s_{best}, \omega_0, c,);$

  $X_i^{t+1} = \text{renew}(X_i^t, V_i^{t+1})$.

  end for

Step7 if $t \leqslant t_{max}$ then

  return$X^*;$

   else

   goto step 3.

  end if

  将问题的潜在解看作多维搜索空间内的一个点，称之为粒子。首先初始化粒子群规模 N 和最大迭代次数 t_{max}；接下来为红蓝双方混合策略 $X = \{x, y\}$ 的每个元素随机赋概率值，该过程实质上是为每个粒子确定初始速率 V_i 和位置 X_i 的过程；Step3~Step4 分别将粒子当前的适应值 $f(X_i)$ 与其最优适应值 p_{best} 比较,同时将 p_{best} 与全局最优适应值 s_{best} 比较,若 $f(X_i)$ 优于 p_{best} 或 p_{best} 优于 s_{best},则做出更新;更新惯性因子 ω,同时对粒子速度 V_i 和位置 X_i 做出调整,其实质是对混合策略 $X=\{x,y\}$ 的更新;最后检验迭代次数 t 是否满足终止条件,输出 X^*,否则转到 Step3 继续下一轮迭代。

4.4　任务想定

4.4.1　参数设定

受限于智能自主、网络通信、定位等技术的限制,目前无人集群作战的应用方式以对地面固定目标的打击为主,集群之间的直接对抗尚处于概念论证阶段。本节通过设定红方无人集群对蓝方地面防空阵地实施打击的想定,验证上述模型算法的合理性与可行性。

设红蓝交战中,红方利用无人集群对蓝方地面防空阵地实施打击,蓝方借助高炮、定向能武器等实施防守反击。红方共投入 8 架无人机,其中 2 架侦察型、3 架干扰型、3 架攻击型;蓝方阵地共部署 5 套作战系统,其中侦察型 2 套、干扰型 1 套、攻击型 2 套。

由于 $U_k=3$,$U_k'=2$,根据式(4-2),红方策略数量 $\varphi_r=10$,蓝方策略数量 $\varphi_b=6$,双方策略组合 $\Omega=60$。遍历 U_k 在 U_{ki}、U_{kj}、U_{kk} 中所有的数量编配情况,得红方所有可能策略,遍历 U_k' 在 U_{ki}'、U_{kj}'、U_{kk}' 中所有的数量编配情况,得蓝方所有可能策略。红蓝双方的策略空间见表4-4。

表 4-4　红蓝双方的策略空间

红方				蓝方			
数量编配			策略	数量编配			策略
U_{ki}	U_{kj}	U_{kk}	S_r	U_{ki}'	U_{kj}'	U_{kk}'	S_b
0	0	3	$S_r^1=\{0,0,3\}$	0	0	2	$S_b^1=\{0,0,2\}$
0	1	2	$S_r^2=\{0,1,2\}$	0	1	1	$S_b^2=\{0,1,1\}$
0	2	1	$S_r^3=\{0,2,1\}$	0	2	0	$S_b^3=\{0,2,0\}$
0	3	0	$S_r^4=\{0,3,0\}$	1	0	1	$S_b^4=\{1,0,1\}$
1	0	2	$S_r^5=\{1,0,2\}$	1	1	0	$S_b^5=\{1,1,0\}$

表 4-4(续)

红方				蓝方			
数量编配			策略	数量编配			策略
1	1	1	$S_r^6 = \{1,1,1\}$	2	0	0	$S_b^6 = \{2,0,0\}$
1	2	0	$S_r^7 = \{1,2,0\}$				
2	0	1	$S_r^8 = \{2,0,1\}$				
2	1	0	$S_r^9 = \{2,1,0\}$				
3	0	0	$S_r^{10} = \{3,0,0\}$				

4.4.2　均衡计算与分析

给定衰减系数 $K_1 = 2$、$K_2 = 2.8$、$K_3 = 2.3$、$K_4 = 2.5$。依据表 4-1,给定红蓝双方作战单元的毁伤概率及毁伤效能,见表 4-5。

表 4-5　红蓝双方作战单元的毁伤概率及毁伤效能

类型	概率	效能
侦察	(0.65, 0.50)	(1.35, 1.40)
干扰	(0.75, 0.40)	(1.60, 1.50)
攻击	(0.75, 0.45)	(1.80, 1.80)

依据式(4-7)和表 4-2、表 4-4,可计算得到红蓝双方收益矩阵 A,其中,红方纯策略收益矩阵 $A_{\varphi_r \times \varphi_b}^r$ 为

$$
A_{\varphi_r \times \varphi_b}^{r} =
\begin{bmatrix}
1.236\ 4 & 1.237\ 9 & 1.642\ 2 & 1.367\ 2 & 1.636\ 3 & 2.181\ 9 \\
1.329\ 0 & 1.330\ 6 & 1.765\ 3 & 1.469\ 6 & 1.758\ 9 & 2.345\ 3 \\
1.124\ 8 & 1.126\ 1 & 1.493\ 9 & 1.243\ 7 & 1.488\ 6 & 1.984\ 8 \\
0.549\ 5 & 0.550\ 2 & 0.729\ 9 & 0.607\ 6 & 0.727\ 3 & 0.969\ 7 \\
1.465\ 9 & 1.467\ 6 & 1.947\ 0 & 1.620\ 9 & 0.940\ 0 & 2.586\ 7 \\
1.393\ 9 & 1.395\ 6 & 1.851\ 4 & 1.541\ 3 & 1.844\ 8 & 2.459\ 8 \\
0.891\ 8 & 0.892\ 9 & 1.184\ 5 & 0.986\ 1 & 1.180\ 3 & 1.573\ 8 \\
1.363\ 0 & 1.364\ 6 & 1.810\ 3 & 1.507\ 1 & 1.803\ 8 & 2.405\ 2 \\
0.993\ 2 & 0.994\ 4 & 1.319\ 2 & 1.098\ 2 & 1.314\ 5 & 1.752\ 7 \\
0.859\ 5 & 0.860\ 6 & 1.141\ 7 & 0.950\ 4 & 1.137\ 6 & 1.516\ 8
\end{bmatrix}
$$

蓝方纯策略收益矩阵 $A_{\varphi_r \times \varphi_b}^{b}$ 为

$$
A_{\varphi_r \times \varphi_b}^{b} =
\begin{bmatrix}
0.808\ 8 & 0.807\ 8 & 0.608\ 9 & 0.731\ 4 & 0.611\ 1 & 0.458\ 3 \\
0.752\ 4 & 0.751\ 5 & 0.566\ 5 & 0.680\ 5 & 0.568\ 5 & 0.426\ 4 \\
0.889\ 1 & 0.888\ 0 & 0.669\ 4 & 0.804\ 1 & 0.671\ 8 & 0.503\ 8 \\
1.819\ 8 & 1.817\ 6 & 1.370\ 1 & 1.645\ 7 & 1.375\ 0 & 1.031\ 2 \\
0.682\ 2 & 0.681\ 4 & 0.513\ 6 & 0.617\ 0 & 0.515\ 5 & 0.386\ 6 \\
0.717\ 4 & 0.716\ 5 & 0.540\ 1 & 0.648\ 8 & 0.542\ 1 & 0.406\ 5 \\
1.121\ 3 & 1.120\ 0 & 0.844\ 2 & 1.014\ 1 & 0.847\ 3 & 0.635\ 4 \\
0.733\ 7 & 0.732\ 8 & 0.552\ 4 & 0.663\ 5 & 0.554\ 4 & 0.415\ 8 \\
1.006\ 8 & 1.005\ 6 & 0.758\ 0 & 0.910\ 5 & 0.760\ 8 & 0.570\ 6 \\
1.163\ 4 & 1.162\ 0 & 0.875\ 9 & 1.052\ 1 & 0.879\ 1 & 0.659\ 3
\end{bmatrix}
$$

根据任务想定可知,博弈均衡的求解过程为 16(10+6)维空间内的最优搜索过程,即在每个时间步内,每个粒子将由 16 维向量进行描述。给定 $N=20$、最大迭代次数 $t_{\max}=200$,分别将 $A_{\varphi_r \times \varphi_b}^{r}$、$A_{\varphi_r \times \varphi_b}^{b}$ 代入式(4-15),计算红蓝双方的混合策略解及对应的适应度值,计算结果见表 4-6(限于篇幅,只列出部分代表性结果)。

博弈论——博弈思维与创新应用

表4-6 无人集群作战博弈的混合策略及适应度

迭代次数	红方混合策略	蓝方混合策略	适应度
20	(0.033, 0.103, 0.100, 0.045, 0.121, 0.055, 0.059, 0.124, 0.214, 0.141)	(0.336, 0.216, 0.352, 0.042, 0.015, 0.037)	0.028
21	(0.025, 0.095, 0.099, 0.038, 0.122, 0.053, 0.065, 0.129, 0.230, 0.140)	(0.358, 0.163, 0.293, 0.094, 0.046, 0.044)	0.031
22	(0.032, 0.099, 0.102, 0.045, 0.118, 0.049, 0.071, 0.124, 0.214, 0.141)	(0.348, 0.182, 0.125, 0.162, 0.130, 0.050)	0.025
35	(0.033, 0.100, 0.100, 0.045, 0.117, 0.050, 0.069, 0.127, 0.212, 0.142)	(0.321, 0.235, 0.378, 0.031, 0.002, 0.030)	0.017
40	(0.032, 0.099, 0.102, 0.045, 0.119, 0.048, 0.071, 0.123, 0.213, 0.141)	(0.309, 0.234, 0.373, 0.038, 0.009, 0.034)	0.015
41	(0.018, 0.105, 0.123, 0.038, 0.120, 0.054, 0.077, 0.118, 0.212, 0.131)	(0.317, 0.229, 0.380, 0.031, 0.007, 0.034)	0.014
42	(0.019, 0.111, 0.101, 0.045, 0.120, 0.052, 0.068, 0.124, 0.214, 0.141)	(0.376, 0.198, 0.383, 0.033, 0.004, 0.003)	0.013
85	(0.012, 0.299, 0.122, 0.045, 0.119, 0.048, 0.071, 0.123, 0.113, 0.041)	(0.269, 0.180, 0.272, 0.083, 0.060, 0.136)	0.007
86	(0.010, 0.299, 0.123, 0.045, 0.123, 0.046, 0.071, 0.122, 0.113, 0.044)	(0.268, 0.182, 0.271, 0.084, 0.058, 0.136)	0.007
87	(0.010, 0.299, 0.123, 0.045, 0.123, 0.047, 0.071, 0.122, 0.113, 0.043)	(0.268, 0.182, 0.271, 0.085, 0.056, 0.135)	0.000

由表 4-6 可知,若红方采取混合策略 $x = \{x_1, x_2, \cdots, x_{10}\} = (0.010, 0.299, 0.123, 0.045, 0.123, 0.047, 0.071, 0.122, 0.113, 0.043)$,蓝方采取混合策略 $y = \{y_1, y_2, \cdots, y_6\} = (0.268, 0.182, 0.271, 0.085, 0.056, 0.135)$,此时红方期望收益 $\overline{\Psi_r} = x\boldsymbol{A}_{\varphi_r \times \varphi_b}^r y^T = 1.637\ 1$。依据红方纯策略收益矩阵 $\boldsymbol{A}_{\varphi_r \times \varphi_b}^r$,仅从红方视角,其将采取纯策略 $S_r^5 = \{1, 0, 2\}$,因为此时其收益为 2.586 7;然而,此时蓝方并不会选择 S_b^6,而会选择 S_b^1 以使己方收益最大,从而使得红方收益只有 1.465 9,差于期望收益。因此,博弈均衡时红蓝双方的最佳选择都将是混合策略。

上述结果从理论层面为决策提供参考,在实际决策中,红蓝双方必须确定唯一的纯策略。由于在混合策略均衡时,红方对各个策略的选择概率为 $x^* = (0.010, 0.299, 0.123, 0.045, 0.123, 0.047, 0.071, 0.122, 0.113, 0.043)$,蓝方为 $y^* = (0.268, 0.182, 0.271, 0.085, 0.056, 0.135)$,因此,实际决策中双方将遵循上述概率分布确定己方的纯策略。例如,在某次决策中双方将极有可能分别以 0.299 和 0.271 的大概率选择 S_r^2 与 S_b^3。

受军事需求的牵引与科学技术的驱动,近年来,无人集群作战成为世界主要军事强国的研究热点及军队建设的重要方向。其中,在科学研究领域,对其作战概念、制胜机理、关键技术的探索方兴未艾。本章针对无人集群作战中的火力分配问题,提出了一种基于混合策略纳什均衡的集群火力分配决策方法。首先,分析了无人集群作战的火力分配需求;其次,在此基础上,充分考虑战争的对抗特性,基于博弈理论构建集群火力分配模型;第三,通过对经典粒子群算法进行优化,求解模型的混合策略纳什均衡;最后,以无人集群对地攻击任务为想定,证明了模型方法的合理性与可行性。

第二篇　非合作博弈

博弈论亦称为"冲突分析理论",用以研究各方的利益相互有影响、有冲突情况下的决策问题。

第5章 零和博弈

20 世纪 20 年代,匈牙利数学家冯·诺伊曼开始创立现代博弈论。1944 年冯·诺伊曼和摩根斯坦出版了《博弈论与经济行为》一书,把博弈论的理论加以系统化和完善化;他们引进了矩阵形(matrix form)表示、定义极小化极大解(minmax solution),说明了这种解在所有两人零和博弈中都存在。该书提出的标准式、扩展式和合作型博弈模型解的概念和分析方法,奠定了博弈论这门学科的理论基础。博弈论开始被系统研究始于零和博弈。

5.1 零和博弈概念

在《博弈论与经济行为》中,对零和博弈进行了系统探讨。其原因之一是零和博弈或者类似现象,在社会各个领域都普遍存在。各种竞争中,胜利者的光荣背后往往隐藏着失败者的辛酸和苦涩。从个人到国家,从政治到经济,我们都会发现,在一定程度上,世界就像是一个巨大的零和博弈场。

为了理解零和博弈的概念,先从一则故事开始。

5.1.1 狐狸和狼的故事

在著名的拉封丹寓言中有一则关于狐狸和狼的故事,这个故事就属于典型零和博弈的例子,可以方便我们形象地理解这个模型。

一天晚上,一只狐狸踱步来到了水井旁,低头俯身看到井底水面上月亮的影子,它认为那是一块大奶酪。这只饿得发昏的狐狸跨进一只吊桶下到了井底,把与之相连的另一只吊桶升到了井面。下井后,它才明白这"奶酪"是吃不得的,自己已铸成大错,处境十分不利,长期下去就只有等死了。如果没有另一个饥饿的替死鬼来打这月亮的主意,以同样的方式,落得同样悲惨的下场,而把它从眼下窘迫的境地换出来,它怎能指望再活着回到地面上去呢?

两天两夜过去了,没有一只动物光顾水井。时间一分一秒地不断流逝,银

色的上弦月出现了。沮丧的狐狸正无计可施时,刚好一只口渴的狼途经此地,狐狸不禁喜上眉梢,它对狼打招呼道:"喂,伙计,我免费招待你一顿美餐你看怎么样?"看到狼被吸引住了,狐狸于是指着井底的月亮对狼说:"你看到这个了吗?这可是块十分好吃的干酪,这是家畜森林之神福纳用奶牛伊娥的奶做出来的。假如神王朱庇特病了,只要尝到这美味可口的食物都会胃口大开。我已吃掉了这奶酪的一半,剩下这一半也够你吃一顿的了。就请委屈你钻到我特意为你准备好的桶里下到井里来吧。"狐狸尽量把故事编得天衣无缝,这只狼果然中了它的奸计。狼下到井里,它的体重使狐狸升到了井口,这只被困两天的狐狸终于得救了。

这则故事中,狐狸和狼一个在下面一个在上面,狐狸如果想上到井面上就必须把狼骗下来。狐狸的所得就是狼的所失,最终代表"不良处境"的井里还是要留下两者中的一个,这就是典型的零和博弈。

在狐狸和狼的故事中,如果狐狸看到狼在井口,心想我在井里受罪,不能让你在上面舒服,它不是欺骗狼坐在桶里下来,而是骗狼跳下来,那么最终结局将是狼和狐狸都身陷井中无法脱身。如果情况是这样,那么这种两败俱伤的非零和博弈,就是负和博弈了。

反之,如果狼明白狐狸掉到了井里,遇到了困难,搬来一块石头放到上面的桶中,完全可以利用石头的重力把狐狸拉上来。或者,如果狐狸担心狼没有这种帮助它的恻隐之心,通过欺骗到达井口以后,再用石头把狼再拉上来。这两种方式的结局是两个参与者都避免了待在井里,获得了双赢的局面,那么双方进行的就是一种正和博弈。

5.1.2 零和博弈的定义

那么什么是零和博弈呢?

零和博弈指的是参与博弈的各方在严格竞争下,一方的收益必然意味着另一方的损失,博弈各方的收益总和永远为零(图5-1)。双方不存在合作的可能,博弈的结果是一方吃掉另一方,一方的所得正是另一方的所失。

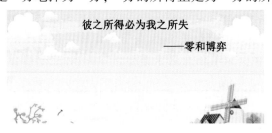

彼之所得必为我之所失

——零和博弈

图5-1 零和博弈

通俗地讲,在零和博弈中,自己的幸福是建立在他人的痛苦之上的,二者的大小完全相等,因而双方都想尽一切办法以实现"损人利己"。

一般用 Ⅰ、Ⅱ 分别表示两个局中人,并设局中人 Ⅰ 有 $\alpha_1,\alpha_2,\cdots,\alpha_m$ 其 m 个纯策略可供选择,局中人 Ⅱ 共有 $\beta_1,\beta_2,\cdots,\beta_n$ 其 n 个纯策略可供选择,则局中人 Ⅰ、Ⅱ 的策略集合分别为

$$\begin{cases} S_1 = \{\alpha_1,\alpha_2,\cdots,\alpha_m\} \\ S_2 = \{\beta_1,\beta_2,\cdots,\beta_n\} \end{cases} \tag{5-1}$$

当局中人 Ⅰ 选定纯策略 α_i 和局中人 Ⅱ 选定纯策略 β_j 后,就形成了一个纯局势 (α_i,β_j)。可见这样的纯局势共有 $m \cdot n$ 个。对任一纯局势 (α_i,β_j),记局中人 Ⅰ 的赢得值为 a_{ij},并称:

$$A = \begin{bmatrix} a_{11} & a_{12} & \cdots & a_{1n} \\ a_{21} & a_{22} & \cdots & a_{2n} \\ \cdots & \cdots & \cdots & \cdots \\ a_{m1} & a_{m2} & \cdots & a_{mn} \end{bmatrix} \tag{5-2}$$

为局中人 Ⅰ 的赢得矩阵(或局中人 Ⅱ 的支付矩阵)。由于假定博弈为零和博弈,故局中人 Ⅱ 的赢得矩阵为 $-A$。A 可以简记为 $A = (a_{ij})$。

当局中人 Ⅰ、Ⅱ 和策略集 S_1、S_2 及局中人 Ⅰ 的赢得函数 A 确定后,一个矩阵博弈就确定了。通常将矩阵博弈记为

$$G = \{ \text{Ⅰ},\text{Ⅱ};S_1,S_2;A \},\text{或}\ G = \{ S_1,S_2;A \}。$$

以二人零和博弈为例,对所有策略,满足:

$$\pi_1(S_1,S_2)+\pi_2(S_1,S_2) = 0 \tag{5-3}$$

5.1.3　田忌赛马

本节以田忌赛马的案例引出零和博弈在现实中的应用。

司马迁在《史记·孙子吴起列传》中对田忌赛马的历史进行了详细记录。

孙武既死,后百余岁有孙膑。膑生阿、鄄之间,膑亦孙武之后世子孙也。孙膑尝与庞涓俱学兵法。庞涓既事魏,得为惠王将军,而自以为能不及孙膑,乃阴使召孙膑。膑至,庞涓恐其贤于己,疾之,则以法刑断其两足而黥之,欲隐勿见。

齐使者如梁,孙膑以刑徒阴见,说齐使。齐使以为奇,窃载与之齐。齐将田忌善而客待之。忌数与齐诸公子驰逐重射。孙子见其马足不甚相远,马有上、中、下辈。于是孙子谓田忌曰:"君弟重射,臣能令君胜。"田忌信然之,与王及诸公子逐射千金。及临质,孙子曰:"今以君之下驷与彼上驷,取君上驷与彼中驷,取君中驷与彼下驷。"既驰三辈毕,而田忌一不胜而再胜,卒得王千金。

根据上述记载,田忌赛马(图5-2)是一场典型的零和博弈。

(a)

(b)

图5-2　田忌赛马

在田忌赛场的例子中齐威王的支付情况见表5-1。

表5-1　齐威王支付情况

齐威王支付　　田忌策略 β_j　　齐威王策略 α_i	上中下	上下中	中上下	中下上	下中上	下上中
上中下	3	1	1	1	1	−1
上下中	1	3	1	1	−1	1
中上下	1	−1	3	1	1	1
中下上	−1	1	1	3	1	1
下中上	1	1	−1	1	3	1
下上中	1	1	1	−1	1	3

注:数字单位是千金,正数表示赢得,负数表示输掉。齐威王所得即为田忌所失。

在有限零和二人博弈(矩阵博弈)中,所谓最优策略就是找到最合理的行动方案。也就是在进行多次重复博弈时,要保证局中人获得最大可能的平均"赢得",或最小可能的平均"付出"的策略。

结合表5-1,我们思考一下该博弈的特点:

首先,无论是齐威王还是田忌,博弈中的6种可选择策略本身相互之间并没有优劣之分。对于齐威王来说,每一种策略对应6种结果,包括一种得益为

3,四种得益为 1,一种得益为-1,最终得哪种结果,主要看对方策略与己方策略的对应情况,而不是己方策略本身。同样地,田忌也是如此。

其次,各博弈方千万不能让对方知道或猜中自己的策略,因为一旦自己的策略被对方猜中,对方就可以有针对性地选择策略,己方必输无疑。这也意味着,如果重复多次地进行该博弈,任何一方的策略选择不能一成不变,变动不能有规律性,必须以随机的方式选择策略。

田忌与齐威王赛马,在第一次比赛输了之后听从谋士孙膑的建议:以三等马对齐威王的一等马、以一等马对齐威王的二等马、以二等马对齐威王的三等马,最终以 2:1 的成绩赢得了比赛。表 5-2 列出了双方策略及结果。

表 5-2 双方策略及结果

	齐威王	田忌	本场胜者
第一场	上等马	下等马	齐威王
第二场	中等马	上等马	田忌
第三场	下等马	中等马	田忌

田忌反败为胜的原因从本质上来讲,是采取了正确的策略。田忌赛马是零和博弈,也是不平等博弈,田忌总体上处于劣势且无法改变,他唯一的优势可以自主选择比赛出场顺序,因为他懂得扬长避短,充分利用游戏规则,所以取得胜利。

任何博弈都有规则,有规则就有对应的策略,正确的策略不一定能赢,但错误的策略必然会输。作为零和博弈、不平等博弈,如果没有采取最佳策略,很难盈利,即使有短期盈利,也会随时间推移,被不利于自己的规则一点点蚕食殆尽,长期盈利几乎不可能。

5.2 极小化极大原理

作为选择最优策略的基础,假设对方是有理性的行动者。当我们选择自己的行动方案时,对方总是选择最不利于我们的行动方案。这就是博弈论的基本原理之——极小化极大原理。

考虑表 5-3 所列某零和博弈收益。

表 5-3　某零和博弈收益

甲支付　乙策略 甲策略	β_1	β_2	β_3	甲最少可赢得
α_1	−7	1	−8	−8
α_2	3	2	4	2
α_3	16	−1	−9	−9
α_4	−3	0	5	−3
乙最少可赢得	−16	−2	−5	

从表 5-3 中可以看出,甲的最大赢得是 16。

于是我们有理由相信,甲为获取最大赢得而采用策略 α_3,乙分析到甲会采用策略 α_3 而针锋相对地采用策略 β_3。此时甲非但不能赢得 16 反而要赢得 −9。进而如果甲考虑乙出策略 β_3 而改出策略 α_4 则甲将会赢得 5,乙将获得 −5。

可见局中人在考虑赢得时,必须考虑对方可能会采用的策略。显然,甲的策略的最坏情况是赢得表中各策略所对应行中赢得的最小数。

将各行最小数和各列最大数列出,并把其中行最小数中的最大数用方框框出来,列最大数的最小数也用方框框出来。

甲如果不存在侥幸心理,他的每个策略只期望得到最坏赢得。为了让自己的赢得最大,甲应采用策略 α_2,以期待获取赢得 2。

对于乙,从赢得关系:$(A_乙 = -A_甲)$ 可以看出乙的各种策略的最坏赢得为各列的最大值(即最大支出,甲赢得表中的正数为乙的支出)。

把各列的最大数列表,把其中最小数用方框框出来(可能有多个)。如果乙不存侥幸心理,应出用方框框出来的数字所对应的策略,即 β_2。

为便于读者理解,可以换个角度对上述博弈进行深入地再分析。对于甲而言,如果选择策略 α_1,由于是零和博弈,利益冲突激烈,那么乙一定会选择策略 β_3 使得甲的赢得最小(−8),从而使得自己受益最大(8);同理,如果甲选择策略 α_2,那么乙一定会选择策略 β_2 使得甲的赢得最小(2),从而使得自己受益最大(−2),以此类推,得到矩阵最右侧一列。此时,对于甲而言,他到底选择哪个策略呢? 在 (−8,2,−9,−3) 这一组数中,2 是最大的,因此甲会选择策略 α_2。

对于乙而言,如果选择策略 β_1,那么甲一定会选择策略 α_3 使得乙的赢得最小(−16),从而使得自己受益最大(16);同理,如果乙选择策略 β_2,那么甲一定会选择策略 α_2 使得乙的赢得最小(−2),从而使得自己受益最大(2),以此类推,得到矩阵最下侧一行。此时,对于乙而言,他到底选择哪个策略呢? 在 (−16,−2,−5) 这一组数中,−2 是最大的,因此乙会选择策略 β_2。(α_2,β_2) 恰巧是一个纳什均衡(可以用画线法验证,但注意这只是一个巧合)。

但是极小化极大原理容易被对手利用倾向性牟利,且如果不存在如上的纯策略纳什均衡时该怎么求解均衡解呢? 例如下面的博弈矩阵,(α_2,β_1) 并不是一个纳什均衡,且如果甲发现乙有策略 β_2 倾向,那么他会果断选择策略 α_1,以此来谋取更高的赢得(6);同样地,假如乙发现甲有策略 α_1 倾向,那么他会果断选择策略 β_1,以此来谋取更高的赢得(-3)。

综上,如果行和列用方框框出来的数值相等,那么只要有一个局中人不存在侥幸心理而取用方框框出来的收益所对应的策略,另一方如存在侥幸心理,不取用方框框出来的收益所对应收益,则其必会吃亏。

设 $G = \{S_1, S_2; A\}$ 为矩阵博弈,其中 $S_1 = \{\alpha_1, \alpha_2, \cdots, \alpha_m\}$,$S_2 = \{\beta_1, \beta_2, \cdots, \beta_n\}$,$A = (a_{ij})$。若等式 $\max \min a_{ij} = \min \max a_{ij} = a_{i^*j^*}$ 成立,记 $V_G = a_{i^*j^*}$。(例如甲取策略 1,$\min a_{1j}$,$0 \leqslant j \leqslant n$,随 j 变化取最小,即随行 i 变化取最大,随列 j 变化取最小)。称 V_G 为矩阵博弈 G 的值,称纯局势 (α_i^*, β_j^*) 为 G 在纯策略下的解,α_i^* 和 β_j^* 为局中人 Ⅰ、Ⅱ 的最优纯策略。

当 $V_G \geqslant 0$ 时,局中人 Ⅰ(甲)有必胜策略;

当 $V_G \leqslant 0$ 时,局中人 Ⅱ(乙)有必胜策略。

再回到表 5-3 中的这个博弈。(α_2,β_2) 恰巧是一个纳什均衡(可以用画线法验证),即鞍点。

鞍点(saddle point)的数学定义为:目标函数在此点上的梯度(一阶导数)值为 0,但从该点出发的一个方向是函数的极大值点,而在另一个方向是函数的极小值点。鞍点示意图如图 5-3 所示。

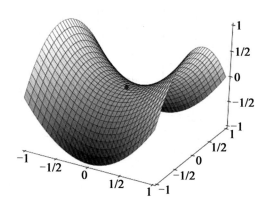

图 5-3 鞍点示意图

鞍点的称呼很形象,大家都知道马鞍,人骑在马鞍上前后动一动,不会掉下去,因此沿着马脊方向是稳定的(马脊上的最低点,相当于极小值),但是左右晃

动就极容易掉下去,因此左右是不稳定的(左右方向上的最高点,相当于极大值)。因此,马脊方向上的最低点,同时也是左右方向上的最高点,即为鞍点。鞍点也恰对应于博弈论中,某个参与人视角下的极小化极大值,也正是另一个参与人视角下的极大化极小值。

5.3 零和博弈的混合策略均衡

上述讨论的是利用极小化极大原理求纯策略纳什均衡。但是极小化极大原理容易被对手利用倾向性牟利,且如果不存在如上所述的纯策略纳什均衡时该怎么求解均衡解呢?此时就需要把前面的方法予以扩展,找出混合策略的纳什均衡。

5.3.1 混合策略与期望支付

对于矩阵博弈 $G = \{S_1, S_2; A\}$ 来说,局中人Ⅰ(甲)有把握至少赢得

$$V_1 = \max \min a_{ij} \tag{5-4}$$

局中人Ⅱ(乙)有把握至多损失

$$V_2 = \min \max a_{ij} \tag{5-5}$$

一般地,局中人甲的赢得不会多于局中人乙的所失,但当 $V_1 \neq V_2$ 时,情况出现了变化。

例如,表5-4所示的混合策略求解矩阵中,(α_2, β_1) 并不是一个纳什均衡,且如果甲发现乙有策略 β_2 倾向,那么他会果断选择策略 α_1,以此来谋取更高的赢得(6);同样地,假如乙发现甲有策略 α_1 倾向,那么他会果断选择策略 β_1,以此来谋取更高的赢得(-3)。

表5-4 混合策略求解矩阵

甲支付 乙策略 甲策略	β_1	β_2	甲最少可赢得
α_1	3	6	3
α_2	5	4	4
乙最少可赢得	-5	-6	

即当局中人Ⅰ(甲)和局中人Ⅱ(乙)从最不利的情况中选择最有利的结果时,分别应选取策略 α_2 和 β_1,但是此时局中人Ⅰ(甲)赢得 $V_1 = 5$,比其预期 $V_1 =$

4还多。其原因就是局中人Ⅱ(乙)选择了策略 β_1 ,使得他的对手得到了不该得到的赢得。因此选择策略 β_1 对于局中人Ⅱ(乙)不是最优,因此他会考虑出策略 β_2 。局中人甲马上会采用相应的办法选择 α_1 ,以便赢得6,而局中人乙可能仍取 β_1 来对付局中人甲的策略 α_1 。也就是说局中人甲和局中人乙出策略 α_1 、策略 α_2 和策略 β_1 、策略 β_2 的可能都不能排除。即博弈不会稳定在某个局势上。在这种情况下,一个比较自然的想法是:既然局中人没有最优策略可出,是否可以按概率选择不同的策略。例如局中人甲按 1/4 和 3/4 的概率选择策略 α_1 、策略 α_2 ,局中人乙按 1/2 和 1/2 的概率选择策略 β_1 、策略 β_2 。这样的策略称为一个混合策略。

设局中人甲出纯策略 $\alpha_1,\cdots,\alpha_m$ 的概率分别为 $x_1,\cdots,x_m$,局中人乙出纯策略 $\beta_1,\cdots,\beta_n$ 的概率分别为 $y_1,\cdots,y_n$,则对于矩阵博弈 $G=\{S_1,S_2;A\}$,其中 $S_1=\{\alpha_1,\alpha_2,\cdots,\alpha_m\}$, $S_2=\{\beta_1,\beta_2,\cdots,\beta_n\}$, $A=(a_{ij})$,如果策略集合 S_1,S_2 所对应的概率向量为

$$X=(x_1,\cdots,x_m),(x_i\geq 0,i=1,\cdots,m;\sum_{i=1}^m x_i=1) \tag{5-6}$$

$$Y=(y_1,\cdots,y_n),(y_j\geq 0,j=1,\cdots,n;\sum_{j=1}^n y_j=1) \tag{5-7}$$

则称 X 和 Y 为局中人甲和局中人乙的混合策略,称 (X,Y) 为一个混合局势。

对于一个混合局势 (X,Y) ,称支付的数学期望:

$$E(X,Y)=\sum_{i=1}^m \sum_{j=1}^n a_{ij}x_iy_j \tag{5-8}$$

为局中人甲在混合局势 (X,Y) 下的期望支付; $-E(X,Y)$ 是局中人乙的期望支付。

5.3.2 支付均等化方法

为了避免对手利用倾向性牟利,可以利用"支付均等化方法"求解混合策略纳什均衡——随便你选什么策略,我的赢得都是一样的(由于是零和博弈,因此你的赢得也是一样的),即局中人不论对方选择何种策略,总期望赢得相同,此时局势达到一种均衡。

这里仍以赢得矩阵为例:

$$A = \begin{bmatrix} 3 & 6 \\ 5 & 4 \end{bmatrix} \tag{5-9}$$

策略集合 $S_1 = \{\alpha_1 、 \alpha_2\}$, $S_2 = \{\beta_1 、 \beta_2\}$, 矩阵博弈 $G = \{S_1 , S_2 ; A\}$ 无最优纯策略。

解:设与 $S_1 、 S_2$ 相对应的混合策略为 $X = (x_1 , x_2)$, $Y = (y_1 , y_2)$, 并设 $x_1 = P$, 则 $x_2 = 1-P$; 设 $y_1 = Q$, 则 $y_2 = 1-Q$, 现在确定 $P 、 Q$ 的值。策略的概率分布见表 5-5。

表 5-5 策略的概率分布

I(甲)赢得	II(乙)策略 β_j	Q	$1-Q$
I(甲)策略 α_i		β_1	β_2
P α_1		3	6
$1-P$ α_2		5	4

局中人乙采用策略 β_1 时, $3P+5(1-P)$ 为甲赢得; 采用策略 β_2 时, $6P+4(1-P)$ 为甲赢得。根据逻辑设计有

$$3P+5(1-P) = 6P+4(1-P)$$
$$P = 1/4$$

所以有: $x_1 = 1/4$, $x_2 = 3/4$。

$$3Q+6(1-Q) = 5Q+4(1-Q)$$
$$Q = 1/2$$

所以有: $y_1 = 1/2$, $y_2 = 1/2$。

若 (x^* , y^*) 是 G 的解, V 为博弈值。

(1) 若 $x_i^* > 0$, 则 $\sum_{j=1}^{n} a_{ij} y_j^* = V$。

(2) 若 $y_j^* > 0$, 则 $\sum_{i=1}^{m} a_{ij} x_i^* = V$。

当 $i=1$ 时, 有

$$V = \sum_{j=1}^{2} a_{1j} y_j^* = a_{11} y_1^* + a_{12} y_2^* = 3 \times 1/2 + 6 \times 1/2 = 9/2$$

当 $i=2$ 时, 有

$$V = \sum_{j=1}^{2} a_{2j} y_j^* = a_{21} y_1^* + a_{22} y_2^* = 9/2$$

于是最优混合策略为:甲(1/4,3/4),乙(1/2,1/2),甲赢得 9/2。

需要注意的是,前面章节在谈论"混合策略纳什均衡"的时候,在社会福利博弈中也涉及支付均等化方法,但是其与此处谈论零和博弈的思路不一样。在 3.5 节的社会福利博弈中,我们认为:当参与人在均衡中应用一个混合策略时,他所得到的支付必须与他在混合策略中所应用的每个纯策略的支付相同,因为若他的某个纯策略有更高的支付,他就应该选择应用那个策略而舍弃混合策略;若某个纯策略有更少的支付,他就应该从他的混合策略中去掉那个纯策略。

5.3.3 直线交叉法

除了上述的支付均等化方法,还可以用直线交叉法求解混合策略纳什均衡。下面通过例题来说明混合策略的直线交叉法。某战斗博弈收益矩阵见表 5-6。

例如,根据已知经验:用燃烧弹击落带副油箱敌机的概率为 0.5,用穿甲弹击落带副油箱敌机的概率为 0.3;用燃烧弹击落不带副油箱敌机的概率为 0.2,用穿甲弹击落不带副油箱敌机的概率为 0.4。如果不知敌方是否抛弃副油箱,如何获得最大战果?

表 5-6 某战斗博弈收益矩阵

支付 敌机策略 β_j 我机策略 α_i	带副油箱 β_1	不带副油箱 β_2	各行 最小数
燃烧弹 α_1	0.5	0.2	0.2
穿甲弹 α_2	0.3	0.4	0.3*
各列最大数	0.5	0.4*	

根据极小化极大原理,某战斗博弈无最优纯策略。使用燃烧弹概率为 0,表示只用穿甲弹击中敌机;使用燃烧弹概率为 1,表示只用燃烧弹击中敌机。首先以"敌方抛弃副油箱概率 p"为横坐标画出双方的收益曲线,如图 5-4 所示。

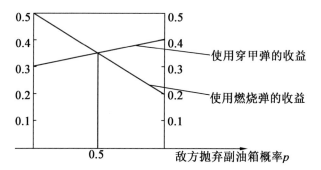

图 5-4　以"敌方抛弃副油箱概率"为横坐标的双方收益曲线

以"使用燃烧弹概率 p"为横坐标画出双方的收益曲线如图 5-5 所示。

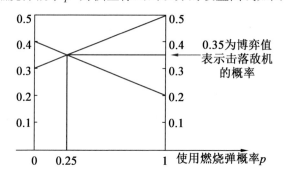

图 5-5　以"使用燃烧弹概率"为横坐标的双方收益曲线

图 5-5 中,0.25 表示使用燃烧弹的概率为 25%,因此使用穿甲弹的概率为 $1-0.25=0.75=75\%$。

从图 5-5 中可以得出:按 25% 和 75% 比例混合使用燃烧弹和穿甲弹为我方最优混合策略,击落敌机的概率不低于 0.35。

极小化极大原理与直线交叉法一样,都是寻找同时行动博弈的纯策略纳什均衡的一种方法,但是,上述方法只适用于零和博弈,对于非零和博弈它就束手无策了。

其中的原因在于,在非零和博弈中,可能存在共同利益,从而选择一个你可能得到的所有最小支付中的最大者,不一定是你的最优反应,因为你的对手所选择的最优策略未必是使你获得最差支付的策略。

5.4 零和博弈两败俱伤

零和博弈的发生,在很多方面都是有着负面的影响。

零和博弈严重削弱了人际合作的意愿。在零和博弈中,参与者往往认为他们自己的利益与对手之间是互相对立的,这意味着他们可能会尝试去保护自己的利益,甚至出尔反尔以保证只有自己获得了利益。这种博弈理念使得人们更难愿意去信任别人,缺乏合作意愿。这也使得职场协作和合作变得更加困难。

零和博弈也会带来资源分配的不公。资源在零和博弈中是有限的,一方取得的利益是其他方的损失,这意味着不同方之间的利益会发生冲突和不平等,一方往往会争夺更多资源去保障自己的利益。结果,只有少数人能够受益,而更多的人则失去了机会。这种不公平的资源分配可能会导致不满和反抗,也可能会引发舆论的不满和批评。

零和博弈也会影响全球性的资源问题。例如能源、粮食和水这些资源,因为这些资源是有限的,不同的国家和地区之间往往会为了争夺更多的资源而发生争执。这可能会导致国际上的紧张氛围,导致冲突。

零和博弈可能导致人际合作意愿的减弱、资源分配的不公,以及全球性的资源问题。我们需要学会更加平等地协商和合作去规避这些问题。只有这样,才能创造一个更加和谐、稳定和发展的社会。

尤其是 20 世纪以来人类在经历了两次世界大战、经济的高速增长、科技的快速进步、全球一体化,以及日益严重的环境污染之后,“零和博弈”观念正逐渐被“双赢”观念所取代。在竞争的社会中,人们开始认识到“利己”不一定要建立在“损人”的基础上。领导者要善于跳出“零和”的圈子,寻找能够实现“双赢”的机遇和突破口,防止负面影响抵消正面成绩。批评下属如何才能做到使其接受而不抵触,发展经济如何才能做到不损害环境,开展竞争如何使自己胜出而不让对方受到伤害,这些都是每一个为官者应该仔细思考的问题。有效合作,得到的是皆大欢喜的结局。从零和走向正和,要求各方要有真诚合作的精神和勇气,遵守游戏规则,否则“双赢”的局面就不会出现,最终吃亏的还是合作者自己。

第6章 走出"囚徒困境"

按照参与人之间能否达成协议博弈可分为合作协议和非合作协议。然而现实中很多问题都是存在利益冲突的非合作问题,在军事领域这一特点尤其明显,并且很多军事对抗/冲突呈现出对称信息动态重复的特点。那么,如何针对上述特点构建博弈模型,分析现实问题,在非合作博弈中,如何寻求博弈完美,挣脱囚徒困境博弈的桎梏,具有极为重要的意义。

6.1 "完美"与"完全"

在信息论和博弈论中,完全信息和完美信息是两个重要的概念。它们通常用于描述不同类型的信息和策略环境。

6.1.1 完美信息

完美信息描述一个关于其他局中人行动(actions)的完全知识的状态,它在新信息出现时立即更新。

在微观经济学中,完美信息的状态是完全竞争(perfect competition)的前提。也就是说假设各方均是理性的且拥有完美信息,他们将会选择最好的产品,而且市场将会回馈那些造出最好产品的人以更高销量。完美信息实际上意味着所有消费者在所有时间了解关于所有产品的所有事情,从而总能做出最好的购买决策。竞争市场与博弈理论模型不同,完全竞争并不要求各方具有其他人行动的完全知识,所有相关信息均反映在价格上。

定义6-1 完美信息。对所有局中人已有行动(包括策略、收益)的完全掌握。

完美信息是针对局中人而言的,下棋,打牌都等是完美信息博弈,如图6-1所示。

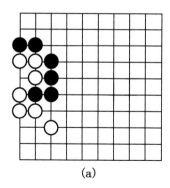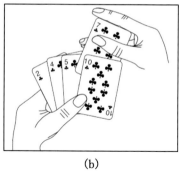

(a)　　　　　　　　　　　　(b)

图 6-1　下棋、打牌都是完美信息博弈

6.1.2　完全信息

完全信息用于描述这样的一个博弈,在此博弈中关于其他局中人的知识对所有参与人均是可知的。每个局中人都知道其他局中人的支付函数(payoffs)和可行策略(strategies)。

完全信息是有效完全竞争市场的一个理论上的先决条件。从某种意义上说,这也是经济学中"市场参与者理性行动"假设的前提。如果一个博弈不具有完全信息,那么个别局中人就不能预知他们的行动对其他局中人的影响,即使行动者假定其他局中人会理性行动。

定义 6-2　完全信息。完全信息是指所有信息均公开透明,所有信息作为局中人的共同知识,即所有人知道所有事。

不同于完美信息,完全信息不针对局中人,针对的是自然(nature),又俗称老天爷。老天爷没有遮遮掩掩,信息就是完全的。

那么,囚徒困境是完美信息博弈,还是完全信息博弈? 事实上囚徒困境是完全信息博弈,却不是完美信息博弈,如图 6-2 所示。

一方对另一方有哪些策略及其支付了如指掌,但并不了解对方到底采取了什么行动。

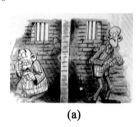

		嫌疑犯甲	
		坦白	抵赖
嫌疑犯乙	坦白	5,5	8,0
	抵赖	8,0	1,1

(a)　　　　　　　　　(b)

图 6-2　囚徒困境中信息的完全不完美

虽然相似,但完全信息和完美信息是不同的。完全信息是指关于博弈结构

的知识的状态,不过不必拥有博弈以内的知识。例如,在囚徒困境背景下,一方可能具有完全信息,但却是个不完美信息博弈,因为一方并不了解另一方的行动。尽管有此区别,但切记:任何不完全信息博弈均可从术语上转换为不完美信息博弈,只需简单地将"自然"引入作为一个局中人且支付函数受制于自然的未知发展(自然的选择不可观察)。

6.2 子博弈完美

6.2.1 分级协调与子博弈

首先从一个经典的协调博弈模型说起子博弈(subgame)完美。同行业内的两家公司选择行业标准,两家公司对标准的看法不同,但为了鼓励消费者购买他们的产品,都乐于采取统一的标准。参与人史密斯和琼斯决定到底该为他们即将出售的计算机设计使用大软驱还是小软驱。分级协调博弈收益矩阵见表 6-1。

表 6-1 分级协调博弈收益矩阵

支付		琼斯	
		大	小
史密斯	大	2,2	-1,-1
	小	-1,-1	1,1

容易发现,表 6-1 所列博弈的均衡解有 2 个,分别是(大,大)和(小,小)。从分级协调的收益矩阵可以明显看出,无论双方选择大还是小,只要能保持一致就是均衡,就能保持双方的收益不会太差,不会跌落到(-1,-1)的两败俱伤局面。

考虑下述由分级协调演变来而的博弈,由于还将陆续介绍这一博弈的另外几种变形,因此我们将称之为跟随领头羊 I 以示区分。这一博弈与分级协调的不同之处在于史密斯首先采取行动,即承诺自己将采用某一种软驱规格而不管琼斯将会选哪种。新的博弈有着与分级协调博弈如出一辙的结果矩阵,但其策略式却有所不同,因为琼斯的策略不再只是单一的行动,琼斯策略集此时有 4 个元素。

$$
\left\{
\begin{array}{l}
(若史密斯选择大,则选择大;若史密斯选择小,则选择大)\\
(若史密斯选择大,则选择大;若史密斯选择小,则选择小)\\
(若史密斯选择大,则选择小;若史密斯选择小,则选择大)\\
(若史密斯选择大,则选择小;若史密斯选择小,则选择小)
\end{array}
\right\}
$$

将上述元素缩写为

$$
\left\{
\begin{array}{l}
(L|L,\ L|S) \\
(L|L,\ S|S) \\
(S|L,\ L|S) \\
(S|L,\ S|S)
\end{array}
\right\}
$$

即无论 S 选什么, J 都选大;无论 S 选什么, J 都一致;无论 S 选什么, J 都相反;无论 S 选什么, J 都选小。

据此,我们写出跟随领头羊 I 的博弈矩阵。

均衡	策略
E_1	{大, $(L|L,\ L|S)$}
E_2	{大, $(L|L,\ S|S)$}
E_3	{小, $(S|L,\ S|S)$}

该博弈共有三个均衡解: E_1、E_2、E_3。考虑一下为何 E_1、E_2 和 E_3 是纳什均衡?除了传统的纳什均衡求解方法(如画线法)外,还可以这样去理解均衡:在均衡 E_1 中,无论史密斯选择什么,琼斯都将以不变应万变选择大,因此史密斯自然乐于选择大。在均衡 E_2 中,无论史密斯选择什么,琼斯都会效仿,因此史密斯将选择大来使支付由 1 变为 2。在均衡 E_3 中,因为史密斯确信琼斯无论如何都会选择小,所以他只得选择小。

但实际上,只有均衡 E_2 是合理的,因为行动的先后顺序会影响参与人的决定。如果史密斯先行动,那么琼斯应该是在史密斯行动之后重新考虑自己的策略。下面就看看为什么只有 E_2 是合理的均衡。

考虑均衡 E_3 中琼斯的策略(小,小)。如果史密斯偏离均衡而选择了大,那么就没有道理再让琼斯坚持选择小。相反,他也将选择大。

称均衡 E_1 和 E_3 是纳什均衡,而非"完美"纳什均衡。一个策略组合要是完美均衡就必须在所有可能的路径上达到均衡,不仅包括均衡路径,还得包括所有其他在不同的"子博弈"中的分支路径。

子博弈是一个对于所有参与人的信息集来说都是单结的结(对双方而言,在该结处,信息是完美信息,是对已有行动的完全掌握),这个结的后续结,以及在相应的终点结处的支付这三个要素所组成的博弈。

6.2.2 完美子博弈纳什均衡

一个策略组合是一个完美子博弈纳什均衡(subgameperfect Nash equilibrium),如果:

□ 它是整个博弈的纳什均衡;

□ 它的相关行动规则在每个子博弈上都是纳什均衡。

对于一个参与人而言,他的完美均衡策略不仅可以保证当其他参与人处于均衡路径上时他可以做出最佳反应,而且当其他参与人处于非均衡或者均衡路径之外时,他依然可做出最佳反应(实际上也是"颤抖的手均衡"的概念,只不过仅仅是前序史密斯颤抖)。

跟随领头羊 I 扩展式如图 6-3 所示,它有 3 个子博弈:

(1)整个博弈;

(2)从结 J_1 开始的子博弈;

(3)从结 J_2 开始的子博弈。

策略组合 E_1 不是一个完美子博弈均衡,因为它只能在子博弈(1)、(3)上达到纳什均衡,在子博弈(2)上则不行。策略组合 E_3 不是一个完美子博弈均衡,因为它只能在子博弈(1)、(2)上达到纳什均衡,在子博弈(3)上就不能了。但是策略组合 E_2 在所有的子博弈上都是纳什均衡。

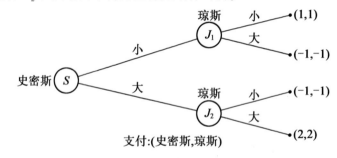

图 6-3 跟随领头羊 I 扩展式

子博弈完美就是区分均衡好坏的一种途径。子博弈完美可以筛选掉"瞎猫碰到死耗子"的偶然均衡,留下必然的均衡。

6.2.3 颤抖的手博弈均衡

下面介绍一个更严格的博弈均衡——颤抖的手博弈均衡。

可能发生失误的小概率称作一个颤抖(tremble),剔除不稳定的子博弈均衡的方法被称为颤抖的手(trembling hand)。"颤抖"可以认为是博弈参与者的失误,不该发生的失误,理性范围之外的失误。

考虑如图 6-4 所示的颤抖的手博弈(tremble game)扩展式。

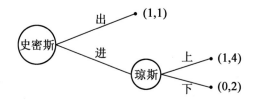

图 6-4 颤抖的手博弈扩展式

图 6-4 所示博弈共有 3 个纳什均衡:(出,下)、(出,上)和(进,上),其中只有(出,上)和(进,上)是子博弈均衡,因为虽然"下"是琼斯对于史密斯的"出"的弱最优反应,但是如果史密斯选"进",它就不是最优的了。在以琼斯行动为开始的子博弈中,琼斯唯一的子博弈完美均衡是选择"上"。

因此,如图 6-5 所示,只有(出,上)和(进,上)是子博弈完美均衡,因为颤抖的手博弈均衡可能性排除了(进,上)成为均衡。

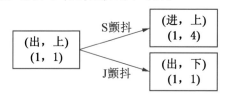

图 6-5 (出,上)的"颤抖"过程

对于琼斯而言,史密斯的这个颤抖使自己的收益由 1 变为 4,因此,对于琼斯而言,其选择"上",即使史密斯颤抖也不怕。对于史密斯而言,琼斯的这个颤抖使自己的收益由 1 变为 1,因此,对于史密斯而言,其选择"出",即使琼斯颤抖也不怕。(进,上)的"颤抖"过程如图 6-6 所示。

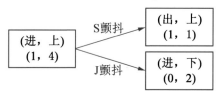

图 6-6 (进,上)的"颤抖"过程

对于琼斯而言,史密斯的这个颤抖使自己的收益由 4 变为 1,因此,对于琼斯而言,其选择"上"不稳定。对于史密斯而言,琼斯的设个颤抖使自己的收益由 1 变为 0,因此,对于史密斯而言,其选择"出"不稳定。

现实中颤抖的手博弈均衡的例子,请阅读图 6-7 中的文字,看看是否影响理解。

研表究明，汉字的序
顺并不定一会影阅响
读。比如当看你完这
句话后，才发这现里
的字全是都乱的。

图 6-7 汉语在"颤抖"中的稳定性

语言形式发生颤抖，并不影响正确的理解，这说明了语言文字的高效、可靠，这就是汉语文字的稳定性。与拉丁文字比起来，汉语文字具有更大的信息量；与拉丁文字比，汉语文字具有更大的模糊度。这使得汉语文字具有抗颤抖的手博弈均衡特性。如果语言文字特别容易引发误解，那么这个语言文字所起到的交流作用就会大打折扣。

颤抖的手博弈均衡是比完美子博弈均衡更严格的一种均衡形式。"颤抖的手博弈均衡"中三类均衡的关系如图 6-8 所示。

图 6-8 "颤抖的手博弈均衡"中三类均衡的关系

子博弈完美只考虑前序参与人的颤抖（允许他发生微小的失误），颤抖的手博弈均衡要求更严格，它把后续参与人的"颤抖"（失误）也考虑了进来。

最后分析一个子博弈完美的例子——进入威慑博弈，其博弈模型如下。

> **参与人**
> 两个公司，进入者和在位者。
> **博弈顺序**
> (1)进入者决定进入或不进入。
> (2)如果进入者进入，在位者可以合谋，或用大幅降价来竞争。
> **支付**
> 在垄断价格上，市场利润为 300；在斗争价格上，市场利润为 0。进入成本为 10。双寡头竞争使市场收益为 100，由两家平分。

进入威慑博弈收益矩阵见表 6-2。

表6-2 进入威慑博弈收益矩阵

进入威慑 I			
支付		在位者	
		合谋	竞争
进入者	进入	40, 50	−10, 0
	不进入	0, 300	0, 300

表6-2中的收益矩阵描述了参与者之间静态的收益关系,丢失了博弈最初的一些信息。这个博弈是有时间先后顺序的,也就是进入者先行动,在位者根据进入者的策略来决定自己的策略。因此用图6-9的扩展式来描述这个博弈。

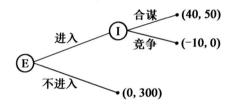

图6-9 "进入威慑博弈"扩展式

可以用子博弈完美或颤抖的手博弈均衡来分析其子博弈完美均衡吗?这个博弈有两个纳什均衡,但是(不进入,竞争)不是完美子博弈均衡,因为如果博弈进行到了进入者已经选择了"进入"时,在位者的最优选择是"合谋"。不存在颤抖的手博弈均衡。

6.3 重复博弈

6.3.1 连锁店悖论

悖论(paradox)一词源于希腊语,para 的意思是"超越",doxos 的意思是"相信"。paradox 的意思是:本来可以相信的东西不能相信,而有的东西看起来不可信,反而是正确的。悖论指由肯定它真,就推出它假,由肯定它假,就推出它真的一类命题。如"一个理发师说:'我给所有不给自己理发的人理发'"的理发师悖论。

某个连锁店在20个城市都有分店,现在这个连锁店试图阻止竞争对手进入这20个城市的市场,进入威慑博弈 I 就会重复进行20次。如果竞争者只进入一个市场的话,在位者将不会选择竞争;但是现在有20个城市的市场,在位

者可能会为了阻止竞争者进入其他 19 个城市的市场而选择竞争。那么均衡结果到底是什么呢？

或许我们能从基尔克加德的话中找到解决问题的思路。

我们只能从将来理解现在的生活,从现在理解过去的生活;但是我们的生活必须是从过去到现在,从现在到未来。

——基尔克加德

在采取第一个行动的时候,参与人已经预先估计了现在的行动对将来各期的影响,所以最简单的方法是从多期博弈的最后一期开始求解,这时博弈的将来是最短的。

我们可以用逆向归纳法来分析第 18 个城市的市场乃至所有的市场,我们将得到同样的结论:在位的连锁店在包括第 1 个市场的所有市场上都将选择合谋。这个结论称为连锁店悖论(chain store paradox)。

连锁店悖论说明,完全信息条件下的有限次重复博弈无法达成合作(注:这里的合作无论是针对进入威慑还是囚徒困境,指的都是帕累托最优。对于连锁店而言,帕累托最优是 0+300=300)。

尽管逆向归纳法有其弊端,但仍不失为一种分析问题的有效方法。为了说明这个观点,我们看一个博弈案例——蜈蚣博弈(centipede game)。

蜈蚣博弈是一个双人博弈,两人轮流行动,轮到一方时有两种选择:不合作,博弈将直接结束,直接获得收益 P;合作,博弈将继续进行,且轮到对手选择。如果对手选择不合作,博弈将结束,玩家将会获得一个低于 P 的收益,但如果对手也选择合作,该玩家将在下一轮的博弈中获得一个高于 P 的收益。随着博弈进行,两个玩家的收益之和将越来越高。关于蜈蚣博弈的更多细节,读者可自行了解。

然而我们会发现,在蜈蚣博弈中即使双方开始能走向合作,即双方均采取合作策略,这种合作也不会坚持到最后一步。理性的人出于自身利益的考虑,肯定会在某一步采取不合作策略。逆向归纳法肯定要在某一步起作用。

6.3.2 重复囚徒博弈

囚徒困境博弈在前面章节已反复提到,如果囚徒困境博弈重复进行,会出现什么情况呢,两人能否达成合作?

两个囚徒都知道在博弈的最后一期他们都会选择坦白。在博弈的第 18 期结束时,他们都知道无论他们在博弈的第 19 期选择什么策略,他们都会在第 20 期选择坦白,因此他们在博弈的第 19 期也将选择坦白。递推下去,我们发现唯一的完美均衡是两个参与人在每一期都选择坦白。

无论是连锁店悖论还是重复囚徒博弈,对于这类重复性社会两难问题,只要是有限次的重复博弈,都不可能达成合作,如图 6-10 所示。

对于重复性社会两难问题,只要是有限次的重复博弈
对抗与合作博弈双方的收益数据

		乙	
		对抗	合作
甲	对抗	1,1	10,0
	合作	0,10	5,5

都不可能达成合作

图 6-10　有限次重复囚徒博弈无法达成合作

既然有限次的重复博弈,都不可能达成合作,那么我们稍作修正,如果是无限次重复博弈,结果会怎样呢?

重复博弈是指同样的博弈不只进行一次,而是重复进行许多次。博弈的参与人可以观察到其他人过去在重复博弈中的行动及其每次的结果,参与人下一次的选择依赖于其他人之前的行动,因而参与人有了更多的信息用于判断。

陌生人之间吵架是一次性博弈,吵过了之后便不会再见,吵架时谁都不会在嘴上吃亏。两个同事之间是重复博弈关系,同事之间发生了争吵,通常都会在争吵中留有余地,因为二人日后还要"重复博弈"。

假如两个猎人的打猎合作是一次性的,甲乙说好猎完鹿后各奔东西,相忘于江湖,那么这一次的打猎就变成了一锤子买卖。既然日后永不相见,这一次有风险的合作也就失去了保障,双方取得互信的可能性极低。但是我们改变一下假设,假如村庄中甲乙两个猎人一辈子都要在这片森林里打猎,而且打猎的总是只有他们两个人。如果他们的寿命无限长,通过反复不断地打猎活动,他们会认识到合作猎鹿和比分开猎兔好得多,而且最终会形成稳定的互信关系。

6.3.3　冷酷策略

本节介绍一个重复博弈中经常拿来讨论的策略——冷酷策略(grim strategy)。冷酷策略有以下两个关键原则:

- 开始时选择抵赖;
- 一直选择抵赖,除非对方选择了承认;如果对方已经选择了承认,那么就永远选择承认。

首先分析一下这个策略的内涵:最开始我是抱着合作的态度来的("开始时选择抵赖")。如果你合作(即也选择抵赖)那么我们俩都将永远得到(抵赖,抵赖)策略组合下的较高收益,如果你不合作而选择坦白,那么我也只会让你占一次便宜,我马上在下一轮就把策略调整为坦白,大家谁都别想占便宜。

因此,冷酷策略是对坦白的惩罚,并且这种惩罚不会给你改过自新的机会——"如果对方已经选择了承认,无论你以后是否会选择抵赖来改过自新,我都将永远选择承认,以此来惩罚你曾经的背叛"。

另外,由于是重复博弈,就涉及时间的问题。如果一个博弈模型中行动是在真实时间中发生的,那么就需要明确地提出如果支付会在晚一些时候发生,它的价值是否会降低,也就是说,它是否会被贴现(discounted)。考虑贴现的存在,我们用贴现率和贴现因子来刻画这个因素。

贴现率(discount rate)是指滞后一期的支付所需的用于补偿一单位支付的附加部分占一单位支付的比例,用 r 表示。

贴现因子(discount factor)是指下一期的一单位支付在这一期的价值,用 δ 表示。r 和 δ 满足:

$$\delta = \frac{1}{1+r} \tag{6-1}$$

举个例子,美元的购买力会随时间贬值,现在的 1 美元,可能换算到一年后只相当于 0.98 美元,那么贴现率 $r=0.02$,贴现因子就是 0.98。

那么,贴现率越高,贬值越厉害还是越轻?

仍然以囚徒困境博弈为例。此时他们的收益矩阵见表 6-3。

表 6-3　囚徒困境博弈收益矩阵

	抵赖	坦白
抵赖	-1,-1	-9,0
坦白	0,-9	-6,-6

假设 A、B 两人的贴现因子 δ 相同,假设 A 在某个阶段首先选择了坦白,他在该阶段得到 0 单位的收益,但是 A 的这种行为将触发 B 的"永远坦白"的处罚,因此 A 只能占这一次便宜,随后每个阶段他的收益都将是-6。因此如果给定下列条件满足,假设 B 没有首先主动选择坦白,那么 A 将不会选择坦白。

$$\begin{cases} 0+\delta(-6)+\delta^2(-6)+\cdots \leqslant -1+\delta(-1)+\delta^2(-1)+\cdots \\ -\dfrac{6\delta}{1-\delta} \leqslant -\dfrac{1}{1-\delta} \\ \delta \geqslant 1/6 \end{cases} \qquad (6\text{-}2)$$

即只要贴现因子 δ 不小于 1/6,如果对方没有首先选择坦白,自己是不会选择坦白的,因为不划算。由于博弈是对称的,这样,我们就证明了在合作路径上,冷酷战略是一个纳什均衡。

刚才讨论了对手 B 坚持冷酷策略的情况,那么,假定对手 B 首先选择坦白(不再保持冷酷策略,背叛了),那么 A 为什么仍然有积极性坚持冷酷策略呢? 也就是说在"B 首先选择了坦白"的情况下,A 可不可以不选择冷酷策略? 有没有更好的、更利于自己的策略呢?

假定 B 在某个阶段首先选择了坦白,A 肯定选择坦白(收益-6>-9),并且接下来无论 B 采取什么策略,A 坚持冷酷策略(一直坦白)是最划算的(B 坦白时,A 收益-6>-9;B 抵赖时,A 收益 0>-1),因此不论 δ 为多少,A 有积极性坚持冷酷策略。

在冷酷策略纳什下,子博弈可以划分为两类:A 类,没有任何人曾经坦白;B 类,至少一人曾经坦白。

我们已经证明,冷酷策略在 A 类子博弈中构成纳什均衡(偏离了,就把你拉回来)。在 B 类子博弈中,参与人只是简单重复传统的单次博弈过程,冷酷策略的(坦白,坦白)自然也是整个子博弈的纳什均衡。因此,冷酷策略还是个子博弈完美。

综上所述,冷酷策略在合作路径上该策略是最优的,在非合作路径上该策略也是最优的。

只要 $\delta \geqslant 1/6$,没人愿意铤而走险去选择"坦白"(只要坦白,就会受到惩罚),(抵赖,抵赖)是每个阶段的均衡结果。囚徒走出了一次性博弈的困境。

6.3.4　针锋相对策略

另外一个在重复博弈中经常讨论的策略——针锋相对策略(tit-for-tat)。针锋相对策略有两个关键原则:

□　开始时选择否认。

□　此后,在第 n 期选择其他参与人在第 $n-1$ 期时选择的行动。就是模仿对手上次的选择。

首先分析一下这个策略的内涵:最开始我是抱着合作的态度来的("开始时

选择抵赖")。你要合作我就合作,你要背叛我就背叛(针锋相对策略也就是奉陪到底,针锋相对策略则更灵活一些,还会给你改过自新的机会,只要你重新选择"抵赖",我会随时迎合你而选择"抵赖")。

与冷酷策略不同的是,针锋相对策略不是子博弈完美的。

假定对手 B 保持针锋相对策略即不首先选择"坦白",那么 A 会有主动坦白(背叛)的欲望吗?

仍然以囚徒困境为例。假设 A、B 两人的贴现因子 δ 相同。假设 A 在某个阶段首先选择了坦白,他的支付为

$$0+\delta(-9)+0+\delta^2(-9)+\cdots \qquad (6-3)$$

假设 A 在某个阶段首先选择了抵赖,他的支付为

$$-1+\delta(-1)+\delta^2(-1)+\cdots \qquad (6-4)$$

因此,如果给定下列条件满足,假设 B 没有首先主动选择坦白,那么 A 将不会选择坦白。由于博弈是对称的,因此,在合作路径上针锋相对策略是纳什均衡。

$$0+\delta(-9)+0+\delta^2(-9)+\cdots \leqslant -1+\delta(-1)+\delta^2(-1)+\cdots \qquad (6-5)$$

$$\frac{-9\delta}{1-\delta} \leqslant \frac{-1}{1-\delta} \qquad (6-6)$$

$$\delta \geqslant 1/9 \qquad (6-7)$$

假定 B 在某个阶段首先选择了坦白,A 若选择坦白,从而惩罚 B,则 A 的支付为

$$-9+0+\delta(-9)+0+\cdots \qquad (6-8)$$

假定 B 在某个阶段首先选择了坦白,A 若选择原谅 B,则 A 的支付为

$$-1+\delta(-1)+\delta^2(-1)+\cdots \qquad (6-9)$$

若要 A 惩罚 B,则必满足:

$$0+\delta(-9)+0+\delta^2(-9)+\cdots \geqslant -1+\delta(-1)+\delta^2(-1)+\cdots \qquad (6-10)$$

即 δ 小于等于 1/9,这与合作路径上的条件矛盾。

因此,如果给定下列条件满足,假设 B 没有首先主动选择坦白,那么 A 将不会选择坦白。

在 $\delta \geqslant 1/9$ 的条件下,针锋相对策略在合作路径上是纳什均衡,在非合作路径上不是纳什均衡。因此针锋相对策略不是子博弈完美。

对于针锋相对策略,不同的领域有不同的理解。

Stuart West 及其同事为豆科植物(比如菜豆)和其共生菌的交往互动建立了模型。这些菌被称为根瘤菌,它们侵入豆类植物根中,诱导形成包裹性的根

瘤并固氮,这使植物受益。根瘤菌从植物获得光合作用的产物(碳)。这种合作里面存在对抗演化带来的不稳定性,因为一个只接受碳却不付出能量进行固氮的欺骗性根瘤菌基因型将是有利的。但如果植物优先给固氮较多的根瘤菌提供碳或者不给固氮较少的根瘤提供碳,那么根瘤菌所进化出来的固氮水平就会比较高。实验表明,豆科植物确实对表现不好的根瘤菌强制实施"制裁"。

这里面蕴含了一个对抗演化的核心哲理——如果你要让自己的基因基业长青,那么你除了要防着合作者夺利之外,你还必须想方设法让你的合作者拥有制约和惩罚你自己的能力,只有这样,你的基因才不至于向欺骗和夺利方向演化。

毛泽东说过一句话:以斗争来求团结则团结存,以退让来求团结则团结亡。这句话特别能反映针锋相对策略的哲学。

我们可以看到针锋相对策略已经可以产生有限的利他性。当然了,这种利他性是有限的而且是以获得回报,甚至是获得超额回报为前提的。所以我们依然可以认为,从个体的角度来看,针锋相对策略是不具有纯粹的利他性的。针锋相对策略用来解释人类之间的更为无私和广泛的利他和互助行为,显然还是远远不够的。

第 7 章　尽最大努力做最坏打算

冷酷策略和针锋相对策略在无限次重复博弈中带来了合作。是否还存在其他策略可以在重复博弈中带来合作,或者对于重复博弈这一类博弈模型而言,是否存在一般性的促进合作的规律? 无名氏定理将会给我们一些启示,例如,尽最大努力做最坏打算。

7.1　无名氏定理

冷酷策略和针锋相对策略为重复博弈中的合作带来了希望,博弈论中著名的"无名氏定理"(folk theorem)为一般意义上的重复博弈中的合作制定了基本原则。

无名氏定理之所以得名,是由于该定理中的思想早就有很多人提出,以致无法追溯其原创者,于是以"无名氏"命名之。

一个无限次重复博弈有 n 个参与人,且行动集合为有限集,则在任何一个有限次重复博弈中能够观察到的任何一个行动组合都是某个子博弈完美均衡的唯一结果,若下列条件满足:

- □　条件 1:博弈的时间偏好率为 0,或者是充分小的正数。
- □　条件 2:博弈在任何一个重复阶段上结束的概率为 0,或者是充分小的正数。
- □　条件 3:支付组合的元素是 n 维的,且严格帕累托优于一次性博弈的混合扩展(mixed extension)的最小最大(minimax)支付组合。

无名氏定理是在无限次重复博弈中用以说明纳什均衡存在性的定理。该定理表明:在重复博弈中,当博弈重复无限次时,如果参与者有足够的耐心,任何满足个人理性的可行收益向量都可以通过一个特定的子博弈精练纳什均衡得到。

无名氏定理是在无限重复博弈的条件下,博弈各方最终总能达成合作关系,而不会相互背叛。因为博弈是无限重复的,博弈参与人每次遭到对方背叛后,在下次的博弈时总能找到机会报复,而背叛对方的人,每次背叛总能遭到报复,所以从长远来看,背叛不如合作好。

7.1.1　无名氏定理条件 1

博弈的时间偏好率为 0,或者是充分小的正数。这个条件讲的其实是贴现的概念。如果一个模型中行动是在真实时间中发生的,那么就需要明确地提出如果支付会在晚一些时候发生,它的价值是否会降低,也就是说,它是否会被贴现(discounted)。

贴现是用贴现率或贴现因子来衡量的。

贴现率(discount rate,r)是指滞后一期的支付所需的用于补偿一单位支付的附加部分占一单位支付的比例。贴现因子(discount factor,δ)是指下一期的一单位支付在这一期的价值。贴现率与贴现因子存在如下关系:

$$\delta = \frac{1}{1+r} \tag{7-1}$$

图 7-1 示意性地给出了收益的时间贴现。贴现率越高,贬值越快。因此,如果贴现率很高,收益贬值厉害,局中人都不希望将这个博弈继续进行下去,极端情况下,博弈就回到了一次性博弈的模型。因此,无限次重复博弈能够进行下去的首要条件是低贴现率。

图 7-1　收益的时间贴现

7.1.2　无名氏定理条件 2

博弈在任何一个重复阶段上结束的概率为 0,或者是充分小的正数。这个条件讲的是还有未来、还有希望,不能让参与者从一开始就死了心。

读者需要区分以下两种完全不同的情况:

（1）"博弈将在时刻 t 以前的某个不确定的时点结束"，这一条其实就把人引导到有限次重复博弈了。例如，对于老年人，在 150 岁（t）以前，即便在 80 岁以后就会知道自己时日无多，生命将在 150 岁之前的某个不确定的时间结束，那么如果有一场博弈的话，对于他而言就是一场有限次博弈。

（2）"博弈结束的概率为常数"。概率为常数不可怕，毕竟是有希望和有未来的。比如年轻人，虽然也有死亡的概率（比如车祸等意外情况），但是这个概率极小，所以博弈还是会无限次地进行下去，谁也不会为了车祸这样一个微乎其微的概率而去做一锤子买卖。

7.1.3　无名氏定理条件 3

支付组合的元素是 n 维的，且严格帕累托优于一次性博弈的混合扩展的最小最大支付组合。条件 3 的目的是促使所有参与人都选择那些大家希望采取的行动，就要有某些办法使得其他参与人能够惩罚偏离均衡的参与人而不损害他们自己的利益（i 采取惩罚策略，同时必须保证不能伤害自己的收益。针锋相对策略中，i 采取惩罚策略就伤害了自己的收益，因此针锋相对策略不是均衡策略，对应的均衡也不是子博弈完美均衡）。

这条规则是为了保证愿意合作的老实人不吃亏。

只要双方的收益比最差的安全值（即 minimax payoff）高一些，大家就能达成合作的共识，就能实现博弈完美均衡。

在大棒下（即通过惩罚手段，给你最差的安全值），稍微给点胡萝卜（即帕累托优于一次性博弈的混合扩展的最小最大支付组合），大家就能达成合作的共识，就能实现子博弈完美均衡。

7.2　最大最小策略、最小最大策略

参与人 i 的最大最小策略，是在其他参与人选择使参与人 i 的收益尽可能低的策略时，参与人 i 使自己的支付最大化的策略称为最大最小策略（maximin strategy）。

$$\max_{s_1}\min_{s_2}\pi_1(s_1,s_2) \tag{7-2}$$

以两人博弈为例。对手用策略 s_2 试图造成我的收益 π_1 最小，而我要在这样的不利背景下，采取某个策略 s_1，夹缝中求生存，以使得自己的收益 π_1 尽可能地最大化。

选择最大最小策略的是杞人忧天者或悲观主义者，他们会做出保守的决定

来避免自己得到负面的回报。他们倾向于选择最不会带来可怕失败后果的选项。这些人是那种宁愿把钱存在银行里,也不会去投入股市承担风险的类型,他们甚至会担心银行倒闭而选择把钱藏起来。他们关心的是将他们的最小收益最大化。

参与人 i 的最小最大策略,是在其他参与人选择使自身的收益尽可能高的策略时,参与人 i 使其他人的支付最小化的策略称为最小最大策略(minimax strategy)。

$$\min_{s_2}\max_{s_1}\pi_1(s_1,s_2) \tag{7-3}$$

仍以两人博弈为例。对手用策略 s_1 试图使其收益 π_1 最大,而我要在这样的背景下,决定对对手采取惩罚策略,我决定采取策略 s_2,以使得对手的收益尽可能地小。

选择最小最大策略的人是机会主义者或乐观主义者,他们的决策目标是让对手得到最小回报。他们并不见得总是选择让自己获得最大成功的选项,因为那不一定能减少对手的收益。他们的选择将永远是"纳什均衡"。

最大最小策略是一个防守理论,知道别人可能损害自己利益的同时尽可能止损;最小最大策略是一个进攻理论,知道别人会捍卫自己利益的同时尽可能损害他人。

设有一有限零和二人博弈,其中局中人 I(甲)有 α_1、α_2、α_3、α_4 共 4 个策略,而局中人 II(乙)有 β_1、β_2、β_3 共 3 个策略。甲的收益见表 7-1。

表 7-1　有限零和二人博弈中甲的收益

I(甲)赢得 I(甲)策略 α_i	II(乙)策略 β_j	β_1	β_2	β_3
α_1		−7	1	−8
α_2		3	2	4
α_3		16	−1	−9
α_4		−3	0	5

局中人在考虑收益时,必须考虑对方可能会采用的策略。

显然,甲的策略的最坏情况是表 7-1 中各策略所对应行中赢得的最小数(用后面加 * 表示)。甲的最坏收益情况见表 7-2。

表 7-2　甲的最坏收益情况

(甲)赢得	(乙)策略β_i	β_1	β_2	β_3	甲最少可赢得
(甲)策略α_i					
α_1		-7	1	-8	-8
α_2		3	2	4	2*
α_3		16	-1	-9	-9
α_4		-3	0	5	-3
各列最大数(其中最小数为乙最大损失)		16	2**	5	

甲如果不存在侥幸心理,他对每个策略只能期望得到最坏收益,即甲采取最大最小策略。

同样地,把各列的最大数列表,把其中最小数标上"＊＊"(可能有多个),乙的最坏收益情况见表 7-3。如果乙不存侥幸心理,乙应出"＊＊"所对应的策略即 β_2,即乙采取最小最大策略。

表 7-3　乙的最坏收益情况

(甲)赢得	(乙)策略β_i	β_1	β_2	β_3	甲最少可赢得
(甲)策略α_i					
α_1		-7	1	-8	-8
α_2		3	2	4	2*
α_3		16	-1	-9	-9
α_4		-3	0	5	-3
各列最大数(其中最小数为乙最大损失)		16	2**	5	

如果标"＊"和标"＊＊"的数值相等,这就是一个均衡。并且只要有一个局中人不存在侥幸心理而选择标"＊"或"＊＊"对应的策略,另一方如存在侥幸心理,不选择标"＊"或"＊＊"对应的策略,必会吃亏。以上即为最小化最大策略,冯·诺伊曼曾经对最小最大策略进行了解释,如图 7-2 所示。

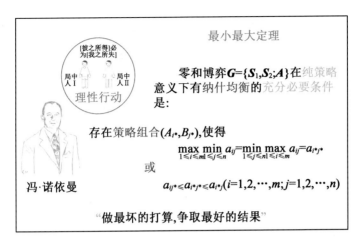

图 7-2　冯·诺伊曼对最小最大策略的解释

并不是一切矩阵博弈中各局中人都有最优纯策略。对于矩阵博弈 $G = \{S_1, S_2; A\}$ 来说,局中人 I(甲)有把握至少赢得:

$$V_1 = \max_i \min_j a_{ij} \tag{7-4}$$

局中人 II(乙)有把握至多损失:

$$V_2 = \min \max a_{ij} \tag{7-5}$$

一般地,局中人甲的赢得不会多于局中人乙的损失,但当 $V_1 \neq V_2$ 时,情况出现了变化。

由于不能达成共识,任何一个局势中,在利益的驱使下,至少有一方有冒险的企图。这样的博弈不会稳定在某个局势中。

在这种情况下,一个比较自然的想法是:既然局中人没有最优策略可出,是否可以按概率选择不同的策略。

设局中人甲出纯策略 $\alpha_1, \cdots, \alpha_m$ 的概率分别为 $x_1, \cdots, x_m$,局中人乙出纯策略 $\beta_1, \cdots, \beta_n$ 的概率分别为 $y_1, \cdots, y_n$,则对于矩阵博弈 $G = \{S_1, S_2; A\}$,其中:

$$\begin{cases} S_1 = \{\alpha_1, \alpha_2, \cdots, \alpha_m\} \\ S_2 = \{\beta_1, \beta_2, \cdots, \beta_n\} \\ A = (a_{ij}) \end{cases} \tag{7-6}$$

如果策略集合 S_1、S_2 所对应的概率向量为

$$\begin{cases} X = (x_1, \cdots, x_m), & (x_i \geq 0, i = 1, \cdots, m) \\ Y = (y_1, \cdots, y_n), & (y_j \geq 0, j = 1, \cdots, n) \end{cases} \tag{7-7}$$

则称 X 和 Y 为局中人甲和乙的混合策略,称 (X, Y) 为一个混合局势。

对于一个混合局势 (X, Y),称其数学期望为

$$E(x,y) = \sum_{i=1}^{m} \sum_{j=1}^{n} a_{ij} x_i y_j \qquad (7-8)$$

进而通过支付均等化方法求得混合策略解。在零和博弈章节已经讨论过该问题,此处不再赘述。

读者在这里需要思考一个问题:对于非零和博弈,最小最大策略和最大最小策略与零和博弈求解有何不同呢?

求解方法是一样的,但由于失去了双方收益"零和"这一约束,使得存在稍微区别。如果求解的最小最大策略和最大最小策略组合策略刚好本身也是纳什均衡(不必要求策略对应的收益之和为0),则该博弈的最小最大策略和最大最小策略的纯策略均衡即为该策略组合;否则与零和博弈中情况相同,是混合策略。

7.3 无名氏定理的深度解读

7.3.1 无名氏定理的案例解析

在无限重复博弈中,行为规则可以用自动机来代表,于是不同行为规则的相争,便成了机器与机器的"争斗"。

假设甲和乙玩无限重复的囚徒困境博弈。甲相信《美德的起源》一书作者的教导,认定仁厚忠恕既高尚又有效,于是以它为策略。乙信奉理性流氓主义,崇尚实力和实利,于是以流氓主义为策略。这样,二人间的博弈,就可以看作恕道机器与流氓机器的争斗。

我们可以推演出各个回合双方的行为如下:第一回合,甲仁厚玩合作 H,乙宰客玩欺骗 D;第二回合,甲报复玩欺骗 D,乙仍然宰客玩欺骗 D;第三回合,甲仍报复玩欺骗 D,乙发现甲并非好欺负,于是玩合作 H;第四回合,甲原谅乙,玩合作 H;乙却因甲上次不合作,回头玩欺骗 D 宰客……如此等等。整个结果序列如图 7-3 所示。

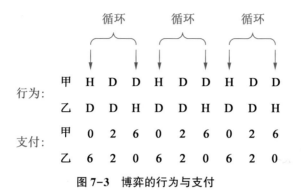

图 7-3 博弈的行为与支付

　　请注意,此序列呈现一个有趣的规律:就是每三个一组,不断循环重复。于是很容易算出,博弈各方平均每个回合的报偿有多少。只要取相继三个回合,做个简单平均就够了。甲得到 $(0+2+6)/3 = 2.67$,乙得到 $(6+2+0)/3 = 2.67$。显然,两者平分秋色,不相上下,谁也不比谁差,谁也不比谁强。

　　这种循环重复并不是特例。可以证明,有限自动机玩无限重复博弈,其结果最终都会变成循环重复序列。于是,利用类似的办法,可以针对 7 种策略,算出每一对策略相博所产生的平均报偿。这些报偿可以写成一个 7×7 的博弈矩阵,见表 7-4 和表 7-5(其中一些略去了小数,这不影响后面的讨论)。

表 7-4　对不同策略的解读

策略	解读
傻客	无条件合作
恶棍	到处张牙舞爪,表现像鹰,一旦受到还击抱头鼠窜之夭夭。恃强凌弱,欺软怕硬
冷血	即冷酷策略
恕道	恕的是"道",如果对方守道,我就宽恕,如果对方不守道,我就不宽恕。视具体而定,并不是对什么人、什么事、什么时候都宽恕
侠义	有强烈的集体责任感,扶贫济困、惩恶扬善
流氓	抓住机会,能捞一笔是一笔
摇摆	策略不固定,在不同策略间转换

表7-5　基于循环重复的策略"平均"报偿及均衡

	傻客	恶棍	冷血	恕道	侠义	流氓	摇摆
傻客	4,4	0,6	4,4	4,4	4,4	0,6	0,6
恶棍	6,0	②,②	2,2	2,2	2,2	3,1	2,2
冷血	4,4	2,2	④,④	④,④	2,2	3,1	2,2
恕道	4,4	2,2	④,④	④,④	3,3	2,2	2,2
侠义	4,4	2,2	2,2	3,3	2,2	2,2	2,2
流氓	6,0	1,3	1,3	2,2	2,2	④,④	2,4
摇摆	6,0	2,2	2,2	2,2	2,2	4,2	③,③

　　需要注意的有两点:一是表7-5中所有的数字均是利用类似图7-3所示的方法计算出的平均报偿值;二是表7-5中的"策略"实际上是一种行为规则,如图7-3中甲的行为规则就是这里的恕道"策略",乙的行为规则就是这里的流氓"策略",因此,不能望文生义,流氓策略不是一直要流氓,恰恰相反,流氓策略最终稳定在双方持续的合作:第一回合,双方要流氓互宰,发现对方不是好惹的之后,双方转入合作心态,此后一直维持合作,这样无限次重复,其平均报偿都是4。

　　表7-5中,有带圈数字的格子都是平衡点。例如,乙玩恶棍策略时,甲无论玩什么策略,都不比当恶棍带来的好处更多,顶多不致受损而已。因此,甲乙双方都当恶棍,次次都玩欺骗,便是重复囚徒困境博弈的平衡点之一,此时各方的报偿与一次性博弈相同,都是2。

　　观察一下表7-5,我们会发现它有多个平衡点。非重复博弈中的均衡点,恶棍对恶棍,双方永远玩欺骗,仍然是无限重复博弈的均衡点。无条件合作的傻客策略,仍然不是重复博弈的均衡点。理性的人,决不会一直当傻客。

　　然而,更重要的是,重复博弈引进了许多新的平衡点,其中有不少平衡点,可以实现合作报偿(4,4)。这包括恕道策略对恕道策略、恕道策略对冷血策略、冷血策略对冷血策略、流氓策略对流氓策略等,都可以维持双方的合作。以流氓策略对流氓策略为例:第一回合,双方要流氓互宰,发现对方不是好惹的之后,双方转入合作心态,此后一直维持合作,这样无限次重复,其平均报偿都是4。

　　事实上,存在着无穷多对有限自动机策略,可以成为无限重复博弈的平衡点,并同时实现双方的合作。这就是有名的"大众定理",又译作"无名氏定理"。

大众定理说明了行为规则的多样性:有无穷多种行为规则可以支持合作行为。在正常的平衡状态中,可观察到的行为可以是完全相同的,此即博弈双方相互合作,不玩欺骗。但其背后的行为规则却可能大不相同,可以是由于双方都信奉仁厚恕道主义,也可能是因为双方都是理性流氓,还可能是因为双方都一冷血报复作威胁。这些行为规则上的区别,在正常的平衡状态中,是看不出来的,只有在非正常情况下,或在与外人的交往中,才会表现出来。

为说明此点,设想有两个相互隔离的社会:一个形成了理性流氓式的行为规则,一个形成仁厚恕道的行为规则,他们各自内部都能维持相互合作,这形成了社会的正常状态。外人单凭观察这两个社会中人们的正常行为,看不出他们有什么区别。现在假设两个社会打破隔离,相互接触,会产生什么情况?两套行为规则间会出现激烈的冲突。

初次接触,流氓主义者将把对方当作傻客,大宰其客。恕道主义者假设对方是好人,选择合作,只是在吃了亏之后,才以回宰其客相回报。流氓主义者见对方回宰,以为对方也是跟自己一样的流氓,于是转向合作心态,同时预期对方也选择合作。但恕道主义者根据"以直报怨"的原则,仍然以宰客回报对方上次的欺骗。流氓主义者一看对方不合作,怒从心中起,于是报之以宰客,如此循环往复,双方永远无法达成合作。

行为规则的冲突,类似于人文学科里常说的文化冲突。由于行为规则反映了人们对各自行为的稳定预期,一些博弈论者把不同的行为规则解释为不同的文化信仰,应当是不无道理的。重复博弈理论为我们科学地理解许多文化现象,打开了大门。

7.3.2　无名氏定理的现实意义

无名氏定理是用来破解囚徒困境的一种方法。囚徒困境是由于一次性博弈关系,或者有终点的多次博弈关系,这样的博弈关系由于存在个人理性和集体理性之间的矛盾,导致博弈各方无法达成合作,以相互背叛而达成均衡。

无名氏定理是无限重复博弈的条件下,博弈各方最终总能达成合作关系,而不会相互背叛。因为博弈是无限重复的,博弈参与人每次遭到对方背叛后,在下次的博弈时总能找到机会报复,而背叛对方的人,每次背叛总能遭到报复,所以从长远来看,背叛不如合作好。因此,可以说无名氏定理将博弈引入了时间的"无限次"旋涡,图 7-4 示意性给出了这一结论。

图 7-4 无名氏定理将博弈引入时间的"无限次"旋涡

一般说来,无名氏定理博弈中双方合作时得益最大,但若一方不遵守合作约定,必定是另一方选择做老好人吃亏。所以便引入惩罚机制:谁违约,以后就要处罚他,使他不敢违约。这便是无名氏定理的要义。

处罚的方式有很多,譬如既然已经违约,这个人是不值得相信的了,别人也决计不会再想和他合作,所以便可能选择一个对这个人最不利的纳什均衡策略,使得此人受损,我们知道,在无限重复博弈中,倘若损失不考虑时间贴现,则违约人因此受到的损失是无穷大的;如果时间贴现为 0,则违约人不会因惩罚而受到任何损失,所以必有一个贴现值居于中间,使得凡大于此贴现时的损失,超过违约人一次违约的利益。当然了,其他人倒未必一定要永远处罚下去,只要一段时期损失累计大于违约利益后,大家又可以合作,倘若再违约,再开始一段时期的处罚。所以违约必亏,大家便永远合作了。

结合现实例子来说:国与国之间,从短期看,存在囚徒困境博弈关系,比如军备竞赛、地区武装冲突、关税大战,等等,这些冲突是以相互背叛对方形式出现的。但从长期来看国与国是符合无名氏定理的,即无限重复博弈关系,随着国际社会的进步,国与国之间最终会认识到合作才是最有利的,于是囚徒困境博弈式的冲突就会被化解,合作成为主流。例如,化解关税大战的合作方法是WTO,化解欧洲国家武装冲突的合作方法是欧盟,化解东南亚地区经济冲突的合作方法是东盟。WTO、欧盟和欧元区、东盟是国与国长期重复博弈的合作结果,即无名氏定理作用的结果。无名氏定理告诉我们,无论是大国博弈还是人际交往,必须具备"尽最大努力,做最坏打算"的底线思维(图 7-5)。

图 7-5　底线思维

"人不犯我我不犯人",面对大国之间的博弈,必须要有底线思维——秉持最大最小策略,尽最大努力,做最坏打算。这里的尽最大努力就是最大最小策略中的"最大",做最坏打算就是最大最小策略中的"最小",目的是把外界带给自身的不利影响最小化。

第8章 多阶段非合作博弈——创新应用

本章针对对称信息动态及重复博弈,以网络信息体系(networking informa-tion-centric system-of-systems, NIC-SoS)方案优选为问题牵引,基于贝叶斯-斯塔克尔伯格(Bayesian Stackelberg)多阶段博弈理论构建模型,并实现模型求解。本部分的"基于 Bayesian Stackelberg 多阶段博弈的网络信息体系方案优选"是对称信息动态及重复博弈的一次现实应用。

本章针对对抗且不确定环境下的网络信息体系建设方案优选问题,考虑经典博弈论中理性和共同知识假设失效的局限,提出了一种基于 Bayesian Stackel-berg 的多阶段博弈模型。首先,分析网络信息体系建设方案优选需求,给出三个基本假设;其次,构建反映各阶段参与人信念的博弈子情景,进而构建全时域情景,并给出其策略集及支付函数;第三,分析各全时域情景的纳什均衡,预测对手可能的均衡策略;最后,集结各全时域情景为全局情景,在风险可控范围内选择期望支付较大策略为较优建设方案。通过算例分析,检验了本方法己方最坏选择是"综合均衡策略",且在风险可控范围内最终策略严格优于它。

8.1 案例背景

网络信息体系是近年来军事领域涌现出来的新概念。它突出以网络为中心、信息为主导、体系为支撑的指挥控制方式和系统建设特点,将各军兵种指挥控制核心要素铰链汇聚,以支撑信息化条件下的联合作战指挥和军队管理。随着战略对手在网络信息体系建设领域展开新一轮的压制,网络信息体系作为联合作战效能发挥的全局性、基础性支撑,在今后一段时期将是军事角逐的重点领域。网络信息体系实体关系概念图如图 8-1 所示。

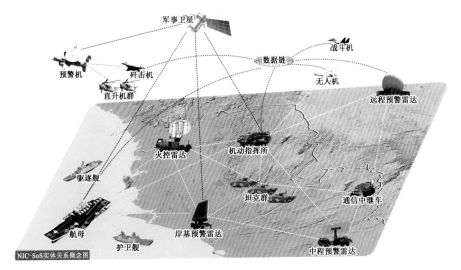

图 8-1　网络信息体系实体关系概念图

　　方案优选是网络信息体系建设中的关键问题之一。传统方案优选方法采用层次分析、模糊综合评判等,以追求方案效用最大化为目标,未考虑系统中决策主体间的竞争与对抗。与单人独立决策的传统分析方法不同,博弈论强调决策主体各方策略的相互依存性,侧重多个主体行为相互影响和作用的分析,体现了合作与冲突的对立统一关系。然而,经典博弈论假设博弈结构、局中人策略和支付函数都是共同知识。哈萨尼转换(Harssanyi transformation)可以将不完全信息博弈转换为完全不完美信息博弈,但是仍要求局中人的策略集为共同知识。对抗环境下的网络信息体系方案优选是一个多阶段序贯博弈过程,每个阶段各方根据对方的行动做出针对性极强的反应性对抗策略。囿于情报获取的有限性,对抗决策都是在不确定性环境下进行的,同时,有限理性的决策者难以充分了解对方的策略集与支付函数等信息,无法用一个确定的经典博弈论模型描述所处态势。

　　本章从敌我对抗博弈角度出发,将博弈论和决策论相结合,提出了一种基于 Bayesian Stackelberg 多阶段博弈的网络信息体系方案优选方法。该方法在分析网络信息体系建设需求的基础上,通过建立基于 Bayesian Stackelberg 的多阶段博弈模型并求解,为网络信息体系方案优选及科学辅助决策提供支持。

8.2　需求分析

　　结合对抗环境下的网络信息体系建设特点,本节给出三个基本假设。

□ **假设 1**：我方在网络信息体系建设中不首先采取主动对抗策略；

□ **假设 2**：网络信息体系建设中的博弈方均为有限理性决策者；

□ **假设 3**：对抗环境下的网络信息体系建设博弈为多阶段序贯过程。

对于假设 1，在"积极防御"军事战略方针下，我方不会主动挑起网络信息体系建设领域的军事对抗。然而对手在特定的战略背景下，积极推进技术发展、能力建设、组织模式创新，以形成与我的"不对称"优势。因此，在网络信息体系建设领域的军事对抗中，对手往往充当领导者角色，我方被迫成为对抗中的跟随者。斯塔克伯格博弈是经典的主从博弈模型，可以有效契合网络信息体系建设博弈中的主从模式。

对于假设 2，网络信息体系建设博弈中的信息指我方掌握的对手在该领域建设发展相关的情报。任何军队都会将网信体系的构建列入核心机密，有限理性的博弈双方均无法获得对手的确定信息，而信息的不确定在博弈中反映为两个方面：一是对手类型的不确定，我方不知道在某时刻所面对的参与者类型（网络信息体系建设博弈中的参与者指一国或军队中负责网络信息体系建设发展的高层领导和机关。最常见的参与者类型包括激进派、温和派，又分别称为鹰派、鸽派），但清楚各类型参与者出现的概率；二是对于对手策略选择的不确定，不确定对手是否选择某个纯策略，但可预测对手选择该策略的概率。

对于假设 3，在制定网络信息体系发展规划/发展路线图时往往以固定时间段为周期，同时，对手与我方的网络信息体系建设博弈不可能在短时期内即"一锤定音"，是一个长期反复、多阶段推进的过程，且各阶段都遵循异步序贯模式。博弈双方在每个阶段将可选策略组合成几种可能的子情景，每种子情景以一定概率参与本阶段博弈，集结各阶段子情景进而得到整个博弈过程的全时域情景。网络信息体系多阶段博弈示意图如图 8-2 所示。

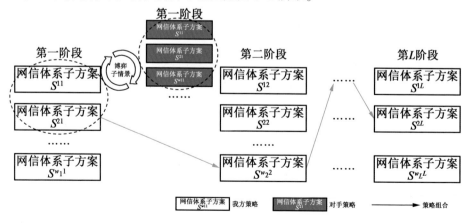

图 8-2　网络信息体系多阶段博弈示意图

8.3　基于 Bayesian Stackelberg 的多阶段博弈模型

设网络信息体系建设博弈过程分 $L(L \in \mathbb{Z})$ 个阶段,每个阶段存在 $W_l(W_l \in \mathbb{Z}, l \in \mathbb{Z}, l \in [1, L])$ 个建设方案,第 1 阶段的建设方案表示为 S^{w_l},我们将每个建设方案抽象为一个博弈策略,基于策略的博弈过程即为面向方案的优选过程。

8.3.1　博弈子情景

参与者将每个阶段的博弈策略组合为 $K_l(K_l \in \mathbb{Z}, l \in \mathbb{Z}, l \in [1, L])$ 个可能的子情景,且 $K_l \leqslant W_l$。$\forall l \in \mathbb{Z}$ 及 $k_l \in [1, K_l](k_l \in \mathbb{Z})$,定义子情景为

$$G^{k_l, l} = \{N^{k_l, l}, S^{k_l, l}, \Psi^{k_l, l}\} \tag{8-1}$$

式中,$N^{k_l, l} = \{\text{Red}, \text{Blue}\}$ 为我方与对手(红蓝双方分别为网络信息体系建设博弈中的我方与对手,也是斯塔克伯格博弈中的跟随者与领导者);$S^{k_l, l} = \{R^{k_l, l}, B^{k_l, l}\}$ 为双方策略集,且 $R^{k_l, l} = \{r_1^{k_l, l}, \cdots r_{i_{k_l}}^{k_l, l}, \cdots r_{I_{k_l}}^{k_l, l}\}$,$B^{k_l, l} = \{b_1^{k_l, l}, \cdots b_{j_{k_l}}^{k_l, l}, \cdots b_{J_{k_l}}^{k_l, l}\}$($i_{k_l} \in \mathbb{Z}, j_{k_l} \in \mathbb{Z}, i_{k_l} \in [1, I_{k_l}], j_{k_l} \in [1, J_{k_l}]$);$\Psi^{k_l, l} = (\psi_{R i_{k_l}, j_{k_l}}^{k_l, l}, \psi_{B i_{k_l}, j_{k_l}}^{k_l, l})_{I_{k_l} \times J_{k_l}}$ 为双方支付。红方通过观察蓝方的先行策略,并依据对手类型的先验概率进行贝叶斯信念更新,确定各子情景的出现概率,设子情景(8-1)的概率为 $p^{k_l, l}$,则 $\sum_{k_l=1}^{K_l} p^{k_l, l} = 1$。

将信息的不确定性描述为博弈双方关于博弈情景的多种信念,从而构成子情景集合。多阶段网络信息体系建设博弈的子情景集合为

$$G' = \{G^{k_l, l} \mid k_l \in [1, K_l], l \in [1, L]\} \tag{8-2}$$

8.3.2　全时域情景

集结各阶段子情景 $\{G^{k_l, l} \mid l \in [1, L]\}$ 得到多个全时域情景:

$$G^m ::= \langle (\text{Red}, \text{Blue}), (R^m, B^m), (\Psi_R, \Psi_B) \rangle \tag{8-3}$$

式中,$m \in [1, M]$,$M = \prod_{l=1}^{L} K_l$。不难得出 G^m 出现的概率 $p^m = \prod_{l=1}^{L} p^{k_l, l}$,且 $\sum_{m=1}^{M} \prod_{l=1}^{L} p^{k_l, l} = 1$。

接下来需要讨论全时域情景 G^m 的策略集及支付。理想情况下,全时域情景中红蓝双方策略集分别为其各阶段子情景策略集的笛卡尔积,即 $R^m \subseteq \times_{l=1}^{L} R^{k_l, l}$,$B^m \subseteq \times_{l=1}^{L} B^{k_l, l}$,然而由于网络信息体系建设中的资源约束(例如

时间、经费等),笛卡尔积中只有满足资源约束的策略组合才是可行策略组合。设红蓝双方分别需要满足 T、V 种资源约束,资源 $t(t \in \mathbb{Z}, t \in [1,T])$ 的总约束为 π_t,资源 $v(v \in \mathbb{Z}, v \in [1,V])$ 的总约束为 λ_v,策略 $r_{i_{k_l}}^{k_l,l}$ 对资源 t 的消耗为 $\pi_t^{k_l,l}$,策略 $b_{j_{k_l}}^{k_l,l}$ 对资源 v 的消耗为 $\lambda_v^{k_l,l}$,全时域情景 G^m 在资源约束下的策略集分别为

$$
\begin{cases}
R^m \subseteq \times_{l=1}^{L} R^{k_l,l} \text{ s. t.} \\
\sum_{l=1}^{L} \pi_t^{k_l,l} \leqslant \pi_t \, \forall \, t \in [1,T]
\end{cases}
\tag{8-4}
$$

$$
\begin{cases}
B^m \subseteq \times_{l=1}^{L} B^{k_l,l} \text{ s. t.} \\
\sum_{l=1}^{L} \lambda_v^{k_l,l} \leqslant \lambda_v \, \forall \, v \in [1,V]
\end{cases}
\tag{8-5}
$$

对多阶段博弈下全时域情景支付的评价需要关注全时域,即整个博弈周期内的全局收益。对于网络信息体系建设本身而言,其目的是保证体系能力能够满足遂行特定使命任务的能力需求,即网络信息体系的建设是一种"基于能力""以能力为牵引"的建设思路。

西方国防工业界首先开始在武器装备系统的需求分析中采用能力的概念。2002 年兰德公司在"基于威胁"和"基于威慑"的战略研究方法的基础之上,结合现实需求,对如何建设装备体系提出了"基于能力"的指导方法。该方法必须考虑不确定条件,从满足当前大范围内的各种挑战而产生的能力需求出发,以能力为牵引,结合经济状况而制定发展战略规划。"基于能力"体现了当时能力规划的思想。当能力规划思想越来越多地应用到需求分析中时,能力规划与需求工程开始相互融合,但仍然存在分歧。为此西方国防工业界专门成立了相应的能力开发团队,提出并研究能力工程,以更好地支持在需求分析中使用能力规划。术语"能力"(capability)是指完成一项特殊的任务、功能或者服务的本领。

英军在其 MODAF① 相关文件中给出了能力的定义:能力特指军事能力或作战能力而非装备能力,是指执行军事行动特定过程所有相关要素的总体状

---

① 英军的 MODAF(Modular Distributed Processing Architecture)是一种专门为国防和军事领域设计的架构框架,旨在支持复杂系统的设计、分析和管理。MODAF 是英国国防部于 2002 年提出的,目的是提高系统的互操作性、灵活性和适应性。

态。它不仅包括装备,而且还包括条令条例、作战概念、人员素质、机构组织方式、训练水平、信息化水平、基础设施和后勤保障措施等。

美国的联合能力集成开发体系手册和参谋长联席会议主席手册中规定,能力的定义必须满足两个准则:

①能力的定义必须包含一些合适的用于效能评估的属性,比如时间、距离、结果(包括评定等级)和要克服的困难等。

②能力的定义应该全面,不能因为特殊偏见而影响决策;定义还应该尽量详细,有助于决策者完成对多个能力的评估。

在以上两个准则的约束下,DoDAF 2.0[①] 给出的能力定义为:能力是指在特定的执行标准和条件下,通过综合运用各种方法和手段而进行一系列活动任务从而达到实现预期效果的本领。

可以说能力工程是能力规划与需求获取的桥梁,能力工程为能力从概念转换到系统需求提供了准则和框架。

因此将网络信息体系建设博弈的支付定义为全时域内各阶段能力需求满足度均值 $E(C)$、全时域内能力需求满足度的震荡程度 $\sigma^2(C)$、全时域内方案演化(策略调整)的总代价 Cost_all 的综合值。

1. 能力需求满足度

以红方为例: $E(C) = \dfrac{1}{L} \sum_{l=1}^{L} F(r_{i_{k_l}}^{k_l,l})$, $F(r_{i_{k_l}}^{k_l,l})$ 为第一阶段采用策略 $r_{i_{k_l}}^{k_l,l}$ 的能力需求满足度,其计算过程见附录 8-1。具体可参考笔者的论文。

2. 能力需求满足度的震荡程度

$\sigma^2(C) = \dfrac{1}{L-1} \sum_{l=1}^{L} (F(r_{i_{k_l}}^{k_l,l}) - E(C))^2$,一组稳定性较差的全时域策略(方案)组合表示体系能力建设的不均衡,能力建设随意性较大,将降低相应的支付。

3. 方案演化总代价

设相邻阶段方案演化(策略调整)的代价为 $\mathrm{Cost}(r_{i_{k_l}}^{k_l,l} - r_{i_{k_{l-1}}}^{k_{l-1},l-1})$,则 Cost_all $= \sum_{l=1}^{L-1} \theta_{k_l,l} \mathrm{Cost}(r_{i_{k_l}}^{k_l,l} - r_{i_{k_{l-1}}}^{k_{l-1},l-1})$,其中 $\theta_{k_l,l}$ 为 $\mathrm{Cost}(r_{i_{k_l}}^{k_l,l} - r_{i_{k_{l-1}}}^{k_{l-1},l-1})$ 的权重,表明对不同方案演化阶段的重视程度。将成本型指标 $\sigma^2(C)$、Cost_all 做归一化处理:

---

① DoDAF 2.0(Department of Defense Architecture Framework 2.0) 是美国国防部(DoD) 为支持其系统工程和架构开发而制定的架构框架。它旨在提供一个统一的方法论,使军事和国防相关的项目能够有效地进行系统设计、分析和沟通。

$$\sigma^2(C)^* = \frac{\sigma^2(C)_{max} - \sigma^2(C)}{\sigma^2(C)_{max} - \sigma^2(C)_{min}} \tag{8-6}$$

$$\text{Cost\_all}^* = \frac{\text{Cost\_all}_{max} - \text{Cost\_all}}{\text{Cost\_all}_{max} - \text{Cost\_all}_{min}} \tag{8-7}$$

令各指标权重为 $\alpha_i(i=1,2,3)$ 且满足 $\sum_{i=1}^{3}\alpha_i = 1$，得到网络信息体系建设博弈中红方支付：

$$\psi_R = \alpha_1 E(C) + \alpha_2\sigma^2(C)^* + \alpha_3\text{Cost\_all}^* \tag{8-8}$$

进一步，设 $q \in Q$、$x \in X$ 分别为红蓝双方的混合策略，$q_{i_{k_l}}^{k_l,l} \in [0,1]$、$x_{j_{k_l}}^{k_l,l} \in [0,1]$ 分别为红蓝双方使用纯策略 $r_{i_{k_l}}^{k_l,l}$ 与 $b_{j_{k_l}}^{k_l,l}$ 的概率，蓝方以 p^γ 的概率表现为类型 $\gamma \in \Gamma$，则全时域情景纳什均衡时跟随者红方的支付期望为

$$\Psi_R(x^\gamma,q,\gamma) = \sum_{i_{k_l}=1}^{I_{k_l}}\sum_{j_{k_l}}^{J_{k_l}} \psi_{Ri_{k_l}j_{k_l}}^{k_l,l} \cdot q_{i_{k_l}}^{k_l,l} \cdot x_{j_{k_l}}^{k_l,l} \tag{8-9}$$

在斯塔克伯格博弈中，若领导者（蓝方）选择混合策略，其收益至少不劣于同时行动的收益，关于先动者优势，J. Letchford 等给出了不同类型的博弈下先动者优势的详细讨论，本书不再赘述。

8.4 模型求解

多阶段网络信息体系建设博弈模型的求解分为两个方面：预测蓝方可能策略和选择己方最优策略。利用全时域情景预测蓝方可能采取的综合均衡策略，针对蓝方综合均衡策略在风险可控范围内选择己方最优策略。

8.4.1 蓝方综合均衡策略

计算每个全时域情景 G^m 的纳什均衡 $(\overline{N_R^m}, \overline{N_B^m})$，结合 G^m 出现的概率 p^m，得到多个全时域情景下的蓝方综合混合均衡策略：

$$\hat{B} = \{p^m \cdot \overline{N_B^m} \mid m \in [1, M]\} \tag{8-10}$$

式中，$\hat{B}$ 是基于红方视角，综合考虑所有全时域情景后对蓝方最可能采取的策略的预测。

8.4.2　红方策略选择

对应于蓝方的综合均衡策略,红方综合均衡策略为

$$\hat{R} = \{p^m \cdot \overline{N_R^m} \,|\, m \in [1,M]\} \tag{8-11}$$

该策略是红方的最稳妥选择,然而不是最优选择。为获取最优策略,红方决策时再次将所有全时域情景集结为一个全局情景 G,与第 3 部分全时域情景的集结类似,需要讨论 G 的策略集及支付。

全局策略集由所有全时域情景策略求并集得到,设 G^m 中双方策略集分别为 $\{r_{i_m}^m \,|\, i_m \in [1,I_m]\}$,$\{b_{j_m}^m \,|\, j_m \in [1,J_m]\}$,以红方为例给出全局策略集构建过程如下:如果 $m = 1$,令 $r_{i_1} = r_{i_1}^1 (i_1 \in [1,I_1])$;如果 $2 \le m \le M$,并且 $\forall 1 \le i_m \le I_m$,$\exists i_m \, \text{s.t.} \, r_{i_m}^m = r_{i_{m-1}}$ 则令 $r_{i_{m-1}} = r_{i_m}^m$,否则令 $r_{i_{m-1}+1} = r_{i_m}^m$。由此可得 $R = \{r_i \,|\, i \in [1,I]\}$ 同理可得 $B = \{b_j \,|\, j \in [1,J]\}$。

全局支付由全时域情景概率及相应策略支付共同决定。考虑到全局情景 G 中的策略组合并非出现在所有的全时域情景 G^m 中,因此,在计算全局支付时需要将 p^m 做归一化处理。以红方为例,其全局支付为

$$\Psi_R' = \sum_m \frac{p^m}{\sum_m p^m} \psi_{R\,i_m j_m}^m, \ m \in \{m \,|\, r_{i_m}^m \in r_i, b_{j_m}^m \in b_j\} \tag{8-12}$$

综上所述:

$$G_{::} = <(\text{Red},\text{Blue}),(R,B),(\Psi_R',\Psi_B')> \tag{8-13}$$

接下来我们试图通过分析全局情景 G 获取除 $\hat{R}$ 外红方期望支付更高的均衡策略及其相应风险。

设 $\overline{\overline{\Psi_R'}}$ 为全局情景中由红方支付组成的行向量,则 G 中纯策略 r_i 的期望效用为

$$E\Psi_R'(r_i,\hat{B}) = \overline{\overline{\Psi_R'}} \cdot \hat{B} \tag{8-14}$$

依次考察 G 中红方的纯策略 r_i:若 $\{r_i \,|\, 1 \le i \le I, E\Psi_R'(r_i,\hat{B}) \ge E\Psi_R'(\hat{R},\hat{B})\} = \varphi$,$\hat{R}$ 即为红方最优策略;若 $\{r_i \,|\, 1 \le i \le I, E\Psi_R'(r_i,\hat{B}) \ge E\Psi_R'(\hat{R},\hat{B})\} \ne \varphi$,则依据 $E\Psi_R'(r_i,\hat{B})$ 对 r_i 进行降序排序,此时,由红方的综合均衡策略 $\hat{R}$ 与 G 中纯策略 $r_i \in \{r_i \,|\, 1 \le i \le I, E\Psi_R'(r_i,\hat{B}) \ge E\Psi_R'(\hat{R},\hat{B})\}$ 共同构成红方的可行策略集 $\overline{R} = \hat{R} \cup r_i$。若蓝方通过观察获知红方将采用 $\overline{R}$ 中纯策略 r_i,则将采取反制策略 $\underset{b_j}{\text{argmin}}\Psi_R'$;若蓝方无法确定红方的具体策略,其将采取最保守策略 $\hat{B}$。设红方

采取策略 r_i 情况下蓝方采取 $\arg\min_{b_j}\Psi'_R$ 与 $\hat{B}$ 的概率分别为 φ 与 $1-\varphi$，令红蓝双方分别采取策略 $\hat{R}$ 与 $\hat{B}$ 的期望支付等同于分别采取策略 $r_i \in \{r_i \mid 1 \leqslant i \leqslant I, E\Psi'_R(r_i, \hat{B}) \geqslant E\Psi'_R(\hat{R}, \hat{B})\}$ 与 $\arg\min_{b_j}\Psi'_R$ 的期望支付，则有

$$E\Psi'_R(\hat{R}, \hat{B}) = \varphi \cdot E\Psi'_R(r_i, \arg\min_{b_j}\Psi'_R) + (1-\varphi) \cdot E\Psi'_R(r_i, \hat{B}) \tag{8-15}$$

求得

$$\varphi = \frac{E\Psi'_R(\hat{R}, \hat{B}) - E\Psi'_R(r_i, \hat{B})}{\Psi'_R(r_i, \arg\min_{b_j}\Psi'_R) - E\Psi'_R(r_i, \hat{B})} \tag{8-16}$$

φ 是红方策略 r_i 优于 $\hat{R}$ 的临界概率，反映了红方采取策略 r_i 的临界风险。若红方认为蓝方猜透己方策略选择的概率小于 φ，则其可采取可行策略集 $\overline{R}$ 中的 r_i；反之，可采取最保守策略 $\hat{R}$。易见，红方从可行策略集 $\overline{R} = \hat{R} \cup r_i$ 中确定的最终策略至少不劣于综合均衡策略。

8.5 算 例 分 析

本节通过一个算例检验上述方法的可行性。假设网络信息体系建设博弈分两个阶段(现实中军事领域博弈往往跨越较长的时间周期与多个阶段，"星战"中的美苏博弈即为典型案例。此处在不影响问题说明的前提下，为简化过程，将博弈过程设为两个阶段。)进行，由于蓝方参与者类型的不同，红方观察到蓝方行动后给出对策，从而构建多个可能的博弈子情景，设每个阶段分别有两种可能的子情景，分别为 $G^{1,1}$、$G^{2,1}$、$G^{1,2}$、$G^{2,2}$，其概率分别为 $p^{1,1}=0.4$、$p^{2,1}=0.6$、$p^{1,2}=0.5$、$p^{2,2}=0.5$。各子情景见表 8-1 至表 8-4，其中红蓝双方分别为行局中人与列局中人，收益为各自本阶段相应策略下的能力需求满足度值 $F(r^{k_l,l}_{i_{k_l}})$。

由式(8-3)至式(8-5)得 4 个全时域情景 G^1、G^2、G^3、G^4，见表 8-5 至表 8-8，其概率分别为 $p^1 = p^{1,1} \cdot p^{1,2} = 0.2$，$p^2 = p^{1,1} \cdot p^{2,2} = 0.2$，$p^3 = p^{2,1} \cdot p^{1,2} = 0.3$，$p^4 = p^{2,1} \cdot p^{2,2} = 0.3$。根据式(8-4)分别排除双方策略组合 (H, I)、(B', V')。

表 8-1　子情景 $G^{1,1}$

	E'	H'
E	$(0.80, 0.75)$	$(0.80, 0.63)$
H	$(0.50, 0.75)$	$(0.50, 0.63)$

表 8-2 子情景 $G^{2,1}$

E	(0.80,0.75)	(0.80,0.63)	(0.80,0.82)
H	(0.50,0.75)	(0.50,0.63)	(0.50,0.82)
B	(0.91,0.75)	(0.91,0.63)	(0.91,0.82)

表 8-3 子情景 $G^{1,2}$

	M'	L'	R'
M	(0.43,0.71)	(0.43,0.51)	(0.43,0.77)
L	(0.30,0.71)	(0.30,0.51)	(0.30,0.77)
R	(0.90,0.71)	(0.90,0.51)	(0.90,0.77)

表 8-4 子情景 $G^{2,2}$

	M'	L'	R'	V'	I'
M	(0.43,0.71)	(0.43,0.51)	(0.43,0.77)	(0.44,0.67)	(0.43,0.81)
L	(0.30,0.71)	(0.30,0.51)	(0.30,0.77)	(0.30,0.67)	(0.30,0.81)
R	(0.90,0.71)	(0.90,0.51)	(0.90,0.77)	(0.90,0.67)	(0.90,0.81)
V	(0.64,0.71)	(0.64,0.51)	(0.64,0.77)	(0.64,0.67)	(0.64,0.81)
I	(0.85,0.71)	(0.85,0.51)	(0.85,0.77)	(0.85,0.67)	(0.85,0.81)

博弈论——博弈思维与创新应用

表8-5 全时域情景 G^1

	(E', M')	(E', L')	(E', R')	(H', M')	(H', L')	(H', R')
(E, M)	(0.73, 0.65)	(0.70, -1.00)	(0.70, 0.15)	(0.73, 0.82)	(0.69, -0.15)	(0.70, -0.14)
(E, L)	(0.45, 0.59)	(0.43, -1.10)	(0.42, 0.17)	(0.46, 0.80)	(0.45, -0.16)	(0.41, -0.12)
(E, R)	(-0.27, 0.61)	(-0.20, -0.95)	(-0.25, 0.15)	(-0.25, 0.82)	(-0.23, -0.16)	(-0.26, -0.16)
(H, M)	(-0.63, 0.63)	(-0.61, -0.96)	(-0.61, 0.16)	(-0.63, 0.81)	(-0.64, -0.14)	(-0.70, -0.12)
(H, L)	(0.24, 0.60)	(0.25, -1.00)	(0.27, 0.13)	(0.22, 0.80)	(0.22, -0.13)	(0.23, -0.13)
(H, R)	(-0.08, 0.64)	(-0.07, -1.20)	(-0.06, 0.14)	(-0.08, 0.79)	(-0.06, -0.15)	(-0.07, -0.15)

表 8-6　全时域情景 G^2

	(E',M')	(E',L')	(E',R')	(E',V')	(E',I')	(H',M')	(H',L')	(H',R')	(H',V')	(H',I')
(E,M)	(0.73,0.65)	(0.70,-1.00)	(0.70,0.15)	(0.71,-0.13)	(0.69,0.50)	(0.73,0.82)	(0.69,-0.15)	(0.70,-0.14)	(0.72,0.23)	(0.68,0.87)
(E,L)	(0.45,0.59)	(0.43,-1.10)	(0.42,0.17)	(0.41,-0.11)	(0.45,0.52)	(0.46,0.80)	(0.45,-0.16)	(0.41,-0.12)	(0.44,0.22)	(0.40,0.88)
(E,R)	(-0.27,0.61)	(-0.20,-0.95)	(-0.25,0.15)	(-0.26,-0.14)	(-0.24,0.55)	(-0.25,0.82)	(-0.23,-0.16)	(-0.26,-0.16)	(-0.25,0.22)	(-0.27,0.89)
(E,V)	(0.37,0.67)	(0.37,-1.00)	(0.35,0.16)	(0.36,-0.13)	(0.34,0.57)	(0.34,0.81)	(0.33,-0.15)	(0.38,-0.15)	(0.37,0.20)	(0.70,0.85)
(E,I)	(-0.12,0.65)	(-0.10,-0.97)	(-0.12,0.14)	(-0.11,-0.11)	(-0.14,0.50)	(-0.12,0.79)	(-0.10,-0.15)	(-0.11,-0.14)	(-0.12,0.21)	(-0.11,0.85)
(H,M)	(-0.63,0.63)	(-0.61,-0.96)	(-0.61,0.16)	(-0.62,-0.12)	(-0.62,0.51)	(-0.63,0.81)	(-0.64,-0.14)	(-0.70,-0.12)	(-0.60,0.23)	(-0.62,0.85)
(H,L)	(0.24,0.60)	(0.25,-1.10)	(0.27,0.13)	(0.24,-0.12)	(0.23,0.61)	(0.22,0.80)	(0.22,-0.13)	(0.23,-0.13)	(0.22,0.20)	(0.25,0.88)
(H,R)	(-0.08,0.64)	(-0.07,-1.20)	(-0.06,0.14)	(-0.08,-0.13)	(-0.09,0.50)	(-0.08,0.79)	(-0.06,-0.15)	(-0.07,-0.15)	(-0.06,0.22)	(-0.07,0.86)
(H,V)	(0.77,0.65)	(0.78,-1.00)	(0.77,0.15)	(0.75,-0.15)	(0.75,0.50)	(0.78,0.62)	(0.73,-0.14)	(0.75,-0.14)	(0.75,0.21)	(0.68,0.89)

表 8-7　全时域情景 G^3

	(E', M')	(E', L')	(E', R')	(H', M')	(H', L')	(H', R')	(B', M')	(B', L')	(B', R')
(E, M)	(0.70, 0.67)	(0.66, -0.62)	(0.67, 0.14)	(0.70, 0.69)	(0.70, -0.11)	(0.65, -0.14)	(0.65, 0.75)	(0.64, -0.49)	(0.70, 0.78)
(E, L)	(0.46, 0.65)	(0.45, -0.60)	(0.46, 0.13)	(0.44, 0.70)	(0.40, -0.12)	(0.43, -0.15)	(0.41, 0.70)	(0.42, -0.48)	(0.45, 0.65)
(E, R)	(-0.20, 0.65)	(-0.21, -0.60)	(-0.19, 0.12)	(-0.18, 0.77)	(-0.20, -0.10)	(-0.22, -0.16)	(-0.20, 0.70)	(-0.18, -0.50)	(-0.19, 0.65)
(H, M)	(-0.20, 0.66)	(-0.25, -0.62)	(-0.25, 0.13)	(-0.28, 0.77)	(-0.29, -0.11)	(-0.27, -0.15)	(-0.28, 0.71)	(-0.26, -0.51)	(-0.21, 0.67)
(H, L)	(0.25, 0.67)	(0.24, -0.61)	(0.22, 0.15)	(0.25, 0.76)	(0.23, -0.10)	(0.23, -0.14)	(0.21, 0.72)	(0.22, -0.51)	(0.22, 0.68)
(H, R)	(-0.10, 0.64)	(-0.09, -0.63)	(-0.11, 0.13)	(-0.11, 0.75)	(-0.10, -0.12)	(-0.12, -0.13)	(-0.09, 0.74)	(-0.12, -0.53)	(-0.10, 0.66)
(B, M)	(0.00, 0.65)	(0.00, -0.63)	(0.00, 0.14)	(0.00, 0.75)	(0.00, -0.11)	(0.00, -0.13)	(0.00, 0.74)	(0.00, -0.53)	(0.00, 0.65)
(B, L)	(0.58, 0.64)	(0.56, -0.62)	(0.56, 0.14)	(0.57, 0.76)	(0.57, -0.12)	(0.55, -0.15)	(0.56, 0.75)	(0.57, -0.50)	(0.58, 0.65)
(B, R)	(-0.06, 0.65)	(-0.05, -0.61)	(-0.06, 0.13)	(-0.06, 0.74)	(-0.07, -0.10)	(-0.05, -0.13)	(-0.05, 0.71)	(-0.06, -0.52)	(-0.07, 0.60)

表 8-8　全时域情景 G^4

	(E',M')	(E',L')	(E',R')	(E',V')	(E',I')	(H',M')	(H',L')	(H',R')	(H',V')	(H',I')	(B',M')	(B',L')	(B',R')	(B',I')
(E,M)	(0.70, 0.67)	(0.66, -0.62)	(0.67, 0.14)	(0.69, 0.50)	(0.69, 0.60)	(0.70, 0.69)	(0.70, -0.11)	(0.65, -0.14)	(0.65, -0.18)	(0.67, 0.42)	(0.65, 0.75)	(0.64, -0.49)	(0.70, 0.65)	(0.67, 0.13)
(E,L)	(0.46, 0.65)	(0.45, -0.60)	(0.46, 0.13)	(0.44, 0.50)	(0.43, 0.63)	(0.44, 0.70)	(0.40, -0.12)	(0.43, -0.15)	(0.46, -0.20)	(0.41, 0.42)	(0.41, 0.70)	(0.42, -0.48)	(0.45, 0.65)	(0.45, 0.13)
(E,R)	(-0.20, 0.65)	(-0.21, -0.60)	(-0.19, 0.12)	(-0.20, 0.48)	(-0.22, 0.63)	(-0.18, 0.77)	(-0.20, -0.10)	(-0.22, -0.16)	(-0.19, -0.18)	(-0.18, 0.43)	(-0.20, 0.70)	(-0.18, -0.50)	(-0.19, 0.65)	(-0.21, 0.16)
(E,V)	(0.15, 0.67)	(0.16, -0.62)	(0.15, 0.12)	(0.17, 0.50)	(0.17, 0.62)	(0.14, 0.79)	(0.15, -0.10)	(0.14, -0.15)	(0.14, -0.18)	(0.16, 0.43)	(0.17, 0.75)	(0.15, -0.52)	(0.14, 0.64)	(0.14, 0.15)
(E,I)	(0.10, 0.67)	(0.11, -0.62)	(0.09, 0.13)	(0.10, 0.50)	(0.12, 0.62)	(0.11, 0.77)	(0.10, -0.10)	(0.11, -0.13)	(0.12, -0.20)	(0.12, 0.40)	(0.10, 0.75)	(0.12, -0.50)	(0.11, 0.60)	(0.10, 0.15)
(H,M)	(-0.20, 0.66)	(-0.25, -0.62)	(-0.25, 0.13)	(-0.21, 0.49)	(-0.20, 0.64)	(-0.28, 0.77)	(-0.29, -0.11)	(-0.27, -0.15)	(-0.27, -0.22)	(-0.27, 0.40)	(-0.28, 0.71)	(-0.26, -0.51)	(-0.21, 0.67)	(-0.21, 0.16)
(H,L)	(0.25, 0.67)	(0.24, -0.61)	(0.22, 0.15)	(0.25, 0.50)	(0.26, 0.63)	(0.25, 0.76)	(0.23, -0.10)	(0.23, -0.14)	(0.23, -0.23)	(0.24, 0.43)	(0.21, 0.72)	(0.22, -0.51)	(0.22, 0.68)	(0.25, 0.15)
(H,R)	(-0.10, 0.64)	(-0.09, -0.63)	(-0.11, 0.13)	(-0.11, 0.48)	(-0.12, 0.63)	(-0.11, 0.75)	(-0.10, -0.12)	(-0.12, -0.13)	(-0.09, -0.22)	(-0.11, 0.44)	(-0.09, 0.74)	(-0.12, -0.53)	(-0.10, 0.66)	(-0.10, 0.13)
(H,V)	(-0.15, 0.67)	(-0.13, -0.62)	(-0.13, 0.13)	(-0.16, 0.48)	(-0.18, 0.64)	(-0.17, 0.79)	(-0.17, -0.10)	(-0.15, -0.15)	(-0.15, -0.22)	(-0.16, 0.43)	(-0.13, 0.75)	(-0.13, -0.50)	(-0.15, 0.60)	(-0.14, 0.15)

	(E',M')	(E',L')	(E',R')	(E',V')	(E',I')	(H',M')	(H',L')	(H',R')	(H',V')	(H',I')	(B',M')	(B',L')	(B',R')	(B',I')
(B, M)	(0.00, 0.65)	(0.00, -0.63)	(0.00, 0.14)	(0.00, 0.50)	(0.00, 0.63)	(0.00, 0.75)	(0.00, -0.11)	(0.00, -0.13)	(0.00, -0.20)	(0.00, 0.40)	(0.00, 0.74)	(0.00, -0.53)	(0.00, 0.65)	(0.00, 0.14)
(B, L)	(0.58, 0.64)	(0.56, -0.62)	(0.56, 0.14)	(0.56, 0.50)	(0.57, 0.60)	(0.57, 0.76)	(0.57, -0.12)	(0.55, -0.15)	(0.56, -0.19)	(0.56, 0.42)	(0.56, 0.75)	(0.57, -0.50)	(0.58, 0.65)	(0.55, 0.14)
(B, R)	(-0.06, 0.65)	(-0.05, -0.61)	(-0.06, 0.13)	(-0.05, 0.51)	(-0.06, 0.60)	(-0.06, 0.74)	(-0.07, -0.10)	(-0.05, -0.13)	(-0.07, -0.20)	(-0.06, 0.43)	(-0.05, 0.71)	(-0.06, -0.52)	(-0.07, 0.60)	(-0.05, 0.15)
(B, V)	(0.40, 0.67)	(0.38, -0.63)	(0.38, 0.13)	(0.40, 0.50)	(0.40, 0.63)	(0.39, 0.78)	(0.40, -0.12)	(0.41, -0.15)	(0.40, -0.19)	(0.41, 0.44)	(0.40, 0.73)	(0.39, -0.52)	(0.39, 0.64)	(0.40, 0.15)
(B, I)	(0.66, 0.66)	(0.65, -0.62)	(0.65, 0.14)	(0.64, 0.51)	(0.64, 0.61)	(0.67, 0.79)	(0.66, -0.10)	(0.66, -0.13)	(0.65, -0.20)	(0.66, 0.43)	(0.64, 0.75)	(0.64, -0.50)	(0.67, 0.66)	(0.67, 0.14)

依据全局情景策略生成算法及式(8-10),获取见表 8-9 的全局情景。分别计算 4 个全时域情景 G^1、G^2、G^3、G^4 的纳什均衡并依据式(8-7)计算红方期望支付,在此基础上依据式(8-8)、式(8-9)分别获得双方综合均衡策略 $\hat{R}$、$\hat{B}$ 及红方综合期望支付见表 8-10。

表 8-9 全局情景 G

	(E', M')	(E', L')	(E', R')	(E', V')	(E', I')	(H', M')	(H', L')	(H', R')	(H', V')	(H', I')	(B', M')	(B', L')	(B', R')	(B', I')
(E, M)	(0.71, 0.66)	(0.68, -0.77)	(0.68, 0.14)	(0.70, 0.25)	(0.69, 0.56)	(0.71, 0.74)	(0.70, -0.13)	(0.67, -0.14)	(0.68, -0.02)	(0.69, 0.60)	(0.65, 0.75)	(0.60, -0.49)	(0.70, 0.65)	(0.67, 0.13)
(E, L)	(0.46, 0.63)	(0.44, -0.80)	(0.44, 0.15)	(0.44, 0.50)	(0.43, 0.63)	(0.44, 0.70)	(0.40, -0.12)	(0.43, -0.15)	(0.46, -0.20)	(0.41, 0.42)	(0.41, 0.70)	(0.42, -0.48)	(0.45, 0.65)	(0.45, 0.13)
(E, R)	(-0.23, 0.63)	(-0.21, -0.74)	(-0.19, 0.12)	(-0.20, 0.48)	(-0.22, 0.63)	(-0.18, 0.77)	(-0.20, -0.10)	(-0.22, -0.16)	(-0.19, -0.18)	(-0.18, 0.43)	(-0.20, 0.70)	(-0.18, -0.50)	(-0.19, 0.65)	(-0.21, 0.16)
(E, V)	(0.24, 0.67)	(0.16, -0.62)	(0.15, 0.12)	(0.17, 0.50)	(0.17, 0.62)	(0.14, 0.79)	(0.15, -0.10)	(0.14, -0.15)	(0.14, -0.18)	(0.16, 0.43)	(0.17, 0.75)	(0.15, -0.52)	(0.14, 0.64)	(0.14, 0.15)
(E, I)	(0.01, 0.66)	(0.11, -0.62)	(0.09, 0.13)	(0.10, 0.50)	(0.12, 0.62)	(0.11, 0.77)	(0.10, -0.10)	(0.11, -0.13)	(0.12, -0.20)	(0.12, 0.40)	(0.10, 0.75)	(0.12, -0.50)	(0.11, 0.60)	(0.10, 0.15)
(H, M)	(-0.37, 0.65)	(-0.25, -0.62)	(-0.25, 0.13)	(-0.21, 0.49)	(-0.20, 0.64)	(-0.28, 0.77)	(-0.29, -0.11)	(-0.27, -0.15)	(-0.27, -0.22)	(-0.27, 0.40)	(-0.28, 0.71)	(-0.26, -0.51)	(-0.21, 0.67)	(-0.21, 0.16)
(H, L)	(0.25, 0.64)	(0.24, -0.61)	(0.22, 0.15)	(0.25, 0.50)	(0.26, 0.63)	(0.25, 0.76)	(0.23, -0.10)	(0.23, -0.14)	(0.23, -0.23)	(0.24, 0.43)	(0.21, 0.72)	(0.22, -0.51)	(0.22, 0.68)	(0.25, 0.15)
(H, R)	(-0.09, 0.64)	(-0.09, -0.63)	(-0.11, 0.13)	(-0.11, 0.48)	(-0.12, 0.63)	(-0.11, 0.75)	(-0.10, -0.12)	(-0.12, -0.13)	(-0.09, -0.22)	(-0.11, 0.44)	(-0.09, 0.74)	(-0.12, -0.53)	(-0.10, 0.66)	(-0.10, 0.13)
(H, V)	(0.22, 0.66)	(-0.13, -0.62)	(-0.13, 0.13)	(-0.16, 0.48)	(-0.18, 0.64)	(-0.17, 0.79)	(-0.17, -0.10)	(-0.15, -0.15)	(-0.15, -0.22)	(-0.16, 0.43)	(-0.13, 0.75)	(-0.13, -0.50)	(-0.15, 0.60)	(-0.14, 0.15)

续表 8-9

	(E',M')	(E',L')	(E',R')	(E',V')	(E',I')	(H',M')	(H',L')	(H',R')	(H',V')	(H',I')	(B',M')	(B',L')	(B',R')	(B',I')
(B, M)	(0.00, 0.65)	(0.00, -0.63)	(0.00, 0.14)	(0.00, 0.50)	(0.00, 0.63)	(0.00, 0.75)	(0.00, -0.11)	(0.00, -0.13)	(0.00, -0.20)	(0.00, 0.40)	(0.00, 0.74)	(0.00, -0.53)	(0.00, 0.65)	(0.00, 0.14)
(B, L)	(0.58, 0.64)	(0.56, -0.62)	(0.56, 0.14)	(0.56, 0.50)	(0.57, 0.60)	(0.57, 0.76)	(0.57, -0.12)	(0.55, -0.15)	(0.56, -0.19)	(0.56, 0.42)	(0.56, 0.75)	(0.57, -0.50)	(0.58, 0.65)	(0.55, 0.14)
(B, R)	(-0.06, 0.65)	(-0.05, -0.61)	(-0.06, 0.13)	(-0.05, 0.51)	(-0.06, 0.60)	(-0.06, 0.74)	(-0.07, -0.10)	(-0.05, -0.13)	(-0.07, -0.20)	(-0.06, 0.43)	(-0.05, 0.71)	(-0.06, -0.52)	(-0.07, 0.60)	(-0.05, 0.15)
(B, V)	(0.40, 0.65)	(0.38, -0.63)	(0.38, 0.13)	(0.40, 0.50)	(0.40, 0.63)	(0.39, 0.78)	(0.40, -0.12)	(0.41, -0.15)	(0.40, -0.19)	(0.41, 0.44)	(0.40, 0.73)	(0.39, -0.52)	(0.39, 0.64)	(0.40, 0.15)
(B, I)	(0.66, 0.66)	(0.65, -0.62)	(0.65, 0.14)	(0.64, 0.51)	(0.64, 0.61)	(0.67, 0.79)	(0.66, -0.10)	(0.66, -0.13)	(0.65, -0.20)	(0.66, 0.43)	(0.64, 0.75)	(0.64, -0.50)	(0.67, 0.66)	(0.67, 0.14)

表8-10　全时域情景分析

G^m	Nash 均衡		期望支付
	$\overline{N_R^m}$	$\overline{N_B^m}$	$E\Psi_R(\overline{N_R^m}, \overline{N_B^m})$
G^1	(E, M)	(H', M')	0.73
G^2	$(0.4(E,M), 0.3(E,V), 0.3(H,V))$	$(0.7(H',M'), 0.3(H',I'))$	0.65
G^3	(E, M)	(B', R')	0.70
G^4	$(0.6(E,M), 0.4(H,L))$	$(0.2(E',M'), 0.5(B',M'), 0.3(B',R'))$	0.49
综合均衡	$\hat{R}$	$\hat{B}$	综合期望支付 $E\Psi_R(\hat{R}, \hat{B})$
	$(0.76(E,M), 0.06(E,V), 0.06(H,V), 0.12(H,L))$	$(0.06(E',M'), 0.34(H',M'), 0.06(H',I'), 0.15(B',M'), 0.39(B',R'))$	0.63

分别计算全局情景中红方各纯策略与蓝方综合均衡策略 $\hat{B}$ 的期望支付 $E\Psi_R'(r_i,\hat{B})$，得到红方可行策略集 $\overline{R}=\{(E,M),(B,I),\hat{R}\}$（按期望支付降序排列）。以纯策略 (E,M) 为例，由式（8-16）得 $\varphi=66.7\%$，若红方认为蓝方猜透其选择策略/建设方案 (E,M) 而采取反制策略/建设方案 (B',L') 的概率小于 φ，则其可采取策略/建设方案 (E,M)，从而得到支付 $E\Psi_R'((E,M),\hat{B})=0.69>E\Psi_R(\hat{R},\hat{B})$；反之，若红方认为蓝方猜透其选择策略/建设方案 (E,M) 的概率较大，红方可继续分析 $\overline{R}$ 中的其他纯策略。本方法中红方最坏情况是选择最保守策略/建设方案 $\hat{R}$，在风险可控范围内可选择严格优于 $\hat{R}$ 的策略/建设方案。

针对网络信息体系建设博弈中参与者服从主从模式、决策者有限理性、过程多阶段序贯等特点，本章提出了一种基于 Bayesian Stackelberg 博弈的方案优选方法。该方法通过分别构建博弈子情景、全时域情景、全局情景，分析预测对手可能的均衡策略，在风险可控范围内选择己方期望支付较大的策略/建设方案。所选策略不劣于综合均衡策略，且有可能严格优于它。

该方法对跟随者的策略选取进行了严格的假设，假设跟随者能够完全观察到领导者的策略，并在此基础上选取期望支付最高的策略。但在现实世界中，跟随者的观察误差不可避免地存在，下一步可进一步研究跟随者观察误差问题，实现对模型的进一步优化，为科学合理地进行网络信息体系顶层设计提供决策支持。

附录 8-1　能力需求满足度计算

网络信息体系能力需求满足度分析，是以使命任务为牵引，以能力需求为导向，通过使命任务分解及能力指标构建从而得到使命任务对网络信息体系的能力需求，进而获取网络信息体系固有能力对能力需求的满足度。"使命任务牵引"理念、复杂系统决策方法、能力需求满足度量化手段的引入增强了网络信息体系能力需求分析的针对性和评估的准确性。分析框架分为使命任务分析、能力分析、能力需求满足度评估三个模块，其中，框架中的"活动—能力分析"依赖于"使命任务分析"及"能力分析"的最终产品，同时其分析结果又为"能力需求满足度评估"提供输入。网络信息体系能力需求满足度分析框架如图 8-3 所示。

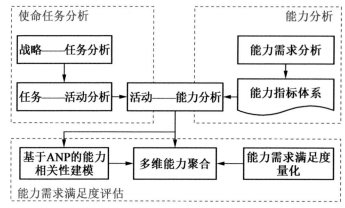

图 8-3 网络信息体系能力需求满足度分析框架

附 8-1-1 使命任务分析

"有效应对信息化条件下的多样化使命任务"是新时期对网络信息体系的基本定位。军队的使命任务由国际战略环境、国内战略形势决定,同时受作战环境、作战样式与作战原则影响,不同使命任务下的作战活动不尽相同,对网络信息体系的技战术指标和组织运用方式要求也不尽相同。为增强网络信息体系能力需求分析的针对性,应以国内外战略形势为出发点,分析特定战略下需要遂行的作战任务,以任务为牵引开发作战活动选项。使命任务分析基本框架如图 8-4 所示。

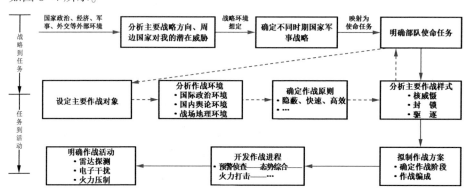

图 8-4 使命任务分析基本框架

使命任务分析基本框架致力于建立从顶层战略到使命任务、从使命任务到作战活动的连续、渐近、层次化的映射关系。其过程分为战略—任务分析、任务—活动分析两个阶段。

1. 战略——任务分析

战略——任务分析依据国际战略环境及潜在威胁,确定国家军事战略,明确部队使命任务,最终获取作战任务清单及使命任务需求。该过程包括构建战略想定、确定战略目标、明确使命任务 3 个步骤。

步骤 1 构建战略想定。分析研判主要战略方向、周边国家对我潜在威胁,结合国家政治、经济、军事、外交、舆情等国内环境,形成战略格局的若干设想,构建战略环境想定集 S，$S::=\{<strategy>\}$。

步骤 2 确定战略目标。对战略环境想定进行归纳分类,依据国家安全形势的紧迫性、国家利益的关联度对战略环境想定集 S 进行重要性排序,建立战略目标排序表 G,据此确定本阶段/一定时期内的军事战略目标。其中,$G::=<S,D>$，$D::=\{<degree>\}$ 为战略目标重要度。

步骤 3 明确使命任务。将战略目标映射为具体使命任务,分析使命任务涉及的作战对象、作战环境、作战原则,重点确定作战样式,形成使命任务需求 Ta,$Ta::=<Task, Opponent, Environment, Principle, Mode>$。该过程反复迭代,各要素分析越充分使命任务需求越精确。

2. 任务——活动分析

任务——活动分析依据军事战略目标、军事任务,对任务进行细化,形成作战活动选项。该过程包括拟制作战方案、开发作战进程、明确作战活动 3 个步骤。

步骤 1　拟制作战方案。在使命任务 Task 约束和作战样式 Mode 指导下,结合地域特点、部队驻防、武器装备编配实际,拟制主体及备选作战方案,形成方案库 P_L，$P_L::=\{<plan>\}$。

步骤 2　开发作战进程。将作战方案 plan 按照阶段划分为多个子方案,按业务领域梳理各个子方案对应的作战进程,同时严格描述作战进程间的同步/异步等协同关系,建立作战进程——协同关系二元关联矩阵 P_r，$P_r::=<P,R>$，其中 $P::=\{<process>\}$、$R \subseteq P \times P$ 分别表示作战进程及进程间协同关系。

步骤 3　明确作战活动。作战进程的本质为活动序列,对每条作战进程进行分解,并严格描述活动间时序关系,构建作战活动清单 A，$A::=<P_r, A_c, R'>$，其中 $A_c::=\{<activity>\}$、$R' \subseteq A_c \times A_c$ 分别表示作战活动及活动间时序关系。

活动执行需要能力的支撑。基于本节的作战活动清单,下节通过构建能力指标体系及活动—能力映射,最终获取网络信息体系的能力需求,为最终实现能力需求满足度评估提供依据。

附 8-1-2　能力分析

能力分析是能力需求满足度评估的核心和关键。其中活动—能力分析又是能力分析的重中之重。

活动—能力分析针对每项作战活动分析支撑其执行的军事能力,所有的能力选项又分解为多个子能力,直到相对可度量的能力属性。能力属性的实现借助于现有的网络信息体系方案,如现有的网络、信息基础设施,某种型号、数量的武器装备等。活动—能力分析框架如图 8-5 所示。

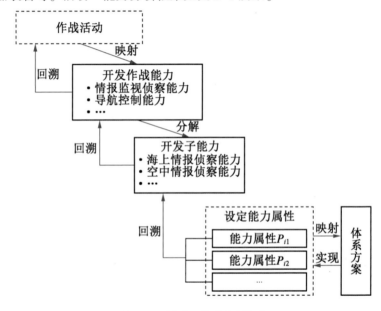

图 8-5　活动—能力分析框架

活动——能力分析过程包括开发作战能力、开发子能力、设定能力属性 3 个步骤。

步骤 1　开发能力。以作战活动清单 A 为依据,参考"网络信息体系能力指标体系"中的能力选项,将具体使命任务下的作战活动映射为作战能力,建立活动—能力二元关联矩阵 C,$C::=<A_c,C_a,R''>$,其中 $C_a::=\{<capability>\}$、$R''\subseteq A_c\times C_a$ 分别表示能力及其与活动间的支撑关系。R'' 为多对多关系,即一个活动需多个能力支撑,同时一个能力可支撑多个活动。

步骤 2　开发子能力。对能力进行与/或分解,获取子能力,该分解过程多次迭代,直到能够确定可度量、可操作和可理解的底层基本属性集合(系统/装备的技战术指标)。该步骤将获得能力分解树 $C_{\text{decomposition}}$,$C_{\text{decomposition}}::=<C_a,C_{\text{sub}},$

$P_{er}>$,其中 C_{sub}、P_{er} 分别表示子能力及底层基本属性。

步骤 3　设定能力属性。将各项子能力映射到可度量的能力属性 P_{er},不同的 P_{er} 隶属于不同的网络信息系统/平台/单元。构建能力属性—系统/平台/单元映射矩阵 $P_{performance}$,$P_{erformance}::=<P_{er},S_{ys},R'''>$,其中 $S_{ys}::=\{<system>,<platform>,<unit>\}$、$R'''\subseteq P_{er}\times S_{ys}$ 分别表示系统/平台/单元及其与 P_{er} 间的映射关系。

需要注意的是,针对不同使命任务所采取的体系能力评估指标必定不同,不存在一成不变的普适性指标,因此,此处的能力指标 C_a 一定是与具体使命任务绑定的。我们可以建立一个网络信息体系能力评估的指标全集,为网络信息体系的能力范畴划定一个大致边界。但在本节“开发作战能力”时需结合任务—活动分析结果,针对具体任务(活动)对指标体系进行裁剪和“实例化”,建立起针对具体任务的能力评估指标体系。“以多样化使命任务为牵引”的精髓也正体现于此。

附 8-1-3　能力需求满足度评估

在获取具体使命任务下的能力指标后,本节将对能力需求满足度计算及能力融合方法等展开讨论,以最终实现对能力需求满足度的评估。

1. 底层能力需求满足度量化

在获取指标权重之后,本节解决基本能力属性 P_{er} 的量化问题。记 $T=\{profitindex,costindex,centreindex,booleanindex\}$,分别表示效益型、成本型、中心型和布尔型指标,$t_i\in T(i=1,2,3,4)$,$P_{t_i}$ 为某类能力指标集合,CR 为所有能力指标,则有

$$CR=\bigcup_{t_i\in T}P_{t_i}\ and\ P_{t_i}\cap P_{t_j}=\varnothing,\ i\neq j \tag{8-17}$$

底层能力需求满足度表示上述几类指标的固有能力属性值满足特定任务能力需求的程度,其值由满足度效用函数度量,取值范围为 $[0,1]$。以能力 cr 为例,定义度量函数如下:

$$S_{profit}=\begin{cases}0,cr\leqslant cr_{low}\\(cr-cr_{low})/(cr_{high}-cr_{low}),cr_{low}\leqslant cr\leqslant cr_{high}\\1,cr\geqslant cr_{high}\end{cases} \tag{8-18}$$

$$S_{cost}=\begin{cases}0,cr\geqslant cr_{low}\\(cr_{low}-cr)/(cr_{low}-cr_{high}),cr_{high}\leqslant cr\leqslant cr_{low}\\1,cr\leqslant cr_{high}\end{cases} \tag{8-19}$$

$$S_{\text{centre}} = \begin{cases} 1 - |\text{cr} - \text{cr}_{\text{high}}| / |\text{cr}_{\text{high}} - \text{cr}_{\text{low}}|, \text{cr} \neq \text{cr}_{\text{high}} \\ 1, \text{cr} = \text{cr}_{\text{high}} \end{cases} \quad (8\text{-}20)$$

$$S_{\text{boolean}} = \begin{cases} 1, \text{cr} = 1 \\ 0, \text{cr} = 0 \end{cases} \quad (8\text{-}21)$$

式中 cr、cr_{high}、cr_{low} 分别表示指标固有值、理想取值、最低取值,布尔类型指标中 $\text{cr} = 1/0$ 表示是/否具备该项能力。

2. 多维能力融合

能力需求满足度函数实现了对底层能力属性的量化,为得到体系整体能力值,还需对指标值进行汇聚融合。

针对"指标网"中指标关系的非线性,在能力融合时除基于网络层二次分析法(analytic network process,ANP)确定各指标权重外,还需重点考虑指标间隐含的依赖关系。首先给出"隐含依赖关系"定义:

定义 8-1:隐含依赖关系: cr_i、cr_j、$\text{cr}_k \in \text{CR}$($i \neq j \neq k$),若 cr_j 依赖于 cr_i 且 cr_j 聚合于 cr_k,则 cr_k 与 cr_i 存在隐含依赖关系,称 cr_k 隐含依赖 cr_i。

用系数 k 刻画隐含依赖关系对能力生成的影响,设阈值为 T^-、T^+,则有

$$k = \begin{cases} 0 & \text{cr}_i < T^- \\ 0 \sim 1 & T^- < \text{cr}_i < T^+ \\ 1 & \text{cr}_i > T^+ \end{cases} \quad (8\text{-}22)$$

若 cr_i 低于阈值 T^- 则 cr_j 不具备相应能力;若 cr_i 值高于阈值 T^+ 则 cr_j 完全具备相应能力;若 cr_i 值介于阈值之间则系数 k 介于 $0 \sim 1$ 之间,具体数值由专家确定或通过统计、博弈、机器学习等方式获取。

在能力融合时,考虑加权和、加权积(幂指数)、混合三种方式。若某能力指标仅为另一能力指标达成的可选项,即充分非必要条件,则该指标向另一指标融合时采用加权和方式。以能力 cr 为例,设 P_{er}^m、n_P 分别为 cr 的相关能力属性及其数量,则有

$$\text{cr} = \sum_{m=1}^{n_P} k_m S_m(P_{\text{er}}^m) \cdot w(\text{cr}, P_{\text{er}}^m) \quad (8\text{-}23)$$

式中,$S_m(P_{\text{er}}^m)$ 为能力需求满足度函数;$w(\text{cr}, P_{\text{er}}^m)$ 为基于 ANP 的指标权重。

若某指标的满足必须以另一指标的满足为前提,即两者互为充分必要条件,则另一指标向该指标聚合时采用加权积方式。

$$\text{cr} = \prod_{m=1}^{n_P} [k_m S_m(P_{\text{er}}^m)]^{w(\text{cr}, P_{\text{er}}^m)} \quad (8\text{-}24)$$

混合方式是上述两种情况的复合叠加,按照先加权积后加权和的次序计算。

第三篇　合作博弈

　　冲突与合作是人类的永恒话题,如同一枚硬币不可分割的两面。如何化解冲突走向合作,是人类文明和人类社会得以存在的基础。

第9章　合作博弈与"公地悲剧"

博弈从大的方向上可以划分为合作博弈与非合作博弈。现实中无论是大国之间、商业巨头之间、人与人之间,除了通过对抗(非合作)手段获取利益外,有时还需要通过彼此合作实现 1+1>2 的双赢。那么什么是合作博弈,合作博弈存在哪些基本模型,如何看待公地悲剧? 回答这些问题正是本章所要完成的目标。

9.1　合作博弈的基本概念

9.1.1　合作的力量

合作行为构建了不同层次的生命组织,从基因、基因组、染色体、真核细胞到多细胞组织,并且对他们的生存和发展起到至关重要的作用。在一定程度上,合作是所有生命组织和现代人类文明的基础。因此,在演化生物研究领域,合作常常被认为是除了变异(mutation)和自然选择(natural selection)之外的第 3 个基本法则。

高抗药性的细菌会分泌吲哚分子帮助低抗药性的细菌抵御药物杀灭,从而使得整个细菌群体具有较强的抗药能力。在这样的交互中,分泌吲哚因子是一种合作行为,高抗药性的细菌因此充当了合作者。尽管合作行为能够使群体获得更大的生存能力,但是就个体而言,合作却是一种降低自身竞争优势的行为。一个主要的原因是个体的合作行为被自私的个体利用。在细菌群体抗药的例子中,所有的细菌都抵抗住了药物的攻击。然而,相比于高抗药性的细菌,低抗药性的细菌免于分泌吲哚因子产生的代价。根据达尔文的自然选择理论,低抗药性的细菌能够获得相对更大的增殖优势。理论上,高抗药性细菌会灭绝。但是大量的实证研究表明,这两种类型的细菌能够共存。理解合作行为是如何在自私个体中涌现并且维持一直是一个重要的问题。

从复杂系统科学的角度分析,复杂系统存在多尺度进化过程(multi-scale evolutionary processes)。成功的进化过程通常不是只有无休止的竞争,而是包含着竞争和合作,这两者均发生在多个尺度(scale)上。例如,细胞在多细胞生物体内合作以更有效地与其他生物竞争,而生物会在物种内部和物种之间进行合作以更有效地与其他物种竞争。大尺度的竞争会自然地孕育小尺度的合作——为了使一个团队有效地与另一个团队竞争(在大尺度上竞争),必须在该团队内部进行合作。合作也可以促进竞争——有时候,实现集团共同目标的最佳方法是鼓励小集团之间的健康竞争。这些小集团又必须促进内部合作以有效地在子集团之间展开竞争,他们也可以通过在成员之间引入一些健康的竞争来提高内部合作的有效性。如果这些成员本身又是团体,则竞争引起合作再引起竞争的过程可以扩展到更小的尺度,具体过程如图9-1所示。

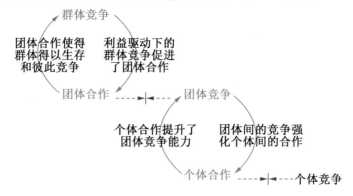

图 9-1　竞争与合作的共存与交替

这个过程也可以反向进行:为了更有效地竞争,个体可以相互合作以形成团体,而团体又可以合作以形成更大的群体,依此类推。因此,各种规模(尺度)的团体之间合作与竞争的复杂网络自然可以发展演变。

9.1.2　非合作博弈 VS 合作博弈

合作博弈是相比较于非合作博弈(图9-2)对应的一个概念。

非合作博弈是指一种参与者不可能达成具有约束力的协议的博弈类型,这是一种具有互不相容的情形。非合作博弈研究人们在利益相互影响的局势中如何选决策使自己的收益最大,即策略选择问题。通俗地讲,非合作博弈只关注自身利益——各人自扫门前雪,莫管他人瓦上霜,甚至为了自身利益还会相互诋毁、相互拆台、恶性竞争。

(a)　　　　　　　　　　　　　(b)

图 9-2　非合作博弈示意图

零和博弈是一种典型的非合作博弈,在零和博弈中双方的收益之和为 0,总的蛋糕就那么大,你的所得就是我的所失,在这个博弈过程中每个人都希望最大化个人收益,最小化他人收益。

合作博弈(图 9-3)是指博弈参与方的利益都有所增加,或者至少是一方的利益增加,而其他方的利益不受损害,因而整个社会的利益有所增加的一种博弈类型。

(a)　　　　　　　　　　　　　(b)

图 9-3　合作博弈示意图

9.1.3　合作博弈存在的两个基本条件

合作博弈存在的两个基本条件如下。

□　对联盟而言,整体收益大于每个成员单独经营时的收益之和。

□　对联盟内部而言,应存在具有帕累托改进性质的分配规则,即每个成员都能获得不少于不加入联盟时所获的收益。

先解释一下"联盟"的概念,联盟是指所有的博弈参与者组成的博弈群组。

第一个条件讲的是,大家合伙干肯定比单打独斗好。这也是大家合作的动力,不然找不到合作的理由。

但是,仅仅是大家通过合作使得总收益增加,就一定能达成合作吗?

不要忘了,这里面还存在一个收益分配的问题,即便是总收益增加了,如果最后分到联盟中每个人的收益没有增加甚至减少了,愿意合作才怪!因此,第一个条件讲的是收益,第二个条件讲的是分配。

分配中有一个概念叫"帕累托性质/效应",如图 9-4 所示。帕累托是一个人名,1897 年,意大利经济学家帕累托偶然注意到英国人(当时英国由于工业革命成为世界一流经济强国)的财富和收益模式,发现大部分的财富流向了少数人手里。同时,他还发现在其他的国家,这种微妙关系一再出现。于是,帕累托从大量具体的事实中发现:社会上 20% 的人占有 80% 的社会财富,80% 的人占有 20% 的社会财富,即财富在人口中的分配是不平衡的。

因此,第二个基本条件中称"改进性质的分配规则",如果严格按照帕累托分配规则,即没办法保证"每个成员都能获得不少于不加入联盟时所获的收益",80% 的人,按照帕累托原则还是只能分到很少一部分财富。为了促成合作,不能说彻底颠覆帕累托原则,至少必须对这样的财富分配模式进行改变。

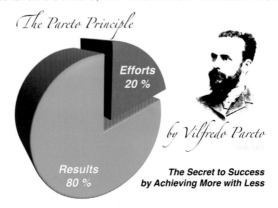

图 9-4　帕累托及帕累托效应

在合作博弈中允许参与者互相协调,从群体整体角度研究策略的选择,使得整体效用最大。合作博弈与非合作博弈的区别在于非合作博弈强调个体理性(individual rationality),而合作博弈强调集体理性(group rationality)。从另一个方面理解:存在具有约束力的合作协议的博弈就是合作博弈。

此外,非合作博弈关心的是策略,研究参与人在博弈中怎样做出决策,这是一种微观类型的理论,它涉及准确描述发生了什么;而合作博弈关心的是我们期望得到怎样的结果,往往不管过程如何,不关心该合作过程是否符合理性,人们认为合作博弈的发生主要是靠各方参与人共同达成的承诺来保证共同的得益并能够分配各方的得益。从以上的描述来看,非合作博弈和合作博弈的最大不同点在于行为层次的不同,是微观与宏观的区别,是个体和集体的区别,是信息不对称与制度设置约束的区别。

从另外一个角度分析,合作博弈与非合作博弈的重要区别在于前者强调联盟内部的信息互通和存在有约束力的可执行契约。信息互通是形成合作的首要前提和基本条件,能够促使具有共同利益的单个局中人为了相同的目标而结成联盟。

现实中由于信息交互不畅,导致无法合作的例子比比皆是。最典型的是囚徒困境博弈。

为分析问题方便,再次把囚徒困境收益展示如下(图9-5)。

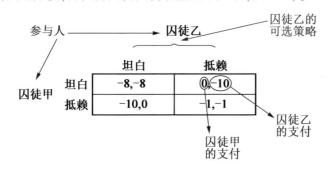

图9-5　囚徒困境收益

在囚徒困境中,甲、乙两个人最好的选择是(抵赖,抵赖),这样他们只要都坐1年牢就释放了。结果呢? 很不幸! 两个人都选择了坦白,最终都坐了8年的牢。

为什么? 由于甲、乙两个人之间被牢房隔开分别审讯,彼此不信任,因此只能自己打自己的小算盘。甲想,如果我选择抵赖,乙选择了坦白,我的收益从-1变为-10,从只需要坐1年牢变为坐10年牢,乙把我坑了;如果我选择坦白,乙选择抵赖,那我就赚了(我不需要坐牢),如果乙选择坦白,那也没关系,我坐8年牢,也总比选择抵赖坐10年牢强吧,所以"坦白"对于甲来说是个最好的选择。

同样地,乙也会做同样的思考和选择。所以到最后,甲、乙两个人都坐了8年的牢。

如果甲、乙两个人可以交流，那么两个人可能都选择抵赖，从囚徒的角度来看，也就达成了合作。

因此，信息互通是形成合作的首要前提和基本条件。但是只有信息互通，是否一定会达成合作呢？并不是的！

仍然以囚徒困境博弈为例，信息互通是实现合作的基础，但并不是有了信息互通就必然达成合作，比如甲、乙两个人口头说得好好的，到时候都选择抵赖，结果真到了审讯的时候，由于甲对乙不信任，觉得乙可能会坑他（因为如果乙不遵守约定而选择了坦白，而自己还老老实实地选择抵赖，乙就不用坐牢了，这个诱惑对乙而言太大）。

看来，信息互通并不能保证甲、乙两个人的合作，联盟能否获得净收益及如何在联盟内部分配净收益，需要有可强制执行的契约、协议来保证。这时候如果再有一个能够约束双方强制执行的契约，也就是如果甲、乙两个人约定都采取抵赖策略，不能反悔和违约，不仅仅是口头承诺。比如某一方如果反悔不去执行这个契约从而选择了坦白，另一方会威胁他"你如果坦白了，将来我出狱了会怎么样"，或者是乙先要给甲一大笔钱，如果审讯时乙不合作选择了坦白，那么将来这笔钱就归甲所有了（当然这笔钱的数额要足够大，使得乙不敢违约，也就是使得这个约定具有可执行性和可操作性）。那么两个人肯定可以达成合作。因此，除了信息互通，合作博弈需要有可强制执行的契约、协议来保证。

2023 年 10 月，"一带一路"国际合作高峰论坛在北京召开，该论坛是由我国倡导并主办的高层级、大规模多边外交活动，目的是加强共建国家合作，从而共享互利合作的成果。从博弈论角度来看，"一带一路"就是多个国家达成的一种合作博弈，大家看，在"一带一路"这样一个合作博弈中，靠什么有约束力的可执行契约来保证合作的执行呢？其实"一带一路"有一系列的法律协定，截至2023 年 6 月底，我国与 150 多个国家、30 多个国际组织签署了包括基础设施建设、经济合作、贸易发展、人文交流等一揽子共计 230 多份协议，来保证合作的执行。

因此，无论是在一个小小的囚徒困境博弈，还是在国际关系中，契约在合作达成中至关重要。再引申一点，现代社会是契约社会，时时事事讲契约，例如，婚姻关系就是一种契约，如果把婚姻看成一场合作博弈的话，结婚证就是为了促成夫妻双方在经济、生活、培养后代上的合作而签署的具有法律效用的契约。

囚徒困境中由于甲乙两人没有信息互通，更没有达成有约束力的可执行契约，因此达不成合作，最终两败俱伤。

需要强调的是,现实中的协议或契约可能是部分可强制执行,而另一部分不能强制执行。一些局中人可达成契约,另一些人却不能够达成契约。在实施过程中,其中有若干步可执行,其余的则不可执行。于是,实际生活中的博弈大多处于合作博弈与非合作博弈之间。因此,完全可以把现实中的绝大多数博弈问题看作是合作博弈与非合作博弈的混合物。

9.2　博弈中的合作问题

合作博弈的一个核心问题是,如何使得博弈的参与方能够自主地采取合作策略。针对这个问题,我们以一个典型的合作博弈模型——公共物品博弈(public goods game,PGG)为例,来讨论如何促进群体中合作行为的产生。

9.2.1　公共物品博弈

第一个问题,什么是"公共物品"(public goods)?

公共物品具有效用的不可分割性——面向整个群体提供,具有共同受益或联合消费的特点,如图 9-6 所示。公共物品的效用为一个整体,不能将其分割为若干部分,分别归属某个个体享用。

所有成员集体享用的物品,成员可以同时享用该物品,且每个人对物品的消费享用,不会减少其他成员对该物品的享用。

| 国防 | 公共安全 | 环境保护 | 天气预报 | 公共电视节目 |

图 9-6　公共物品

与公共物品相对的一个概念是私人物品。私人物品具有可叠加性,你有一个手机,有一台电脑,还有一套房子,无论多少加起来都是你的。对于公共物品,公共的就是你能享用到的,比如国防、公共安全、环境保护等,每个人享受到的都是一样的,不存在差异性,不会因为你是富人你就想用得多一些,也不会因为你是穷人你就想用得少一些。

假设有 n 个个体参加博弈,每个个体的初始财富为 x,所有个体自愿地向公共资源池中投入资源,y_i 是个体 i 的投资额度,投入公共池的资源将被乘以一个系数 αn 作为"公共物品",然后此"公共物品"将被平分给所有博弈的参与者

（无论其是否向公共资源池投资）。每个参与者获得的回报金额是投资总额乘以一个系数 α。

那么，个体 i 的总收益由 3 部分组成：其初始财富减去投资金额，再加上所得的回报。

$$\pi_i = x - y_i + \alpha \cdot \sum_{j=1}^{n} y_j \quad 0 < \alpha < 1 < n\alpha \tag{9-1}$$

注意，在这样一个模型里，无论我最初是否投入资源，最终都能获得一部分收益，都能分得一杯羹。读者想一想，这个时候我是不是干脆就不投资了？我就做一个搭便车的人（free rider）可不可以？我们先把这个疑问放在这里，接着往下看。

群体的总收益为

$$\sum_{i=1}^{n} \pi_i = nx - \sum_{j=1}^{n} y_i + n \cdot \alpha \cdot \sum_{j=1}^{n} y_j \quad 0 < \alpha < 1 < n\alpha \tag{9-2}$$

式中，系数 α 定义为边际个体回报 MPCR（marginal per capitan return），一般有 $0 < \alpha < 1 < n\alpha$。有的地方用 γ/n 取代 α，此时 $1 < \gamma < n$，道理是一样的。

那么问题来了，把个体收益和群体总收益的支付函数放在一起，假如你正在参与这场博弈，你会如何决策——要不要向公共资源池中投入资源？投多少？投得多好还是投得少好？

9.2.2 公地悲剧

博弈的目的是使得自己的收益最大，同时，在合作博弈里我们还希望联盟的整体收益也可以得到提升。

对于个体 i 而言，对其收益求投资的偏导，有

$$\frac{\partial \pi_i}{\partial y_i} = -1 + \alpha < 0 \tag{9-3}$$

个体收益随投资额度的增加而递减，那么每一个个体 i 的最优策略是使得 y_i 最小的策略，即不投资。

从另一方面看，群体的总收益对投资额求偏导，有

$$\frac{\partial \sum_{i=1}^{n} \pi_i}{\partial y_i} = -1 + n \cdot \alpha > 0 \tag{9-4}$$

群体总收益随投资额的增加而递增，故群体的最优策略是使得个体投资额 y_i 最大的策略，也就是希望每个个体投资的数量越多越好。

个体收益与群体收益之间产生不可调和的矛盾。这个矛盾在博弈论里有

个专门的名词,叫"公地悲剧"(the tragedy of the commons),如图 9-7 所示。

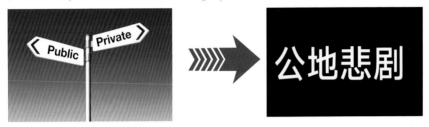

图 9-7　个体收益与群体收益之间的矛盾

9.2.3　公地悲剧案例

现实中很多问题都能找到公共物品博弈中公地悲剧的影子。

如图 9-8 所示的牧羊人中的"公地悲剧"的例子。

再比如图 9-9 所示税收中的偷税漏税问题。税收取之于民,用之于民,是国家(政府)公共财政最主要的收入形式和来源。税收主要用于国防和军队建设、国家公务员工资发放、道路交通和城市基础设施建设、科学研究、医疗卫生防疫、文化教育、救灾赈济和环境保护等领域。

图 9-8　牧羊人中的"公地悲剧"

图 9-9 税收中的"公地悲剧"

　　纳税人为了一己私利,肯定不愿意纳税,可能会偷税漏税。但是如果纳税人偷税漏税,那么国家国防和军队建设、国家公务员工资发放、道路交通和城市基础设施建设等该怎么办? 这些办不好,反过来又影响了纳税人个人生存的大环境。现在出行很方便,短途交通有共享单车,长途有高速公路,但如果税收不好,道路交通和城市基础设施建设不好,这些也是不可能有的。

　　在国防领域,如果国防建不好,就没有和平稳定的环境,老百姓也不会有好日子,正所谓"皮之不存,毛将焉附"。经典军旅歌曲《说句心里话》大家耳熟能详,歌中唱到"有国才有家,你不扛枪我不扛枪,谁来保卫祖国谁来保卫家",说的也是这个道理。

　　再比如,图 9-10 所示的无人集群作战中,无人集群的自协同,各无人平台需要对各类作战资源(通信、情报、火力等)在各作战单元间进行重新配置,以保证集群的任务完成能力和战场生存能力。以火力打击为例,无人作战单元受限于弹药装(挂)载能力,当集群共同执行火力打击任务时,对于具备独立决策能力的各理性作战单元而言,将以"搭便车"心态谨慎控制弹药发射(投放)量,以保持自身较高战斗力;再以情报侦察为例,无人平台面临"不同的侦查区域大小"、"不同的侦查科目"的选择,同样地,"搭便车"也普遍存在。然而,从集群层面看,各作战单元向集群"贡献"的火力资源越多,整体打击效能越好。两者之间的矛盾有可能引发"公地悲剧",进而给敌方目标以反击之机,甚至导致自身毁伤。如何维护合理的资源配置,避免公地悲剧,是无人集群弹性,尤其是"恢复重组"阶段,一项至关重要且亟待解决的难题。

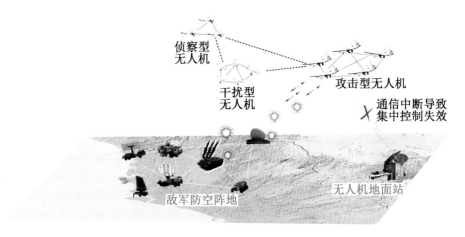

图 9-10　军事作战中的“公地悲剧”

通过公共物品建设,把可利用的资源分配给更多的人使用,实现资源利用最大化。就比如当前城市生活中的智慧公交、智慧医疗、智慧教育,等等,这些公共资源的共享,让使用者以最低的成本获得服务,极大地提升了每个人的生活品质。

因此,每个人要积极参与社会建设,人人有责、人人尽责、人人享有,不能为了一己私利做出偷税漏税、以公谋私等行为。新时代属于每一个人,每一个人都是新时代的见证者、开创者、建设者。每个人都有责任去建设一个人人有责、人人尽责、人人享有的社会治理共同体。

9.2.4　其他经典博弈中的合作问题

经典博弈中的合作问题还有很多,除了上述的公共物品博弈还有很多经典博弈模型。第一个,雪堆博弈(snowdrift game,SG),如图 9-11 所示。

图 9-11　雪堆博弈示意图

一个风雪交加的夜晚,两人相向而来被一个雪堆所阻,设铲除雪堆使道路通畅需要的代价为 c,由此给每人的好处为 b。

如果两人一起动手铲雪,则他们的收益为 $b-c/2$。

如果只有一人铲雪,虽然两个人都可以回家,但是背叛者逃避了劳动,它的收益为 b,而合作者的收益为 $b-c$。

如果两人都选择不合作,两人都被雪堆挡住而无法回家,他们的收益都为 0。据此给出表 9-1 的雪堆博弈收益矩阵。

表 9-1 雪堆博弈收益矩阵

甲		乙	
		合作	不合作
	合作	$(b-c/2,\ b-c/2)$	$(b-c,b)$
	不合作	$(b,b-c)$	$(0,0)$

一个人的最佳策略是什么?

一个人的最佳策略取决于对手的策略:如果对手选择合作,他的最佳策略是背叛;反过来,如果对手选择背叛,那么他的最佳策略是合作。合作在系统中不会消亡——至少有一个人是采取合作策略的,与因徒困境相比,合作更容易在雪堆博弈中涌现。

第二个,猎鹿博弈(stag hunt game,SHG),如图 9-12 所示。

有两个猎人,他们的猎物有两种:鹿和兔子。若一个猎人单兵作战,一天最多只能打 4 只兔子,只有两人合作才能猎获一只鹿。4 只兔子能保证一个人 4 天不挨饿,而一只鹿却能让两个人吃上 10 天。这样两个人的行为决策可以形成两个博弈结局:分别打兔子,每人得 4;合作,每人得 10。

图 9-12 猎鹿博弈示意图

猎鹿博弈的收益矩阵见表 9-2。

表 9-2　猎鹿博弈收益矩阵

		猎人A	
		猎鹿	猎兔
猎人B	猎鹿	(10,10)	(0,4)
	猎兔	(4,0)	(4,4)

猎鹿博弈的纳什均衡策略是什么?

猎鹿博弈有两个纳什均衡点:要么分别打兔子,每人吃饱 4 天;要么合作,每人吃饱 10 天。

然而,合作猎鹿的纳什均衡比分头打兔子的纳什均衡具有帕累托优势。与(4,4)相比,(10,10)不仅有整体福利改进,而且每个人都得到福利改进。

第三个是懦夫博弈(game of chicken),亦称斗鸡博弈、胆小鬼博弈,如图 9-13 所示。

图 9-13　懦夫博弈示意图

两个司机在一个可能相撞的过程中开车相向。两人都可以在相撞前转向一边而避免相撞,但这将使转向者被视为"懦夫",向前者被视为"勇士";他也可以选择继续向前——如果两个都向前,那么就会出现双双车毁人亡的局面。

若两人都向前,双方均车毁人亡,收益最低;如果一人选择转向一人选择向前,那么没有事故发生,但是转向的人会被称为"懦夫"(chicken),向前的人获得最高收益;如果两人都选择转向,那么两人都获得一个较低的收益。懦夫博弈收益矩阵见表 9-3。

表 9-3　懦夫博弈收益矩阵

司机甲/司机乙	转向	向前
转向	1,1	-2,2
向前	2,-2	-4,-4

懦夫博弈的均衡点是什么？怎么从合作的角度理解该均衡点？

不难发现，(向前,转向)是纳什均衡，类似地，(转向,向前)也是纳什均衡。即纯策略纳什均衡为一个司机向前，另一个司机转向避让。这个均衡其实是一种默契，或者说是合作。

博弈中有一点很重要，那就是如果你能判定对方一定会选择不转向，那你就一定要转向。所以，只要你能想办法让对方认为你是肯定不会转向的，那你就可以迫使对方选择转向。这时候，发出什么样的信号，让对方相信你不会转向，就成了你最需要考虑的问题。

这里有一个方法，那就是放弃自己的选择权。比如，在这个游戏中，你可以用一块布蒙住自己的眼睛。这实际上是告诉对手，你放弃"转向"这一选择。而对手知道你已经没有能力选择转向了，那么他为了不受重伤，就只能选择"转向"了。

最后一个是鹰鸽博弈(hawk-dove game)。

雄鹰凶猛好斗，从来不知道妥协。而鸽子温顺善良，避免冲突，爱好和平。哪个习性更适合生存呢？英国生物学家约翰·梅纳德·史密斯根据这两个动物的习性提出了著名的鹰鸽博弈，如图 9-14 所示。

图 9-14　鹰鸽博弈示意图

当两只鹰同时发现食物的时候，天性决定它们一定要战斗，最后会两败俱伤，所以二者的收益都是-2。当两只鸽子相遇的时候，天性要求它们共同分享食物，所以各自收益都是 1。当鹰和鸽子相遇，鸽子会逃走，鹰独得全部食物，故鹰的收益是 2,鸽子的收益是 0。鹰鸽博弈收益矩阵见表 9-4。

表 9-4　鹰鸽博弈收益矩阵

	(−2,−2)	(2,0)
	(0,2)	(1,1)

　　鹰鸽博弈的两个纯策略均衡是一只鸟成为鹰,另一只成为鸽子。这时候鹰不会愿意变成鸽子而让出一半的食物,鸽子也不会愿意变成鹰而两败俱伤。鹰鸽博弈的纯策略均衡十分类似于懦夫博弈。

　　本章围绕两部分内容展开:一是合作博弈的基本概念;二是博弈中的合作问题。难点在于公共物品博弈的掌握及博弈收益的计算。此外,对"公地悲剧"的理解是掌握公共物品博弈模型的关键。

第 10 章　合作的"蛋糕"如何切分

现代大多经济学家谈到的博弈论往往指的是非合作博弈论,很少提到合作博弈论,甚至很多博弈论教材也未曾提到合作博弈。实际上,合作博弈的出现和研究比非合作博弈要早,早在 1881 年,弗朗西斯·伊西德罗·埃奇沃斯(Francis Ysidro Edgeworth)在他的《数学心理学》一书中就已经体现了合作博弈论的思想。

博弈论是建立在人性本"恶"这个哲学信条基础上的,所谓的"恶"指的是博弈参与者总是从自私的角度出发,以扩大自己的利益为目的。而事实上,人性本恶与人性本善是两个平等的命题。我们并没有必要从伦理的角度去讨论这个"恶"是否是真的恶,我们的目的也不是为了劝"善",作为从事科学研究的人,展现客观事实是其唯一的任务。可是有时候我们并不心甘情愿地接受这一信念,比如在一个经典的囚徒困境博弈中,个人利益的最大化有可能不是集体利益的最大化(纳什最优此时远离帕累托最优)。或者当我们在博弈论课上学到的第一理论是"理智的人不选择严格劣策略"而不是"理智的人总应该为他人考虑"时,我们或多或少在心理上会有些不舒服,我们甚至会探问,为什么个体的理智不是集体的理智。这也就是合作博弈的原动机。

10.1　合作博弈的表示

在描述合作博弈的定义及其性质之前,我们首先来看一个被大家熟知的鹰鸽博弈的例子,该博弈的支付矩阵见表 10-1。

表 10-1　鹰鸽博弈收益矩阵

		参与者 2	
		鸽态	鹰态
参与者 1	鸽态	10 000,10 000	0,10 001
	鹰态	10 001,0	1,1

显然,鹰鸽博弈是一个占优策略均衡,即(鹰态,鹰态)。也就是说,无论对手采取合作的鸽态还是不合作的鹰态,博弈者只要采取鹰态不合作的策略,对于该博弈者来说总是有利的,因此,每位博弈者基于自身利益的考虑都会采取不合作的鹰态策略,而在此种均衡的情况下,每位博弈者都只会得到双方合作下的万分之一的支付。然而,如果双方能够达成一个具有约束力的协议,那么,参与博弈的每位博弈者都会采取合作的鸽态策略,并且每位博弈者各得 10 000 个单位的支付。显然,此种情况下的结果是帕累托最优的。也就是说,只要博弈双方之间存在具有约束力的协议,参与博弈各方便能够同心协力,使整体达到最优局面。

1950—1953 年,纳什发表了 4 篇有关博弈论的重要文献,文献中很清楚地对合作博弈与非合作博弈进行了界定,他所用的界定条件就是博弈者之间是否具有约束力的协议。他认为如果一个博弈当中的博弈者能够达成具有约束力的协议,那么此博弈便是一个合作博弈,反之,则称为一个非合作博弈。

10.1.1　联盟

合作博弈要求:

□　每个参与者从联盟中分配的收益正好是各种联盟形式的最大总收益;

□　每个参与者从联盟中分配到的收益不小于单独经营所得收益。

根据纳什的这一界定条件,由于合作博弈中存在具有约束力的协议,因此,每位博弈者都能够按自己的利益与其他部分的博弈者组成一个小集团,彼此合作以谋求更大的总支付。我们把这些小集团称为联盟(coalition),而由所有博弈者组成的联盟则称为大联盟(grand coalition)。

因此,对有 N 个局中人参与的博弈,$[I, v]$ 是一个 N 个人合作博弈,I 表示 N 个参与者的集合,即 $I = \{1, 2, 3, \cdots, N\}$ 或者用 $|I| = N$ 表示;S 是 I 的任意子集,表示一个联盟。

定义 10-1　联盟。设博弈的局中人集合为 $I = \{1, 2, 3, \cdots, N\}$,则对于任意 $S \subseteq I$,我们称 S 为 I 的一个联盟。这里,允许取 $S = \varnothing$ 和 $S = I$ 两种特殊情况,把 $S = I$ 称为一个大联盟。则联盟总个数为 $C_N^0 + C_N^1 + C_N^2 + \cdots + C_N^N = 2^N$。

10.1.2　效用函数

首先,在合作博弈中需要一个描述集体理性的效用函数,即特征函数(characteristic function)。效用可能具有可传递性,也可能不具有,其中具有可传递性的效用称为可传递效用/可转移效用(transferable utility),简单地说,该效用就

像货币一样,可以被瓜分,也可以在各参与人之间自由转让,此类博弈称为支付可转移的联盟型博弈。

合作博弈的特征函数是指对于每一个联盟 S(S 为 I 的任意一个子集),指定一个函数 $v(S)$,用以描述联盟 S 无须求助于 S 之外的参与人所能得到的可传递效用的总量,刻画了联盟 S 的效益。

定义 10-2　合作博弈。给定一个有限的参与人集合 I,合作博弈用一个有序数对 $[I,v]$ 刻画,其中 v 是从 $2^N = \{S \mid S \subseteq I\}$ 到实数集 R^N 的映射,即 $[I,v]:2^N \to R^N$,且 $v(\varnothing) = 0$。

10.1.3　结合力与超可加

为了确保每位博弈者都愿意组成总联盟,合作博弈一般要求支付可转移的联盟型博弈是有结合力的。

定义 10-3　结合力。一个支付可转移的联盟型博弈 $[I,v]$ 是有结合力的(cohesive),当且仅当,对于集合 I 的每个分割物(parittion),即 $\{S_1, S_2, \cdots, S_m\}$,且 $\cap_{j=1}^{m} S_j = \varnothing$,以下的关系式都成立:

$$v(I) \geqslant \sum_{j=1}^{m} v(S_j)$$

即在一个具有结合力的支付可转移的联盟型博弈中,如果把总联盟 I 分割成 m 个不相交的小联盟,那么,这 m 个小联盟的收益总量是绝不会大于总联盟的收益的,总联盟的收益必然是帕累托最优的。这说明通过联盟创造了新的合作剩余,联盟有意义,但是这种联盟能否维持,取决于如何分配合作剩余,使每个参与人的支付都有所改善,该部分将在下一节效益分配中详细讨论。

进一步地,为了使得每位博弈者都有更大的意愿组成总联盟,合作博弈会要求博弈具有超可加性(super-additivity)或者超可加的(supper-additive)。

定义 10-4　可加性。在一个支付可转移的联盟型博弈 $[I,v]$ 中,如果对于任意的 $S,T \in 2^N$,且 $S \cap T = \varnothing$(也可表述为 $S \cap T = \varnothing$,$v(\varnothing) = 0$),有 $v(S) + v(T) \leqslant v(S \cup T)$,那么称该合作博弈 $[I,v]$ 是超可加的;若 $v(S) + v(T) \equiv v(S \cup T)$ 称合作博弈 $[I,v]$ 是可加的(additive);若 $v(S) + v(T) \geqslant v(S \cup T)$ 称合作博弈 $[I,v]$ 是次可加的(sub-additive)。

即在一个超可加的支付可转移的联盟型博弈中,如果把总联盟 I 分成任意两个不相交的小联盟,那么小联盟的收益总量是绝不会大于总联盟的收益的。如果把从总联盟中分出来的任何一个小联盟再分成两个不相交的更小的联盟,那么,这两个更小的联盟的收益总量是不会大于该小联盟的收益的。博弈只有满足超可加性,才有形成新联盟的必要性,否则,如果一个合作博弈不满足超可加性,那么,其成员没有动机形成联盟。

如果一个支付可转移的联盟型博弈是超可加的,那么它肯定是具有结合力的,但一个有结合力的支付可转移的联盟型博弈却不一定是超可加的。

10.2 合作博弈的效益分配

合作博弈中博弈双方的利益都有所增加,或者至少是一方的利益有所增加,而另一方的利益不受损害。合作博弈研究人们达成合作时如何分配合作得到的收益,即收益分配问题。合作博弈采取的是一种合作的方式,合作之所以能够增进双方的收益,就是因为合作博弈能够产生一种合作剩余。至于合作剩余在博弈各方之间如何分配,取决于博弈各方的力量对比和制度设计。因此,合作剩余的分配既是合作的结果,又是达成合作的条件。

10.2.1 分配

所谓分配就是博弈的一个 N 维向量集合,之所以是 N 维向量,是由于每个参与人都要得到相应的分配。N 维的分配向量称为博弈的"解"。

定义 10-5 分配。对于合作博弈 $[I,v]$,对于每个参与人 $i \in I$,给予一个实值参数 x_i,形成 N 维向量 $\boldsymbol{x} = (x_1, x_2, \cdots, x_N)$ 且满足:

$$\begin{cases} x_i \geqslant v(i) \\ \sum_{i=1}^{N} x_i = v(I) \end{cases} \tag{10-2}$$

则称 $\boldsymbol{x}$ 是联盟 I 的一个分配方案。

一个能为所有博弈者接受的支付向量必定既符合联盟的整体理性,又符合每位参与联盟的博弈者的个体理性。

分配的定义中,$x_i \geqslant v(i)$ 是基于个人理性,合作中的收益不能小于非合作中的收益,反映了参与人的参与约束。如果 $x_i < v(i)$,那么,参与人 i 是不可能参加联盟的。

$\sum_{i=1}^{n} x_i = v(I)$ 是基于集体理性的,每个参与人的分配之和不能超过集体收益 $v(I)$。另外,若 $v(I)$ 没有全部被分配,显然 $\boldsymbol{x}$ 不是一个帕累托最优的分配方案,不会被参与人所接受。

大联盟结构是指合作博弈的所有参与者在一个联盟内。N 个人合作博弈 $[I,v]$ 中,参与者 i 从 N 个人大联盟合作博弈所获得的收益 $v(i)$ 应当满足以下 3 条基本原则:

☐ 对称性原则。参与者所获得的分配与其在集合中的排序位置无关。

☐ 有效性原则。若参与者对他所参与的任一合作都无贡献,则其分配应当为 0;所有的联盟收入完全分配给其中的参与者。

☐ 可加性原则。N 个人同时进行两项互不影响的合作,则两项合作的分配也应互不影响。

10.2.2 核心

在讲"核心"(core)概念时,先从一个简单的例子入手。A、B、C 3 个人进行一个生产工作,如果三个人各自独立工作,那么他们每个人的产量都是 0;如果 A 和 B 进行合作,那么 A 和 B 能生产 2 个;如果 A 和 C 合作,或者 B 和 C 合作,那么 A 和 C 能生产 4 个,或者 B 和 C 生产 4 个;如果 3 个人一起合作那么他们能生产 10 个。然后假设每个产品等于 1 元钱,并把总收入分配奖励给 3 个人——支付可转移。

显而易见,这个博弈是有结合力的,并且也是超可加的。于是,对于一个超可加的博弈,3 个人的总合作才能优化参与者的总得益。但是如果我们做这样一个奖励分配,即给 A 0 元,B 10 元,C 0 元,那么 3 个人的合作将无法继续,因为 A、C 可以脱离 3 人总合作,并建立一个两人的新合作,继而得到一个比原先要大的分配总和。同样地,我们发现 A 和 B 各 1.5 元,而 C 为 7 元这样一个分配也不能维持 3 个的总合作。

于是就有了核心的概念——所有能使总合作稳定的分配的集合就被称为核心。如果一个联盟结构能使得所有参与者都不能从联盟重组中获益,这个联盟结构就是这个合作博弈的核。也就是说在这种联盟结构中所有的参与者都没有改变目前结构的动力。核心中的任意一个分配都不导致参与者组合脱离总合作,因为建立一个新的合作并不能使得参与者组合获得更大的益处。但是有时候,核心可能是空集,这就导致了总合作的破裂。

分配方案显然不是一个,而是多个,多个分配方案形成一个分配集合 $E(v)$。尽管 $E(v)$ 中有多个分配方案,但实际上,有许多分配方案是不会被执行的,或者不可能被参与人所接受的。很显然,联盟的每一个成员都不偏好于劣分配方案,因此,真实可行的分配方案应该剔除劣分配方案。

在一个 N 个人合作博弈 $[I, v]$ 中,全体优分配方案形成的集合即为核心,记为 $C(v)$,显然有 $C(v) \subseteq E(v)$。一般来说,核心是一个集合,其可能结果是无穷集、唯一集和空集。

定义 10-6　核心。一个支付可转移联盟博弈的核心 $C(v)$ 是一个集合,其中包含所有能满足以下两个条件的支付向量：

$$\begin{cases} \sum_{i=1}^{s} x_i \geq v(S), |S| = s, \forall S \subset I \\ \sum_{i=1}^{N} x_i = v(I) \end{cases} \tag{10-3}$$

根据定义 10-6，核心不仅要满足集合 I 中每个小联盟 S 的"理性"，还要满足整体理性。

在小联盟"理性"层面，对于 I 中的任意一个小联盟 S，当前分配方案 $\sum_{i=1}^{s} x_i$ 优于(至少不劣于)任何其他分配方案 $v(S)$。否则，联盟 S 的成员的整体支付便没有进行最优化，也就是说，只要通过脱离总联盟，然后成立新的联盟 S，那么新联盟 S 的成员便能够瓜分一个比他们现有的分配总和大的价值。还可以这样理解：如果合作博弈的一个可行分配 x 不在核心中，那就存在一个联盟 S，该联盟中的参与人可以通过更好的合作，并在他们之间分配价值 $v(S)$，使得该分配结果严格优于 S。

在整体理性层面，每个参与人的分配之和要等于集体收益 $v(I)$，若 $v(I)$ 没有全部被分配，显然 x 不是一个帕累托最优的分配方案，不会被参与人所接受。

在合作博弈中，用核心代替分配具有明显的优势，即 $C(v)$ 的稳定性。对于 $C(v)$ 中的每一个分配方案，每个联盟都没有反对意见，都没有更好的分配方案，每个分配方案都可以得到执行。不过，用 $C(v)$ 代替 $E(v)$ 也有致命的缺陷，即 $C(v)$ 可能是空集，而 $E(v) \neq \varnothing$。

对于 N 个人的联盟博弈，核心 $C(v)$ 非空的充分必要条件是线性规划 P 有解。

$$P \quad \min \sum_{i=1}^{N} x_i \leq v(I)$$

$$\text{s.t.} \begin{cases} \sum_{i \in S} x_i \geq v(S), |S| = s, \forall S \subset I \\ \sum_{i=1}^{N} x_i = v(I) \end{cases} \tag{10-4}$$

上述形式化表达式的直观意义很明显，线性规划 P 若有解，则最优解一定属于 $C(v)$；若 $C(v) \neq \varnothing$，则 $C(v)$ 中的每个向量都是可行解，线性规划 P 有最优解。

定义 10-7 核仁。为评估 S 对 x 的满意性，定义一个如下被称作超出或盈余的核仁概念：

$$e(S, x) = v(S) - \sum_{i \in S} x_i \tag{10-5}$$

$e(S, x)$ 的大小反映了 S 对 x 的满意性。$e(S, x)$ 越大，S 对 x 越不满意，因为 S 中所有参与人的分配之和远没有达到其所创造的合作剩余 $v(S)$；$e(S, x)$ 越

小,S 对 x 越满意,当 $e(S,x)$ 为负值时,S 中所有参与人不但分配了其所创造的合作剩余 $v(S)$,还分配了其他联盟所创造的价值。

10.2.3 夏普里值

根据前面的分析,我们知道博弈的核心可能是空集,而且如果不是空集,核心分配也很可能不唯一。合作博弈的核心可能是空集或非常之大,这限制了核心作为合作博弈的解的应用。我们希望导出一个具有普遍意义的解的概念,夏普里值是其中重要的解的概念之一。

夏普里(L. S. Shapley)提出了一种分配方式,根据他的理论求得的联盟者的先验实力被称为夏普里值(Shapley Value)。如图 10-1 所示为夏普里照片。

夏普里值是这样的一个值:在各种可能的联盟组合下,参与者对联盟的边际贡献之和除以各种可能的联盟组合。

图 10-1 夏普里照片

考虑这样一个联盟博弈:有一个 3 个人财产分配问题:假定财产为 100 万元,这 100 万在 3 个人之间进行分配。A 拥有 50% 的决定权,B 拥有 40% 的决定权,C 拥有 10% 的决定权。规定,当某个分配方案获得超过 50% 的决定权时,三个人才能获得整个财产,否则 3 个人将一无所获。此时该如何分配?

在财产分配问题上,我们可以写出各种可能的联盟顺序。而边际贡献就在于在这个顺序中谁是这个联盟的"关键加入者"。

那么,如何计算边际贡献呢?夏普里给出了表 10-2 展示的计算形式。

表 10-2　各种排列下的关键加入者

次序	ABC	ACB	BAC	BCA	CAB	CBA
关键加入者	B	C	A	A	A	A
备注	若由 A 首先提出某个分配方案，B 和 C 都是关键加入者，即 B 和 C 决定了能否获得超过 50% 的决定权		若由 B 首先提出某个分配方案，A 是关键加入者		若由 C 首先提出某个分配方案，A 是关键加入者	
			无论是 B 还是 C 作为分配方案的提出者，A 都必然是关键加入者，因为只有 A 的加入才能使得获得超过 50% 的决定权			

由表 10-2 得出 A、B、C 的夏普里值分别是

$$\varphi_A = \frac{4}{6}, \varphi_B = \frac{1}{6}, \varphi_C = \frac{1}{6} \tag{10-6}$$

夏普里值是先验实力的一种度量，可以根据夏普里值来分配财产。根据夏普里值可将财产划分如下：A 分得 2/3，B 分得 1/6，C 分得 1/6（单位：百万元）。

根据夏普里值的定义，所有排列的顺序是等可能的。而在每一个排列下，每个参与者对这个排列的联盟有一个边际贡献，因此夏普里值反映的是参与者的权利。

夏普里值的计算公式如下

$$\varphi_i(V) = \sum_{|S| \subseteq N, i \in S} \frac{(|S|-1)!(N-|S|)!}{N!} (v(S) - v(S \backslash \{i\})) \tag{10-7}$$

$\varphi_i(V)$ 是每个参与者 i 应当分配的收益。式(10-7)首先罗列出所有包含参与者 i 的联盟，然后分别计算参与者 i 对这些联盟的贡献，最后进行加和。

$(|S|-1)!(N-|S|)!/N!$ 表示参与者 i 加入联盟 $S \backslash \{i\}$ 的概率。其中分母表示 N 个参与人的排列种数，分子表示联盟 $S \backslash \{i\}$ 中，前 $|S|-1$ 个成员进入联盟的排列种数，然后参与者 i 进入，再乘上后面 $N-|S|$ 个成员进入联盟的排列种数。考虑大联盟的形成顺序，每一个人加入联盟的顺序不同，就给定参与者 i 而言，之前有多少人参与，对应几种可能性，之后又有多少人参与，对应了多少种可能性。时机选择关系到参与人的分配。$v(S) - v(S \backslash \{i\})$ 则用于衡量参与者 i 对联盟的贡献。

如果说纳什均衡是非合作博弈的核心的话，夏普里值就是合作博弈的核心，这个公式堪称合作博弈中的纳什均衡。基于夏普里值的分配方式是合作博

弈中常用的分配方式,其原则就是所得与自己的贡献相等。

考虑下面一个案例:

某甲(农民)有一块土地,若从事农业生产可收入 100 元,若将土地租给某乙(企业家)用于工业生产可收入 200 元,若租给某丙(旅店老板)开发旅游业,可收入 300 元,当旅店老板请企业家参与经营时,收入可达 400 元,为促进最高收入的实现,应如何分配个人所得。

此问题用夏普里值法进行分配求解,应分 3 步求解:首先,考虑甲、乙合作时各自的收入;其次,考虑甲、丙合作时各自的收入;最后是甲、乙、丙合作,计算 3 个人各自的收入。

(1)甲、乙合作,$I_1 = \{1,2\}$,$v_1(1) = 100$;$v_1(2) = 0$;$v_1(1 \cup 2) = 200$,即有表 10-3 所示的结果。

表 10-3　甲乙合作问题中甲的分配

包含甲的联盟	S	1	$1 \cup 2$
联盟效益	$v_1(S)$	100	200
剔除甲后联盟效益	$v_1(S \backslash 1)$	0	0
甲的边际贡献	$v_1(S) - v_1(S \backslash 1)$	100	200
该联盟的成员个数	$|S|$	1	2
甲乙合作中参与人个数	N	2	
权重系数	$(|S|-1)! \ (N-|S|)! \ /N!$	1/2	1/2
甲在单个联盟中的贡献值	$(|S|-1)! \ (N-|S|)! \ /N! \cdot (v(S) - v(S \backslash \{i\}))$	50	100
夏普里值	$\sum$	50+100 = 150	

结果是甲得 150 元,乙得 200 - 150 = 50 元。此方案的效益分配为 $X_1 = (150, 50, 0)$。

(2)甲、丙合作记 $I_2 = \{1,3\}$,$v_2(1) = 100$;$v_2(3) = 0$;$v_2(1 \cup 3) = 300$,同理可得此方案的效益分配为 $X_2 = (200, 0, 100)$。

(3)甲、乙、丙 3 个人合作,记 $I_3 = \{1,2,3\}$,$v_3(1) = 100$;$v_3(2) = 0$;$v_3(3) = 0$;$v_3(1 \cup 2) = 200$;$v_3(1 \cup 3) = 300$;$v_3(1 \cup 2 \cup 3) = 400$,则甲、乙、丙合作问题中甲、乙的分配分别见表 10-4 和表 10-5。

表 10-4　甲、乙、丙合作问题中甲的分配

包含甲的联盟 S	1	1∪2	1∪3	1∪2∪3
联盟效益 $v_1(S)$	100	200	300	400
剔除甲后联盟效益	0	0	0	0
甲的边际贡献	100	200	300	400
该联盟的成员个数	1	2	2	3
甲、乙、丙合作中参与人个数 N		3		
权重系数 $(\lvert S\rvert-1)!(N-\lvert S\rvert)!/N!$	2/6	1/6	1/6	2/6
甲在单个联盟中的贡献值 $(\lvert S\rvert-1)!(N-\lvert S\rvert)!/N! \cdot (v(S)-v(S\setminus\{i\}))$	100×2/6	200×1/6	300×1/6	400×2/6
夏普里值 $\sum$		250		

表10-5 甲、乙、丙合作问题中乙的分配

包含甲的联盟	2	1∪2	2∪3	1∪2∪3
联盟效益 $v_2(S)$	0	200	0	400
剔除乙后联盟效益 $v_2(S\backslash 2)$	0	100	0	300
甲的边际贡献 $v_2(S)-v_2(S\backslash 2)$	0	100	0	100
该联盟的成员个数 $|S|$	1	2	2	3
甲、乙、丙合作中参与人个数 N		3		
权重系数	2/6	1/6	1/6	2/6
甲在单个联盟中的贡献值	0×2/6	100×1/6	0×1/6	100×2/6
夏普里值		50		

则丙的夏普里值为 4−250−50 = 100,此方案的效益分配为 $X_3 =$ (250,50, 100)。

10.2.4　班扎夫权利指数

班扎夫权力指数是由法律专家班扎夫(图 10-2)于 1965 年提出的。班扎夫权力指数是指在投票中,当各投票者本身所拥有的票力使得自身均不能单独成为使得提案通过时,各投票者没有绝对的表决权。但是,他们之间可以形成获胜联盟使得提案获得通过。此时,各投票者的权力体现在投票者能够与其他投票者建立联盟上。即投票者的权力体现在其能通过自己加入一个要失败的联盟而使得这个联盟获胜,这也意味着其能通过背弃一个本来要胜利的联盟而使得原联盟失败。也就是说,该投票者是这个联盟的"关键加入者"。

图 10-2　班扎夫

班扎夫权力指数简称权力指数,是指所有可能依次投票的排列中,某参与者作为关键加入者(某一参与者是否加入决定能否形成获胜联盟)加入形成获胜联盟(持有相似观点的、使某方案顺利通过的参与者组合体)的概率。每个参与者的权力指数就是其作为不可或缺的"关键加入者"加入某个联盟使其获得胜利的联盟的个数。

考虑这样一个例子。有 A、B、C 3 个人,A 有 2 票,B、C 各有 1 票,这 3 个人组成一个群体,对某项议题进行投票,假设此时赢的规则服从"大多数"规则,即获得 3 票,议题通过。问他们各自的权利有多大?

对各自的权力指数进行分析时,起作用的是获胜联盟的"关键加入者"。对于该问题,获胜的联盟有:AB、AC、ABC。对于这 3 个可能获胜的联盟而言,A 在 AB、AC、ABC 中均是关键加入者,所以他的权力指数是 3;对于 B 而言,他是联盟 AB 的关键加入者,因此他的权力指数为 1;对于 C 而言,他与 B 一样只是其中一个联盟的关键加入者,即联盟 AC,他的权力指数也为 1。因此 A、B、C 的权

力指数之比为:3:1:1。

有一个幽默的故事。同事经常与一有"妻管严"的丈夫开玩笑,同事逗他:"你家里谁拿主意?""妻管严"笑着说:"一半一半。"同事问他:"一半一半是什么意思?"他说:"当意见不一致的时候听老婆的,当意见一致的时候听我的。"众人哈哈大笑。

如果用权力指数来分析这个故事,获胜联盟有两个:妻子–丈夫;妻子。在这两个联盟中,妻子是这两个联盟的关键加入者,即她的权力指数为2。丈夫不是任何关键联盟的加入者,他的权力指数为0。

由上面两个例子可见,权力指数和票数不是一回事,票数只是一个虚假的指标而已。在设计具体的投票制度时票数的分配要考虑权力指数。合理的选举制度应当是:票数的安排要使得权力指数与人数成一个大致相同的比例。这才能使得选举具有民主性。

10.3　从非合作博弈到合作博弈的时代转向

人类对合作与冲突的研究有着深厚的历史传统。修昔底德对于古希腊城邦雅典、斯巴达战争冲突的研究,奠定了大国冲突关系研究的理论基础。马基雅维利对权力和均势状态的研究,反映出国家间博弈的理论雏形。现代经济学家在自由主义经济思想驱使下,从非合作博弈角度进行了很多研究。

20世纪40年代,冯·诺依曼与摩根斯坦正式提出了合作博弈的概念。20世纪50年代,夏普里提出的夏普值,它是在理性人假设下,根据联盟中各局中人为联盟提供的边际贡献,对局中人的收益进行合理分配,达到个体理性与集体理性的均衡。20世纪60至90年代,关于博弈论的理论研究成果大量问世,衍生出完全合作博弈、不完全合作博弈,静态合作博弈、动态合作博弈等理论成果。

纵观合作博弈理论发展与成熟的过程,恰好与全球局势从冷战时期两大阵营冲突对抗走向冷战后全球化、多极化的历史发展轨迹相吻合。当前,世界经济结构步入深度调整时期,互联网技术进步使信息交流互动更为频繁。在此时代背景下,全球范围内对于有效合作机制的强烈需求,正推动着理论研究和建设实践从非合作博弈到合作博弈的转向。

对于我国而言,重视合作博弈既源于社会主义建设实践的经验总结,也符合加快经济社会转型升级,扩大对外开放的现实需要。改革开放以后,我国制造业企业逐步参与国际分工,出口贸易持续增加的同时不断遭到国外政府的反倾销调查,如何在国际政治经济博弈中,保障我国企业的经济权益,成为合作博弈必须关注的问题。

2013 年 3 月,习近平总书记在莫斯科国际关系学院发表重要演讲,指出"这个世界,各国相互联系、相互依存的程度空前加深,人类生活在同一个地球村里,生活在历史和现实交汇的同一个时空里,越来越成为你中有我、我中有你的命运共同体"。人类命运共同体理念体现了中国与世界各国合作共赢的"全球观",为世界提供一份思考人类前途的"中国方案"。党的十八届五中全会提出的五大发展理念中,协调、开放、共享发展理念均体现着合作博弈强调互信互利、实现公平分配的基本方向。

可见,理论研究和实践经验,以及国内外的历史传统和现实需求,都决定了非合作博弈到合作博弈的转向,合作博弈逐渐在国际国内社会发挥着不可或缺的关键作用。下文给出一些全球治理中的合作博弈案例。

10.3.1　全球环境气候治理合作

全球化时代的环境治理是当代国际治理中重要的一部分,也是国际治理体系的重要组成部分。不同于以往的单一地区、国家内部的环境治理,近些年来,全球环境治理更加强调国际合作。这样一种合作治理体系主要是指处于不同发展程度的国家,包括不同发达国家、发展中国家在内,以及联合国环境署和其他非国家行为体按照国际环境法的规则、制度和价值规范,在人类生存品质和代际公平、资源和经济协调发展、主权和环境干预等方面进行多元合作竞争的复杂博弈状态。

随着全球化的推进,以及从环境问题的联动性上来看,跳出国家限制寻求国际上的合作已经成为环境治理的必然选择。环境作为一个特殊的治理主体,其更多的还具有整体性、跨国性和长期性等特点,也正因如此,当环境治理的受益范围或影响范围涉及多个主权国家甚至全球的时候,就不能简单地依靠单一国家的努力去采取治理手段。

环境治理具有的公共物品属性的非排他性,使其一旦被提供就能被包含在其中所有个体享有,即一旦有国家主动参与到全球环境治理的行动中,就会让其他未参与国家无条件地从气候治理、河流治理等方面获益。正是这样的原因,"搭便车"行为一直广泛存在于国际环境治理尤其是气候治理当中,这也降低了原本参与环境治理的国家的积极性,并使全球性的环境治理行动或条约经常会面对难以形成统一协定,或止步不前的局面。

在国际环境治理中,对单一国家来说,利益最大化的选择即为不参与合作

治理,但是如果各国都选择非合作则会导致环境问题愈演愈烈,没有任何一个国家可以从中获益。为了促进跨国界环境治理的有效实行,在国际环境治理的问题上应采取合作博弈的形式使各国参与其中,即需要形成一个包含主要参与国的联盟。联盟的存在不仅为环境治理提供所需遵循的条约,也对成员国起到了一定的监督制约作用,以防止成员国为了追求自身的利益而背叛合作机制。

以 2015 年 12 月 12 日在巴黎气候变化大会上通过的《巴黎协定》为例,《巴黎协定》是历史上第一份涵盖了近 200 个国家和地区的协定,对全球联合管治环境气候具有里程碑意义。这一协定共有包括任务目标、损失损害、资金、技术、盘点机制等内容在内的 29 个条目,已于 2016 年 4 月 22 日至 2017 年 4 月 21 日开放签署,已收到了 175 个国家的签署。与此前的《京都议定书》一样,《巴黎协定》也要求至少要有 55 个参与国签署,且其温室气体排放量占全球排放量的 55%以上才能使协定生效。

《巴黎协定》是继 2005 年签订的《京都议定书》之后在联合国气候变化公约下达成的第二份减排协定,但二者的实现途径却存在着本质区别。此前《京都议定书》中所规定的各国减排任务,实则上是一种自上而下的减排量强制性分配,而《巴黎协定》对各国减排任务的分配是一种自下而上的"国家自主贡献"。即以不同国家国情、能力为基础,根据共同但有区别的责任,由国家自主决定的方式实现减排任务。这种方式有效回避了《京都议定书》确定的自上而下任务中存在的发达国家、发展中国家不平等问题,在一定程度上增强了发达国家的积极性。而每 5 年一次的盘点机制也对各国起到了约束作用,进一步确保长期目标的实现。

《巴黎协定》相较于《京都议定书》具有更好可行性的主要原因在于,其有效地实现了参与各国间的合作共赢的机制,既充分考虑到了不同发展阶段国家应对气候变化能力水平的不同,也充分意识到了只让发达国家承担责任的"一刀切"行为的不合理性,达成了一种最大限度照顾各方关切的微妙平衡。而定期的盘点实则使这场全球范围的合作博弈成为了一种长效的重复博弈机制,同时也对各国起到敦促和监督作用。

10.3.2 东盟—俄罗斯:对话伙伴关系

随着 1999 年柬埔寨加入东盟,到现在东盟共有包括马来西亚、印度尼西亚、泰国、菲律宾、新加坡、文莱、越南、老挝、缅甸和柬埔寨在内的十个成员国,总人口超过 5 亿,使其毫无疑问成为世界上具有影响力的区域性国家联盟。尽管如此,东盟在发展过程中还是存在着不少内部、外部挑战,其中对东盟各国产生直接和间接的威胁来源主要是东南亚内部和亚太地区。有专家指出,俄罗斯虽不能对东盟的发展构成直接的外部威胁,但其仍是欧洲乃至世界强国,因此会对东南亚的局势产生一定影响。东盟在构建东南亚力量平衡战略时也应将俄罗斯的作用考虑在内。

东盟与俄罗斯的关系从 1993 年俄罗斯向东盟表达了建立关系的愿望后得以发展,随后东盟各成员国也一致认同俄罗斯的重要战略伙伴地位,并于 1994 年赋予俄罗斯东盟协商对话伙伴身份,1996 年俄罗斯正式进入东盟全面对话国行列。不过随着亚洲金融危机的爆发,俄罗斯和东盟之间的对话陷入了停滞。直至普京出任俄罗斯领导人,推出了 21 世纪俄罗斯亚太政策构想并付诸实践,这为双方的进一步合作提供了基础。2010、2016 年又分别召开了第二、第三次东盟—俄罗斯峰会。俄罗斯总统普京在第三届峰会上提出要加强与东盟成员国的经济合作,联合寻找打击国际恐怖组织、跨国犯罪等问题的新途径;协调东盟、欧亚经济联盟、上海合作组织和"一带一路"几大区域合作机制也是该峰会的一大主题。

各国之间的相互关系是国家对外决策的体现,而外部环境是一国做出对外决策时要考虑的重要因素,因此国家对外决策的制定本质就是博弈的过程。俄罗斯与东盟成员国之间的关系就是一种典型的合作博弈关系,双方通过开展务实合作取得了多方面的成果。二者不仅提高了政治互信水平、增强了安全领域的合作,经济贸易领域得到了有序的合作发展,社会文化交流也得到了稳步发展。俄罗斯与东盟之间通过签署一系列的条约、协议使双方合作博弈的关系进一步明确。主要表现在俄罗斯加入《东南亚友好合作条约》,这一条约对双方关系起到约束作用。此外,俄罗斯、东盟各成员国作为理性的个体,彼此之间存在着潜在相互的利益关系,为双方合作提供了基础。

通过合作的开展,俄罗斯、东盟双方也为各自带来了收益。对于俄罗斯来说,与东盟合作关系的建立扩大了其自身在东南亚地区的影响力,也为平衡大国关系建立更多的渠道;提升俄罗斯在东南亚地区的国家形象;拓展海外市场,为俄罗斯能源、粮食等主要出口商品赢得更多的海外商机。而对于东盟而言,加强与俄罗斯的合作有助于提高东盟在国际舞台的影响;稳固东南亚地区秩序,平衡大国关系;加强国际贸易往来、深化能源合作。

10.3.3 国际金融监管合作

金融市场发展至今,其深度和广度同时在不断地扩展,其不仅是一国经济的重要影响因素,也是推动世界经济发展的主导因素。而金融市场自由化改

革、外汇管制的放松、科技的进步等方面的变化,也使金融活动的地域限制及从事国际金融活动的成本大大降低,国际金融市场的联系得以更加密切,朝着国际金融市场一体化方向进一步发展。

但是,金融市场全球化的发展不仅仅促进了世界经济的繁荣,各国金融市场的紧密相连也导致了金融风险在全球范围内的扩张,一旦有金融危机出现必定会引起群体效应,波及更多的国家。正是国际金融市场的这种联动性,加剧了国际金融监管的难度,也对各国金融监管合作提出了新的要求。在国际性质的金融监管组织出现之前,国际金融市场的监管存在着明显的国别化和分散化,监管体制的一体化难以实现。由于不同国家对金融行为的监管强度不同、政策不同,不可避免地会导致监管套利等行为的存在。各国政府推行监管竞争缺乏合作,追求国家的监管独立权和自由裁量权,从而引发了一系列的严重后果。

以国际合作、世界经济协调发展为前提,1945 年 12 月生效的《布雷顿森林协定》建立起美元黄金挂钩、成员国货币和美元挂钩、实行可调整的汇率制度。这一制度的建立为结束当时混乱的国际金融秩序、推动国际贸易和世界经济增长创造了有利条件。尽管布雷顿森林体系在 1971 年随着美国对金本位制的放弃而崩溃,但是其在维护国际金融秩序中具有的正面意义不容否定,尤其是在布雷顿森林会议中建立的国际货币基金组织和世界银行现在仍在国际金融市场中发挥着重要的作用。

布雷顿森林会议可以被看作是国际金融市场的一次重要合作,它具有的意义以及产生的影响主要表现在:国际货币制度所包含的规则和执行、维护的手段第一次通过世界性的协定形式被明确地规定。布雷顿森林会议所取得的各国间的协调一致,不仅反映了各国的需求,维护了各国的共同利益,同时,这一协定的达成也表现出各国为了达成合作、适应全球经济发展的需要,在一定程度上牺牲了本国监管独立权、经济主权。而通过布雷顿森林体系存在的几十年可以看出,各国为合作所做出的努力也确实促进了全球经济复苏、国际贸易增长、全球金融市场的流通。

在布雷顿森林体系崩溃之后,各国并没有放弃对国际金融监管合作的追求。1974 年巴塞尔委员会作为国际清算银行的正式机构得以成立,委员会制定并更新了《巴塞尔协议》,该协议有助于各国调整和制定银行监管的相关内容,使各国银行业监管标准趋于一致,更好地促进了国际银行业监管的合作。此外,1983 年成立的国际证券事务监察委员会、1994 年成立的国际保险监督官协会,分别负责证券业、保险业的国际监管协调和标准制定,形成了相应的国际监管体系。而 2008 年金融危机爆发之后在 G7 金融稳定论坛基础上扩展的包括了所有 G20 成员国的金融稳定理事会正式成立,并成为国际金融监管的核心组织,负责全球金融监管事务,以促进全球金融稳定为主要目标,制定和实施相关监管政策。

通过对 70 余年以来的国际金融监管合作的回顾可以看出,由于国家间的金融流通是不可隔断的,在这种背景下,国际金融监管合作是各国在金融市场监管博弈中的最优选择。通过建立起全球化的监管体系,对各国形成强制性的约束,明确国际监管的统一标准,不仅有利于各国金融市场的和谐发展,也可以使国际金融市场达到一个稳定的状态。反之,若各国对监管都保持着不合作的态度,那么国家间的监管竞争就会一直存在下去,各方只为自身利益考虑,而背弃"人类命运共同体"这一社会发展的必然趋势。

10.3.4　合作博弈的中国借鉴

上述合作博弈的经验已经表明,对利益目标的基本共识是合作博弈的基础,以互信机制和公平分配机制为主体的博弈组织架构是实现合作博弈的制度结构。在我国的经济社会发展和对外开放进程中,合作博弈有助于社会治理水平的提升,也有助于新型大国关系的构建。为了在冲突与竞争中进一步加深合作,合作博弈理论与实践对当前我国的启示主要有以下 4 个方面。

1. 构建有效的合作博弈组织架构

"一带一路"倡议就是一种典型的合作博弈组织架构。有约束力的协议是合作博弈区别于非合作博弈的根本特征。具体而言,一种新的制度供给如果能够有效运转起来,首先,其必须比旧的博弈制度提供给博弈参与者更多的利益。其次,合作博弈的组织架构必须审慎对待参与者"搭便车"的程度,防止在触及参与者各方利益矛盾时,"搭便车"动机削弱组织架构解决危机的能力。最后,要经过充分沟通与博弈建立起合作"剩余"的公平分配机制,形成完整的合作博弈组织框架。

2. 倡导形成积极的合作文化

积极的合作文化是内化在各个博弈参与者个人行动和相互交往中的合作行为倾向。这种行为倾向是可选择的、可建构的,能够对博弈中信任机制的达成起到事半功倍的效果。通过博弈参与者在博弈前积极地进行信息沟通,加深各方了解,并且有意识地加强融洽的合作氛围,可以在一定时期内形成积极的合作文化。中国作为合作文化的积极倡导者,在全球范围内提出"人类命运共同体"的合作理念,正是营造积极的合作文化的具体表现。积极的合作文化一

且形成,可以使自发的合作博弈导向一种自觉的合作结果。在国际国内的合作博弈领域,政府对内对外都应通过法律法规、政策制定、新闻传播等手段,倡导积极的合作文化。

3.增强博弈各方的利益相关度

加深合作的深度和广度,有助于博弈参与者更多地的倾向于合作博弈。中俄、中美贸易中,跨国能源合作与跨国企业的发展让各国经济利益高度一体化,人才、技术、资本等要素跨区域流动正促进各国多方位、多领域的相互依存。因此,有意识地增强博弈参与者的利益相关程度,有利于在单一领域的合作博弈的实现,而单一领域长期多次博弈也有助于博弈参与者注重更长远利益,选择合作而非竞争对抗的策略。我国长期坚持对外开放的基本国策,实行"走出去"的经贸发展战略,能够增强博弈参与者的利益相关度。在国内经济社会发展中,增强博弈参与者利益相关度的策略应注意区分政府、企业、社会各主体的利益差异,重视复杂的社会关系网络对博弈参与者利益目标的影响,谨慎对待博弈中的非理性和不确定性因素。

4.不回避合作博弈中的冲突与竞争

相比于西方社会,从我国国内来看,一些博弈参与者受到更多"面子""和为贵"观念的影响,在博弈中回避冲突与竞争,或者拒绝将竞争公开透明化,这导致在中国社会形成有效的合作博弈模式存在一定困难。公开透明度不足的合作博弈过程,不利于参与方利益矛盾的有效释放,而且信息、资金、权力占据优势地位的博弈参与者可能违背合作协议,牟取不当利益。为此,对于这些博弈参与者,在合作博弈框架下,不应回避冲突与竞争,而要建立有效的集体监督和第三方仲裁机制,帮助博弈参与者调和利益矛盾,增进多方合作。

第 11 章　合作博弈的恐怖均衡——创新应用

古巴导弹危机是人类历史上距离核大战最近的一场博弈对抗。美国和苏联,围绕着古巴的导弹部署与撤离,开展了一场针锋相对的博弈对抗。这一危机的分析,成为了博弈论研究的一个经典问题。

今天的世界并不太平,只有洞悉历史才能开创未来。毛泽东曾经说过"胜利的信念是打出来的,是斗争中间得来的"。随着世界形势的变化,类似古巴导弹危机的局面依然可能再次出现,回顾美苏针锋相对的斗争历史,掌握其中所蕴藏的普遍规律,对于把握今天的局势,守护好国家的主权、安全与发展利益,具有极其重要的意义。

11.1　美苏斗争背景

大国对抗不是在一个晚上发生的,它有其复杂的起源与背景动机。然而,对于博弈问题而言,能够做到的只是观察事实。隐藏在事实背后的起源与背景动机,只能去推测。推测具有不唯一性。由此,现实博弈问题分析,就成了一个具有 5 星级难度的问题。这是博弈问题本身具有的特性决定的,它不以人的意志为转移。

11.1.1　美苏的欧洲争斗

由美苏直接对抗而引发的古巴导弹危机发生于古巴,但是美苏对抗根源却发源于欧洲。要想确实理解美苏博弈对抗关系,需要进行历史回溯。只有挖掘出隐藏于事件背后的矛盾冲突点,才能模型化分析古巴导弹危机。

美苏的直接对抗在 1948 年的第一次柏林危机即已开始,导火索是 1948 年 2 月到 6 月,美国、英国、法国、比利时、荷兰、卢森堡 6 国提出所谓"伦敦建议",

内容是管制美、英、法的对外贸易,共同制宪,成立西德国家。6 月 21 日正式在西占区进行货币改革。1948 年 6 月 24 日苏联关闭通往西柏林的铁路和公路,又称柏林封锁。美苏开始了直接面对面的对抗。1949 年 5 月 12 日苏联知道封锁不能阻止西德建立,西德的建立已经成为事实,遂取消封锁,第一次柏林危机解除。

1958 年 11 月 27 日发生了第二次柏林危机。苏联单方面向英、美、法三国发出照会,要求它们在 6 个月内撤出在西柏林的驻军,使西柏林成为自由市。否则,苏联会把西柏林的过境检查站改由东德负责。这是迫使西方承认东德。英美法三国拒绝了苏联的要求,并且宣称如果苏联封锁进入西柏林的通道,它们将不惜诉诸武力。苏联则强烈抗议。

第三次柏林危机发生于 1961 年 6 月 3 日至 4 日,美国总统肯尼迪与苏联领导人赫鲁晓夫在维也纳会谈,讨论柏林问题。赫鲁晓夫旧事重提,要求英、美、法撤出西柏林,否则西方国家进入西柏林都需要先得到东德同意。肯尼迪断然拒绝了这一要求。

1961 年 7 月初,苏联宣布暂停士兵复员,并将军费增加三分之一。对此,肯尼迪做出强硬反应。肯尼迪要求国会增加 32.5 亿美元国防预算,征召部分后备役人员和国民警卫队人员入伍,扩大民防及修筑防空措施。美苏关系再次紧张,史称第三次柏林危机。后因为修筑起了柏林墙,美苏关系再度缓和。

为什么美苏要在欧洲争斗?

西方世界对社会主义充满恐惧,一种价值观恐惧,这是一种意识形态分歧;因此,西方和苏联存在斗争是必然的。

西方与苏联之间存在不可调和的分歧,同时,苏联和东欧在实力上与西方相当。因此,宏观上可以预见到,不会有一方占据绝对主导地位的上策均衡。

大国斗争,具有其特殊性,大规模冲突将损失惨重,因此"试探"是斗争的常态化形式。既然是"试探"在最薄弱的地方试探,最具有现实可行性。

柏林是在东德的包围之中,它是一块飞地,是美、英、法向苏联和其他社会主义国家展示西方社会风貌的橱窗。而它的支撑又很脆弱。这样一个宣传意味浓厚,战略价值很高的地方,社会民生支撑基础却非常薄弱,同时它还是一个可以发出博弈信号的场所。因此它必然会成为争斗的前哨阵地。

分析了美苏不可调和的对抗基础之后,接下来就要推进到对抗的前沿,看看对抗的前沿发生了什么。对抗的前沿,就是拉丁美洲的古巴。

1959 年 1 月,卡斯特罗领导的古巴人民推翻了美国长期扶持的巴蒂斯塔政府,建立了新的革命政权。从此卡斯特罗成了美国的头号对手。

从 1960 年起美国就开始在美国的佛罗里达和美洲的多米尼加、危地马拉、洪都拉斯等地,训练古巴武装力量,随时准备登陆古巴,并制定了一个名为"十字军行动"的计划。1961 年初,训练完成的美国雇佣军被编成了代号为 2506 的突击旅,下辖 4 个步兵营,1 个摩托化营,1 个空降营,1 个重炮营和几个装甲分队。美国派遣了 8 架 C-54 运输机,14 架 B-26 轰炸机,10 艘登陆艇,还有几艘潜水艇,物色登陆地点。1961 年 4 月 17 日,1 500 多人组成的美国雇佣军从古巴南部登陆,占领了长滩和吉隆滩(也称猪湾)。3 天后,入侵古巴的雇佣军被消灭,1 000 多人被俘。这就是史称的"猪湾事件"。"猪湾事件"是美国中央情报局支持流亡美国的古巴人,发起了对卡斯特罗领导的古巴革命政府的一次武装入侵。

那么,为什么美国要打击古巴?

一方面,美国对古巴的社会主义充满恐惧,与古巴存在意识形态分歧;另一方面美国政府担心距离美国南部海岸只有 100 多千米的古巴会成为苏联人威胁美国的桥头堡,因此一直企图颠覆古巴革命政权。

由此古巴出于现实国家安全需要,在美国的强大压力下,不得不向苏联寻求援助。

因为美古之间的分歧是不可调和的分歧,同时,美国比古巴强大得多,由此,美国会想到用战争的手段解决问题。

在讨论了美苏对抗博弈的基础,存在的条件之后,需要看看对抗事件的前期过程。

11.1.2　天上真能掉"馅饼"

1962 年 5 月,苏联领导人赫鲁晓夫和国防部长马林诺夫在保加利亚黑海边散步,马林诺夫说:"美国的军事基地就设在对岸的土耳其,导弹五六分钟就能摧毁莫斯科。"

赫鲁晓夫沉默片刻说:"美国能将军事基地设在土耳其,那我们为什么不能将军事基地设在古巴呢?"

之所以这样想,是因为古巴受到了美国的打击,正在全球范围内寻求支持和帮助。而苏联作为与美国可以匹敌的世界军事大国之一,自然是当之无愧的首选。当马林诺夫提到威胁的时候,苏联出于战略竞争的需要和作为反击的考虑,也需要在拉丁美洲建立一个稳固的立足点,古巴自然也是首选。

1962 年 7 月,古巴派代表团访问苏联,主要目的是请求苏联的帮助,使古巴免受美国的打击。双方一拍即合,赫鲁晓夫决定给予古巴军事帮助,并将其作为威慑美国的阵地。

由此拉开了古巴导弹危机的序幕。

苏联不担心引发战争冲突吗?

当然担心,但是一旦部署导弹成为既成事实,那就有了谈判的筹码,不管结果如何,都不会吃亏。此外,"担心"和"冲突"不是一个概念,"担心"随时都可能发生,是无条件的;但是,"冲突"是有条件的。这个区别很重要。

11.2 事件概况

1962 年 8 月 25 日开始,苏联向古巴偷运导弹,1962 年的 10 月 16 日美国在对古巴的侦察中,发现了部署在古巴的导弹阵地。美国人经过一个星期的讨论,1962 年 10 月 22 日,美国总统肯尼迪发表全国电视讲话,公开了苏联在古巴部署核武器的消息。同时他宣布美国将对古巴进行全面海上隔离(封锁)。而苏联则决心硬闯美国的海上封锁线,"古巴导弹危机"爆发。美国和苏联,就封锁还是纵容,撤离还是硬抗开始了核威胁下的博弈较量。

古巴北边与美国隔海相望,距离美国本土最近的地方约为 217 km。

在苏联和古巴见面后,美国发现加勒比海域装满苏联物资的船只增多,尤其是 7~8 月高达 100 多批次。同时,通过在土耳其海峡对苏联船舶的监控,可以发现船上装载有很多不规则大件。这引起了美国的猜疑。

土耳其海峡很窄,便于从岸上进行近距离的光学高清晰度观察。不久,古巴和苏联公布了其军事合作事宜。美国随即发表声明,声称不会容忍古巴部署导弹等进攻性武器。

1962 年古巴导弹危机前夕,美苏核武库(总量/其中战略核弹头)对比为(美 27 000/5 000):(苏 3 600/300)。美苏可以从本土打到对方的洲际导弹对比为 294∶56。

1961 年苏联更是研制了 1 亿 t TNT 爆炸当量的大伊万氢弹(图 11−1)。1961 年 10 月 30 日,实际爆炸了 5 000 万 t TNT 当量的大伊万氢弹,赫鲁晓夫为了恐吓西方,宣称有 1 亿 t TNT 当量。爆炸发生时,连芬兰都能发现和感觉到它的冲击波,当地许多房屋的玻璃都出现了破碎。虽然它是一次空中爆炸,美国测到的地震依然达到了 5~5.25 级。大伊万是一个可以让西方实实在在地能感知得到的威慑。在博弈论里,这种威胁叫可置信威胁,因为它确实可以发生。

图 11-1 大伊万氢弹

苏联人在不到两个月的时间里,向古巴部署了 5 个装备核武器的导弹团,48 架伊尔-28 轰炸机,以及 2 个防空兵师。

美国在 1962 年 8 月发现古巴港口异常繁忙,就派侦察机对古巴实施不间断侦察。10 月 14 日情报人员从拍摄的照片中发现了异常,确认了苏军已在古巴部署了战略核导弹(图 11-2)。

图 11-2 美军拍摄的古巴导弹阵地

10 月 16 日美国总统肯尼迪知道了这个消息,整个五角大楼都震惊了,这可怎么办?

11.3　问题的模型化

在讨论了美苏对抗博弈的基础、存在的条件和对抗事件的前期过程之后，需要讨论博弈的模型。看看古巴导弹危机更符合什么样的模型，从而可以模型化地讨论该问题。

复杂现实博弈问题分析，需要对环境影响因素进行较为详尽的分析，要确保分析得有理有据，具有足够的说服力。

现实博弈问题，都是环境边界敏感型问题，前提条件非常重要，从战略利益的角度分析各方的立场，具有非常重要的意义。

在现实博弈问题分析中，最为困难的问题是对博弈问题的模型化。而博弈问题的模型化中，分析支付是一个难点。对于动态博弈而言，分析信息及其影响，是另一个难点。

对本案例进行分析时，要注意把握两点：一是要有全球战略视野，要站在全球战略利益的角度考虑问题；二是要用系统思维考虑问题，大国之间的战略博弈，它有系统性影响，不能孤立地、静止地看待问题。要注意避免简单地套用模型。

11.3.1　美苏的胆小鬼博弈

美苏这种情况，是一种"或者你进我退，或者我退你进"的竞争关系，同时它不是"你死我活"的竞争关系，并非零和博弈。这样一个博弈可以看成是一个"胆小鬼博弈"。

胆小鬼博弈是说，有两个顽皮的孩子，在很窄的路上比谁胆大。他们各自开着车，面对面冲向对方，谁避让，谁就是胆小鬼，但是如果两人都不避让，就会撞上，车毁人亡。为了不当胆小鬼，两人就要较劲死磕，看看谁更不怕死。较劲死磕，又不是真想车毁人亡，"吓唬"就是一个显而易见的策略。

吓唬对方的方式有很多种，比如拔掉方向盘，表示我没法拐弯了，或者去掉刹车，表示我没法停，等等。

较劲的工具，用博弈论的语言来描述，那就是承诺。承诺背后的支付既不能太大，也不能太小。如果承诺太小，根本吓唬不住对方。承诺太大，没人相信。这里不考虑"疯子"，如果真的有一方是疯子，博弈直接就以核毁灭结束了，它也就不再是要讨论的博弈了。(判断是不是疯子,是另外一个博弈问题了,这里不做讨论。)

美国人经过一个星期的讨论,1962 年 10 月 22 日,肯尼迪发表全国电视讲话,公开了苏联在古巴部署核武器的消息。同时肯尼迪宣布美国将对古巴进行全面海上隔离(封锁)。

美军 921 架轰炸机携带核弹开启了战备执勤,启动了 2 858 枚核弹。军队做好了打击古巴的战争准备。这是美国为了支撑死磕,亮出的肌肉。

胆小鬼博弈取胜的要诀是:一看决心;二看能力;三看控制力。什么地方最能表现决心?那就是不给自己留退路。什么地方最能表现有能力?就是军备硬实力。

面对威胁,苏联是不是就坐以待毙呢?不是,苏联的赫鲁晓夫,也拿出了不怕死的样子,面对美国对古巴的封锁,苏联派了一艘带有核武器的货轮硬闯古巴。另派了 4 艘携带核鱼雷的潜艇,去与美国海军死磕。潜艇被赋予了核武器发射权。

此时,不论是苏联潜艇的一时冲动,动用了核武器,还是货轮不顾警告直接冲击封锁线,或者美国动用了核武器,后果都不堪设想。

面对苏联已经在古巴部署了战略核导弹,美国该怎么办?是要强硬,还是只能妥协?它是一个什么模型?

作为一个博弈,首先要分析谁是局中人。可以看出,本博弈局中人有两个,美国和苏联。古巴虽然是当事方,与美国和苏联相比,由于古巴在军事、经济等方面的落后,因此其不掌握话语权,因此,古巴不是局中人。

美国有两个策略:或者是威胁,或者是放纵。

苏联也有两个策略:或者是硬闯,或者是服软。

这个博弈存在以下关系:

(1)双方不想一起毁灭。

(2)美国的核威胁如果足够大,苏联就会服软。美国如果选择放纵,苏联就会死磕。

(3)一方放纵,一方服软,这种情况肯定不存在。

古巴导弹危机支付矩阵见表 11-1。

表 11-1　古巴导弹危机支付矩阵

支付矩阵		苏联			
		死磕		服软	
美国	威胁	不可接受		期望结果	不得不接受
	放纵	不得不接受	期望结果	不存在	

美国的均衡目标是(威胁,服软),苏联的均衡目标是(放纵,死磕)。特别要注意的是:我们说在博弈中存在两个纳什均衡,并且用画线法可以找到它们,但是我们并没有说这两个均衡是如何达成的。存在一些均衡,和达成某个均衡,是完全不同的概念。

11.3.2　承诺中的极限施压

美、苏军队之间紧张的硬碰硬从 1962 年 10 月 22 日就开始了。与此同时,10 月 23 日开始赫鲁晓夫和肯尼迪之间的软对抗(空头对抗)也没有停歇。一个星期的时间里,赫鲁晓夫给肯尼迪写了 4 封信(图 11-3),而肯尼迪给赫鲁晓夫写了 5 封信。赫鲁晓夫不断谴责肯尼迪,肯尼迪则总是威胁、恐吓赫鲁晓夫。

军事上,最紧张的时刻在 1962 年 10 月 27 日到来了。

凌晨时分,苏联的潜艇被美国舰队发现了。美军驱逐舰开始不断投掷训练用深水炸弹,试图逼迫苏联潜艇上浮。

炸弹的威力其实不大,但发出的声音极大,但是苏联潜艇不懂这是个要求它上浮的信号。碰巧有枚深水炸弹,在距潜艇极近的地方爆炸了,苏联潜艇以为核大战已经爆发,打算发射核武器对美军进行攻击。

潜艇最终并没有发射核鱼雷,而是不得已浮出了水面。潜艇浮出水面后,发现自己被 4 艘驱逐舰与大量直升机包围。双方开始了对峙。

设想一下,如果苏联潜艇发射了核鱼雷,结果会如何?

哈瓦那时间 9 点 12 分,美军 U-2 侦察机侵入古巴领空,苏军的导弹立刻发现并锁定了它,1 h 后,10 点 19 分,在它准备飞离古巴时,苏军导弹一举击落了 U-2 侦察机(图 11-4),美军飞行员当场死亡。

赫鲁晓夫致肯尼迪的信

(1962 年 10 月 24 日)

尊敬的总统先生：

您 10 月 23 日的来信收到。内容尽悉，现答复如下。

总统先生，请您想一想，假如是我们向您提出您以自己的行动向我们提出的那个最后通牒式的条件，您对此有何反应？我想您对我们采取这样的步骤一定很愤慨吧，这我们可以理解。

总统先生，您在向我们提出这些条件后，抛给了我们一份通知。是谁要您这么做的呢？您又有什么权利这样做？我们同古巴共和国的关系就像同其他国家的关系一样，涉及的仅是存在此种关系的两个国家，而不管是什么样的国家。如果谈一谈您信中所提及的检疫，那么它只能按照国际惯例由两国根据彼此间达成的协议来进行，而不是由某个第三方来进行。比如，有农产品检疫。但在这种情况下所谈的完全不是检疫①，而是更重要的东西。这一点您本人也是清楚的。

总统先生，您宣布的不是检疫，而是提出了最后通牒并威胁说，如果我们不服从您的要求，那么您就要动用武力，请您仔细想一想，您在说些什么！您想说服我，让我同意这个！同意了这些要求

---

① 关于隔离检查，美国使用的是 quarantine 一词。这个词原意就是停船检疫的意思，可以解释为隔离、封锁等。在赫鲁晓夫给肯尼迪的信中也使用了俄语 карантин 一词，显然是同一字源。关于这个词，过去在中文翻译中，有译为隔离检查，也有译为检疫和封锁的。在本卷档案中，一律统一为隔离检查。但个别地方，如赫鲁晓夫这封信中，由于文意仍保留了检疫的译法。

31

图 11-3　赫鲁晓夫致肯尼迪的信(摘翻)

图 11-4　美军 U-2 侦察机

11.4　心照不宣的退让

特定均衡的达成，是模型的求解。博弈模型的求解，它是一个过程，不是一

个突如其来的结果。博弈会出现什么样的结果,高度依赖于促成这一结果的过程。过程的不同,会导致不同的结果。

美苏双方都想要达成自身的均衡目标,而这种均衡目标是冲突的,该怎么办?

大结局发生在 1962 年 10 月 28 日。

最终的结果是,赫鲁晓夫给肯尼迪写信,肯尼迪答应了赫鲁晓夫提出的条件。

10 月 28 日,赫鲁晓夫通过无线电广播,宣布从古巴撤走全部导弹,美国则公开承诺不会打击古巴,也撤走了在土耳其的导弹。

最终美国达成了自己的目的,同时苏联也有所斩获。

为什么人类历史上最严重的危机,仅仅 13 天就结束了?

苏联和美国都发现情况变得越来越不可控。赫鲁晓夫控制不了,肯尼迪也控制不了。这个局面对苏联非常不利,对美国也非常不利。

美苏两军动作不断,如同惊弓之鸟,眼看局面就要失控了。正是因为谈判空间快速缩小,所以双方非常迅速地结束了谈判。

在第 9 章已经讨论过,胆小鬼博弈的均衡点有两个,这两个均衡点其实是双方达成了一种默契,或者说是合作。尽管这种合作是被动的合作。

进一步分析美苏双方彼时的态势,其实能够发现双方不得不达成合作的一些端倪。

第一个事实:

当时苏联的军事实力超过了美国,极大的人员动员能力、不怕死的坚强决心,大伊万氢弹更是号称有 1 亿 t TNT 当量,对西方构成了可置信威胁。

第二个事实:

肯尼迪公开电视讲话,利用了美国的政治制度,意在向赫鲁晓夫表明,我没有退缩的余地。其潜在的含义在于,就算我本人想向你妥协,大众也不会答应。由此对赫鲁晓夫进行施压。

因为肯尼迪知道,赫鲁晓夫也知道,政治上赫鲁晓夫有绝对的权威,但是肯尼迪没有,赫鲁晓夫有妥协的余地,但是肯尼迪没有。肯尼迪与大众的谈判成本高,赫鲁晓夫争取支持成本低。

第三个事实:

美国公布核武器的数量,是利用数量优势恐吓对方。苏联利用硬闯来表明决心。利用下放核武器使用权,来表明自己的二次反击能力。这些都是恐吓对方的手段。

第四个事实：

肯尼迪受到的政治压力，是不可控的，从而表明决心没有后退的余地；赫鲁晓夫下放指挥权，导致的二次反击能力是不可控的，这是"报复"承诺的保证。决心肯尼迪明显有优势；绝对能力上美国数量占优势，相对实力上苏联占优势，特别是苏联的大伊万氢弹在 1961 年成功爆炸，震撼了世界。但是因为间隔时间太短，苏联很难再次拿出一颗同样规模的氢弹。同时，如果只有苏联本土可以发射，则投送能力有缺陷。不可控性，苏联占优势。

因此，僵持或者对峙谁也占不到便宜，甚至两败俱伤，双方基于这样的共同认知，默契地、心照不宣地各做出理性的退让——尽管这一"合作"是被动的，让这一箭在弦上的人类危机以和平的方式平稳破解。

这次危机之所以最终能够和平解决，在一定程度上是因为美苏领导人秘密达成了所谓"导弹交易"，即双方同意撤走各自部署在土耳其和古巴的导弹，苏联与美国"和平共处"及"合作主宰世界"的部分战略目标得到了实现。这一场博弈看似没有赢家，但美苏双方均是赢家。古巴导弹危机事件表明，大国对抗没有出路，也不会带来安宁，在全球化的新时代，推动建构新型国际关系和人类命运共同体，是解决国家间对抗与冲突的最佳方案，也是人类共同走向自由、民主、文明、进步、繁荣的必由之路。

关于美苏"导弹交易"的更多细节，可参考南开大学赵学功所著的《古巴导弹危机中的美苏秘密交易问题》，和谢剑南所著的《极限施压与极限博弈——苏美在古巴导弹危机中的行动逻辑、历史遗产及启示》。

第四篇　演 化 博 弈

　　现实博弈存在理性不完全、信息不对称等挑战。演化博弈将"均衡观"与"适应性"理念结合,刻画群体通过学习、模仿、试错而不断响应外部环境的演化过程。

第 12 章 "均衡观"与"适应性"的啮合

在群体智能中,大规模具备一定自主性、智能性的无人平台通过协同交互,从而发挥"1+1>2"的群体智慧,完成单个平台无法完成的任务。在协同交互过程中,信息的传递、认知一致性的达成不是一蹴而就的,是一个不断优化、迭代、学习、试错的过程,如何对这样的动力学过程进行建模呢?演化博弈为我们提供了一种可行的途径。那么,什么是演化博弈?它与经典博弈有何不同?演化博弈的动力学过程是怎样的?如果考虑空间结构因素,演化博弈又是一个怎样的动力学过程呢?本章将对上述问题一一解答。

12.1 演化博弈起源

经典理性博弈是基于一系列严格的假设框架下研究的。博弈论先是定义了各博弈方的带约束条件的效用函数(utility function),各博弈方博弈的过程始终遵守个体效用最大化的原则。从该意义上讲,求解博弈论问题便转化为求解效用函数的极值问题。经典理性博弈论还假设博弈各方是完全理性(perfectly rationality)的,且都具有共同知识(common knowledge)。

博弈论后纳什时代便是精炼(refinement)时代。纳什均衡的概念主要适用于静态完全信息博弈,后纳什时代的精炼理所应当是适用于动态与非完全信息两大主流博弈。为解决动态问题,泽尔腾引进了子博弈概念。为解决非完全信息问题,人们引入了贝叶斯均衡的概念。

以上便是经典博弈论的理论框架,参与方均为完全理性的。事实上,真实的博弈参与方往往很难达到完全理性状态,为此引入参与方为有限理性(bounded rationality)的演化博弈论(evolutionary game theory)。

演化博弈将经济学中的"均衡观"与生物学中的"适应性"理念相结合,在理性不完全、信息不对称、对对手行为预期存在偏差条件下,描述群体如何通过学习、模仿、试错而不断对外部环境的冲击做出响应的过程。图 12-1 示意性给

出了"均衡观"与"适应性"的结合。

图 12-1　"均衡观"与"适应性"的结合

经典博弈论中的"完全理性"假设,在现实中太苛刻,个体都有学习和改进试错的过程。现实是"有限理性"的参与方,在复杂多变的环境中逐步探索、积累经验的过程,是一系列按时序展开、反复博弈的动态演化过程。经典博弈论的完全理性在演化博弈中演变为有限理性,如图 12-2 所示。

图 12-2　"完全理性"遇到"有限理性"

演化博弈与经典博弈存在 3 个方面的不同。

□　均衡上的不同

演化博弈理论认为,由于参与博弈的个体的有限理性,其博弈的最优均衡不能像经典博弈论中那样在初始时就找到,必须通过大量反复的博弈过程去修正和改进个体策略。

演化博弈引入了一个称为演化稳定策略(evolutionarily stable strategy,ESS)的新概念,从而弱化了纳什均衡作为博弈解的作用。所谓 ESS 是指如果群体中的所有博弈者采取的策略为一个 ESS,那么它可以抵御群体中充分小比例突变策略的入侵。特别地,因为每一个 ESS 都被证明是一个纳什均衡,而该命题的反命题却不一定成立,所以 ESS 是一个比纳什均衡更严格的概念。

所有个体在经过反复博弈后选择的某个最优的、稳定的策略为 ESS。

演化稳定策略和纳什均衡概念紧密相连,每一个演化稳定策略都是纳什均衡,但是只有严格的纳什均衡才是演化稳定策略。这是演化博弈论与经典博弈论在均衡意义上的不同。这种不同使得演化博弈论能够描述动态系统的局部动态性质,从而达到预测个体行为、研究整体涌现的群体行为。

□　策略集上的不同

演化博弈论在策略集上由个体的各种表型特征组成。个体在继承其祖辈的表型特征时可能产生某些变异,这些变异决定它在与其他个体的相互竞争中的生存优劣程度即适应度。

演化博弈论吸收了达尔文"适者生存"的思想,那些适用度差的表型特征的个体会在进化过程中趋于灭绝。

□ 博弈过程的不同

经典博弈论中,博弈个体间或者仅仅作用一次,或者与相同的博弈方作用多次。而在演化博弈论中,博弈个体可以被随机地选配成对发生相互作用,个体间进行的是多次博弈,且假定两次遇到相同对手的概率极小。即便是在空间结构/网络上的有限群体博弈,如果考虑拓扑动态变化,每次博弈的对象也不尽相同。

演化博弈按照群体规模及个体间联通(信息交互)关系,可以分为 3 类:混合均匀无限群体上的演化博弈、混合均匀有限群体上的演化博弈、空间结构有限群体上的演化博弈。群体的微观动态在宏观层面涌现出宏观行为,从微观动态角度又可将上述 3 类演化博弈划分为连续可微的复制动态和离散的随机过程。

接下来我们将打开演化博弈微观世界的大门,开始一场美妙的探索之旅。

12.2 混合均匀无限群体复制动态

12.2.1 复制动态方程

首先给出混合均匀和无限群体两个概念。

混合均匀(well-mixed)是指群体中所有个体之间的连接概率相同。从复杂网络视角,可将混合均匀的群体抽象为一个全连接网络(full connect network),即每个个体之间均存在连接关系。

无限群体(infinite scale group)是指群体数量 n 无穷大,不可计数。

1978 年,数学家泰勒(Taylor)和约克(Jonker)将微分方程引入到了演化博弈动力学领域建立了复制方程。复制方程描述了在无突变出现的无限种群中的 n 个不同策略的频率制约选择过程,与生态学中的 Lotka-Volterra 方程等价,描述了演化博弈的确定性动态。对于无限混合均匀群体,可以采用常用微分方程来表示不同策略的频率的演化:

$$F(x_i) = \frac{dx_i}{dt} = x_i(f_i - \bar{f}) , \ i = 1, 2, \cdots, n \tag{12-1}$$

式中,$F(x_i)$ 表示 i 类个体的增长速率;x_i 为 i 类个体在群体中所占比例;f_i 为 i

类个体的适应度；$\bar{f}$ 为种群平均适应度。

如果令复制动态方程为 0 意味着什么？表示比例随时间的变化稳定了，当变化为 0 时意味着比例不再变了，稳定了，这时候的解称为均衡解 x^*，有

$$F(x_i^*) = \frac{\mathrm{d}x_i^*}{\mathrm{d}t} = 0 \qquad (12-2)$$

但均衡解是否是绝对的稳定呢？

由于 $F(x_i) = \mathrm{d}x/\mathrm{d}t$，若 $x < x^*$，为了使得随着 t 的增加，x 也增加到 x^*，则必使 x 随 t 的增加而增加，即 $F(x_i) = \mathrm{d}x/\mathrm{d}t$ 为增函数；若 $x > x^*$，为了使得随着 t 的增加，x 也减小到 x^*，则必使 x 随 t 的增加而减小，即 $F(x_i) = \mathrm{d}x/\mathrm{d}t$ 为减函数。因此，为了使得均衡解同时还是稳定的，必须使 $F'(x_i) < 0$。其稳定过程示意如图 12-3 所示。

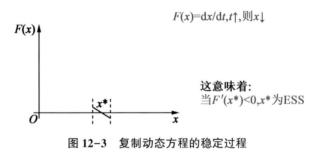

图 12-3　复制动态方程的稳定过程

12.2.2　鹰鸽博弈中的复制动态

以鹰鸽博弈为例，讨论其演化博弈的复制动态过程。当两只鹰同时发现食物的时候，天性决定它们一定要争斗，最后会两败俱伤，所以二者的收益都是食物 v 减去争斗的成本 c 再平分。当两只鸽子相遇的时候，天性要求它们共同分享食物，所以他们各自的收益都是 $v/2$。当鹰和鸽子相遇，鸽子会逃走，鹰独得全部食物，故鹰的收益是 v，鸽子的收益是 0。鹰鸽博弈的支付矩阵见表 12-1。

190

表 12-1 鹰鸽博弈的支付矩阵

	鹰 H	鸽子 P
鹰 H	$(v-c)/2$	v
鸽子 P	0	$v/2$

令 x 为采取"鹰"策略的群体比例，$1-x$ 为采取"鸽"策略的群体比例。则复制动态方程为

$$F(x) = \frac{\mathrm{d}x}{\mathrm{d}t} = x(1-x)\left[x(a-c) + (1-x)(b-d) \right]$$

$$= x(1-x)\left[x \cdot \frac{v-c}{2} + (1-x) \cdot \frac{v}{2} \right] \tag{12-3}$$

当 $F(x)=0, x^*=0, x^*=1, x^*=v/c$ 为稳定状态。

假设 $v=2, c=12$，即群体中发生冲突导致的损失很大，大于和平共处所得的收益。此时有 $F'(0)>0, F'(1)>0, F'(1/6)<0$，则演化稳定解为 $x^*=1/6$。该过程如图 12-4 所示。

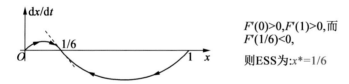

$F'(0)>0, F'(1)>0,$而
$F'(1/6)<0,$
则ESS为:$x^*=1/6$

图 12-4 冲突损失大于和平共处收益时的稳定解

当冲突损失严重时，例如 $c/v=6$ 时，两个种群发生争斗的可能性为 $1/36$；和平共处的可能性为 $25/36$；一方霸道、一方忍让的可能性为 $10/36$。

发生争斗的可能性随着 c/v 比值的增加而降低，即和平共处的可能性也随之增加。

假设 $v=8$、$c=8$，（表示和平共处所得收益等于两者冲突导致的损失），或者 $v=8$、$c=4$，（表示和平共处所得收益大于两者冲突导致的损失），将会出现如图 12-5 的情况。

当 $c \ll v$ 时，种群间宁可发生冲突，也不愿意和平共处以获得更多的收益。其主要原因在于当一方忍让时，另一方可获得更多收益。这是一种悲剧。目前，人类的现状和理性尚不能解决这种悲剧。

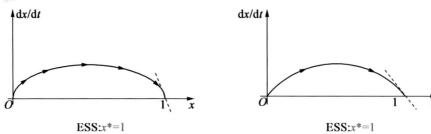

图 12-5　冲突损失不大于和平共处收益时的稳定解

12.3　混合均匀有限群体随机过程

混合均匀有限群体上的演化博弈由于群体的有限性,无法再用连续微分的复制动态刻画其微观动力,随机过程此时发挥作用。

12.3.1　灭生过程与生灭过程

为了原汁原味地复现灭生过程与生灭过程的概念与内涵,这里给出其中英文对照释义。

□灭生过程 DB（death-birth）

In each time step, a random individual is chosen to die; subsequently the neighbors compete for the empty site proportional to their fitness.

在博弈的每一个时间步,随机选择一个个体消亡,随后它的邻居将以正比于其适应度的概率产生一个后代,代替该消亡的个体。

□生灭过程 BD（birth-death）

In each time step, an individual is chosen for reproduction proportional to fitness; the offspring replaces a random neighbor.

在博弈的每一个时间步,个体以正比于其适应度的概率产生一个后代,该后代将随机替代一个邻居个体。

12.3.2　莫兰过程

莫兰过程（Moran process）是指假定一个大小为常数的有限种群中有两类具有相同的出生率和死亡率的个体。莫兰过程是一个生灭过程,在任意时间步随机挑选一个个体繁殖,再随机挑选一个个体死亡。子代与父代类型保持一致。这个微观动力学由如图 12-6 的三个简单步骤组成。

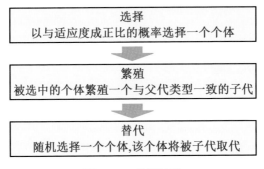

图 12-6 莫兰过程

在马尔科夫链中存在两种状态,吸收态和非吸收态,吸收态指一旦达到该状态,就不会离开该状态;非吸收态则是指可以从当前状态转移到其他状态。假如一个醉汉从酒吧出来走在大街上,中间可能意犹未尽再回酒吧喝酒,或者醉倒在大街上,但最后总归会回到家中倒头大睡,这个倒头大睡就是吸收态。吸收态是个稳定的状态。

考虑一个规模为 N 的群体,两种类型的个体 C 和 D,其中 C 的规模为 n,设 C 和 D 的适应度相同,即

$$\begin{cases} p = \dfrac{n \cdot \pi_C}{n \cdot \pi_C + (N-n) \cdot \pi_D}, \pi_C = \pi_D \\ p_C = \dfrac{n}{N}, p_D = \dfrac{N-n}{N} \end{cases} \qquad (12\text{-}4)$$

则会出现以下 4 种情况:

(1)选中繁殖 C,死亡 C,概率为 $(n/N)^2$;

(2)选中繁殖 D,死亡 D,概率为 $(N-n/N)^2$;

(3)选中繁殖 C,死亡 D,概率为 $n(N-n)/N^2$;

(4)选中繁殖 D,死亡 C,概率为 $n(N-n)/N^2$。

则转移概率为

$$T_n^+ = \frac{n(N-n)}{N^2} (即群体中 C 类个体增加一个的概率) \qquad (12\text{-}5)$$

$$T_n^- = \frac{n(N-n)}{N^2} (即群体中 C 类个体减少一个的概率) \qquad (12\text{-}6)$$

则有

$$T_N^+ = T_N^- = 0 (即 n = N 时,个体 C 不增不减)$$

$$T_0^+ = T_0^- = 0 (即 n = 0 时,个体 C 不增不减) \qquad (12\text{-}7)$$

此时,莫兰过程存在两个吸收态:

$$\begin{cases} n=0\text{（即群体全部被 D 个体占领）} \\ n=N\text{（即群体全部被 C 个体占领）} \end{cases} \tag{12-8}$$

12.3.3 模仿过程

模仿过程（imitate process）英文释义如下：

□imitate process

In each time step, a random individual is chosen to evaluate its strategy; it will either stay with its own strategy or imitate a neighbor's strategy proportional to fitness.

在模仿过程中，首先随机选中一个个体作为模仿者，再随机选择一个个体作为被模仿者，然后，模仿者以一定概率模仿被模仿者。

在模仿过程中，个体关注自身收益与另一个体收益的比较，用收益比较的结果来判定是否模仿另一个体的策略。如果目标个体的收益值更大，模仿成功的概率就更大。

那么，模仿过程和莫兰过程的区别在哪里？

事实上，莫兰过程是一种无条件的模仿过程。但是模仿过程还不一定，即被模仿者和模仿者都选出来了，到底模仿还是不模仿还不一定，还得乘以一个概率。

考虑一个规模为 N 的群体，两种类型的个体 C 和 D，其中 C 的规模为 n，设 C 和 D 的适应度相同，有

$$\begin{cases} p=\dfrac{n \cdot \pi_C}{n \cdot \pi_C+(N-n) \cdot \pi_D}, \pi_C=\pi_D \\ p_C=\dfrac{n}{N}, p_D=\dfrac{N-n}{N} \end{cases} \tag{12-9}$$

则会出现以下三种转移情况。

（1）第一种情况。假设 C 和 D 分别为男人、女人群体，考虑两人姻缘配对，必须先随机抽中一个个体保证他/她为 C/D，再随机抽中一个个体保证她/他为 D/C，最后乘以他们结合的概率。

转移概率为

$$T_n^+=\frac{n(N-n)}{N^2} \cdot \frac{1}{1+e^{-w(\pi_C-\pi_D)}} \tag{12-10}$$

$$T_n^-=\frac{n(N-n)}{N^2} \cdot \frac{1}{1+e^{-w(\pi_D-\pi_C)}} \tag{12-11}$$

则有

$$\begin{cases} T_N^+ = T_N^- = 0\ (\text{即}\ n = N\ \text{时,个体 C 不增不减}) \\ T_0^+ = T_0^- = 0\ (\text{即}\ n = 0\ \text{时,个体 C 不增不减}) \end{cases} \tag{12-12}$$

（2）第二种情况。假设 C 和 D 分别为男人、女人群体,考虑两人姻缘配对,必须先随机抽中一个个体保证他/她为 C/D,然后他/她的相亲对象已知,此时直接乘以他们结合的概率。

转移概率为

$$T_n^+ = \frac{N-n}{N} \cdot \frac{1}{1 + e^{-w(\pi_C - \pi_D)}} \tag{12-13}$$

$$T_n^- = \frac{n}{N} \cdot \frac{1}{1 + e^{-w(\pi_D - \pi_C)}} \tag{12-14}$$

则有

$$T_N^+ = 0,\ T_N^- \neq 0 \tag{12-15}$$

$$T_0^+ \neq 0,\ T_0^- = 0 \tag{12-16}$$

此时无吸收态。

（3）第三种情况。假设 C 和 D 分别为男人、女人群体,男人、女人已经分别分开成两队,此时直接考虑他们结合的概率即可。

转移概率为

$$T_n^+ = \frac{1}{1 + e^{-w(\pi_C - \pi_D)}} \tag{12-17}$$

$$T_n^- = \frac{1}{1 + e^{-w(\pi_D - \pi_C)}} \tag{12-18}$$

则有

$$T_n^- \neq 0 \tag{12-19}$$

$$T_n^+ \neq 0 \tag{12-20}$$

此时无吸收态。

无论是对于灭生过程、生灭过程、莫兰过程、模仿过程,若随机过程存在吸收态,主要研究的是群体的固定概率。同样地,为了原汁原味地复现固定概率的概念内涵,这里给出其中英文对照释义。

□固定概率（fixation probability）

The probability of a single cooperator（defector）turning the whole population from defection（cooperation）to cooperation（defection）.

对于不存在吸收态的随机过程,我们研究群体的平均合作水平(图 12-7)。

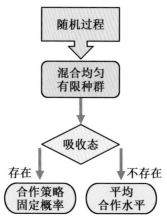

图 12-7　吸收态决定研究对象

　　另外,注意灭生过程、生灭过程、莫兰过程、模仿过程只是几类普适的随机过程,与"混合均匀有限群体"这一概念并不是紧耦合,即灭生过程、生灭过程、莫兰过程、模仿过程同样也可以存在于空间结构有限群体的分析中。

12.4　空间结构有限群体演化动力

　　复杂网络的蓬勃发展,为描述种群中个体之间复杂的交互关系提供了极大的便利。1992 年,哈佛大学马丁·诺瓦克(Martin A. Nowak)将空间维度(spatial dimensions)的概念引入演化博弈之中,并出版专著 *Evolutionary Dynamics Exploring the Equations of Life*(中文版为《进化动力学——探索生命的方程》),开启了网络演化博弈研究的先河(图 12-8)。网络演化博弈以网络来描述个体间的作用关系,强调网络结构对于群体动态演化及合作水平的影响。

(a)

(b)

图 12-8　马丁·诺瓦克及其代表作

12.4.1 几类典型复杂网络

1992 年,马丁·诺瓦克和罗伯特·梅(Robert M. May)首次在带周期边界条件的二维方格子网络上研究囚徒困境博弈中的合作演化,正是他们的研究工作掀起了复杂网络上合作演化研究的热潮。然而,早期的大部分研究工作主要开展在一些规则网络上,如环形网络、二维带周期边界条件的方格子网络等。

依据底层网络结构在演化过程中是否发生变化,复杂网络上的合作演化研究大致可分为以下两类:第一类,纯策略演化,即在固定的网络上,考察不同的演化规则或者特定的网络结构对合作行为的影响。第二类,共演化,即策略同底层交互网络拓扑结构协同演化。

在网络科学发展之初,人们设想所有的网络均有着固定的规则和拓扑结构,称之为规则网络(regular networks)。规则网络中的每个节点都拥有相同的边数和聚类系数,使用规则网络的优点是研究者们可以重点关注网络中的复杂动力学行为。图 12-9 显示了三种常见的规则网络:全局耦合网络、最近邻耦合网络和星形耦合网络。图 12-9(a)为全局耦合网络,在此类网络中任意一节点都与网络中其他任意节点有连边,这类网络往往出现在小群体中。图 12-9(b)为最近邻耦合网络,在此类网络中任意一节点只与它周围 k 个邻居相连,现实生活中最常见的例子就是蜜蜂的蜂格网络。图 12-9(c)为星形耦合网络,在此类网络中,只有一个中心节点,其余 $N-1$ 个节点均只与中心节点相连,彼此之间互不连接。

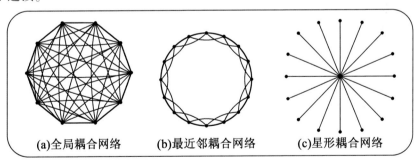

(a)全局耦合网络　　　(b)最近邻耦合网络　　　(c)星形耦合网络

图 12-9　规则网络示意图

但是现实世界中的网络并不都是高度规则且有序的,随机网络也大量存在于复杂系统中。20 世纪 50 年代数学家保尔·厄多斯(Paul Erdös)和阿尔弗烈德·瑞利(Alfréd Rényi)建立的随机图理论开启了对随机网络的研究。随机网络示意图如图 12-10 所示。

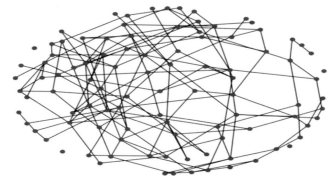

图 12-10　随机网络示意图

随机网络与规则网络相对应,最经典的随机网络模型是随机图理论中的 ER 随机图模型,此模型为随机网络的标准生成方法。

■ **$G(N, p)$构造算法:**

(1) 初始化: 给定N个节点和连边概率

(2) 随机连边:

　　① 选择一对没有边相连的不同的节点;

　　② 生成一个随机数 $r \in (0,1)$;

　　③ 如果$r < p$, 那么在这对节点之间添加一条边; 否则就不添加边;

　　④ 重复步骤①~③, 直至所有的节点对都被选择过一次。

■ **几种情形:**

(1) $p=0$: N个孤立节点, 边数$M=0$。

(2) $p=1$: N个节点组成的全局耦合网络, 边数$M=N(N-1)/2$。

(3) $p \in [0,1]$: 从理论上说, 生成具有任一给定的边数$M \in [0, N(N-1)/2]$的网络都是有可能的。

■ **具有固定边数的ER随机图$G(N,M)$**

ER随机图$G(N,M)$构造算法:

(1) 初始化: 给定N个节点和待添加的边数M。

(2) 随机连边:

　　① 随机选取一对没有边相连的不同的节点, 并在这对节点之间添加一条边。

　　② 重复步骤①, 直至在M对不同的节点对之间各添加了一条边。

随机网络是不规则且高度无序的,与实际网络有一些共性特征。在随机网中节点的度分布接近于服从泊松分布且网络聚类系数较小。但是在真实的社交网络中,往往存在着明显的局部聚类效应,在这方面随机网络并不能很好地刻画实际网络。表12-2总结了随机网络与实际网络拓扑性质的比较。

表 12-2 随机网络与实际网络拓扑性质的比较

	稀疏性	连通性	平均距离	聚类系数	度分布
随机网络	稀疏 $p \sim O(1/N)$	存在巨片 $p > p_C$	$L_{ER} \sim \dfrac{\ln N}{\ln \langle k \rangle}$	$C_{ER} = \dfrac{\langle k \rangle}{N-1} \to 0$	均匀分布
实际网络	稀疏	存在巨片	$L \sim L_{ER}$	$C \gg C_{ER}$	非均匀分布

　　真实的网络通常既不是完全规则也不是完全随机的。经典的小世界网络（图 12-11）是邓肯·瓦茨（Dunca J. Watts）和史蒂夫·加茨（Steven Stragatz）等通过对真实数据进行研究分析之后发现的,所以小世界网络对应着现实世界中多种复杂系统,比如社交网络、计算机网络以及生物系统。

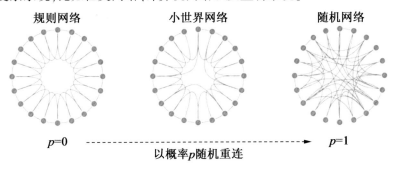

规则网络　　　　小世界网络　　　　随机网络

$p=0$ - → $p=1$

以概率 p 随机重连

图 12-11 小世界网络示意图

　　邓肯·瓦茨和史蒂夫·加茨提出小世界网络的生成模型引入了随机重连机制,该模型主要包含如下两个步骤。

- 初始化网络为一个含有 N 个点的环状最近邻耦合网络,每个节点都与它在左右相邻的 $K/2$ 个节点相连,其中 K 为偶数。
- 对网络中原有每一条边,以概率 p 进行随机重连,也就是保持每条边的一端节点不变,为一端节点更换为网络中随机选取的任意一个节点,特别注意网络中不能存在自环和重边。

　　在上述模型中,参数 p 为重连概率,如图 12-11 所示,通过调节参数 p 值的大小,可以实现从规则网络到随机网络的过渡,网络的聚类系数和平均路径长度也随之发生改变。

　　随机图与小世界模型的一个共同特征为每个节点的度都相等且都近似服从泊松分布,但是在实际生活中许多网络的度分布是近似服从幂律分布。网络的幂率分布与泊松分布如图 12-12 所示。

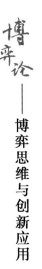

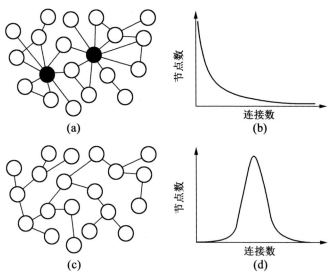

图 12-12　网络的幂率分布与泊松分布

　　因此,真实网络大部分都不是随机网络,而是少数的节点往往拥有大量的连接,而大部分节点却拥有很少的连接。基于这一事实,艾伯特·拉斯洛·巴拉巴西(Albert-László Barabási)和 雷卡·阿尔伯特(Réka Albert)一起于 1999 年首次提出了随机的无标度网络模型(BA 无标度网络示意图如图 12-13 所示)。

图 12-13　BA 无标度网络示意图

　　无标度网络的度分布为幂律分布。即

$$P(k) \sim k^{-\gamma} \tag{12-21}$$

式中,γ 为网络幂指数,一般 $2<\gamma<3$。Barabási 和 Albert 还发现具有这个特征的网络的度分布没有明显的长度,所以此类网络称为无标度网络,此外他们还提出了能够生成该类网络的 BA 无标度网络模型。

> (1) 增长：从一个具有 m_0 个节点的全连接网络开始，每一次在网络中增加一个节点，并选择 m 个已存在的节点进行连接，其中 $m < m_0$。
>
> (2) 偏好连接：当新节点要选择节点进行连边时，以存在的节点 i 被选中概率为 $\Pi_i = \dfrac{k_i}{\sum_j k_j}$。
>
> (3) 重复步骤 (1)(2)，经过 t 时间步后，得到一个具有 $t+m_0$ 个节点和 $MC_{m0}^2 + C_m^2 + (m+n)t$ 条边的网络。

12.4.2 空间结构群体演化的 b/c 规则

在上述复杂网络结构之上，研究者经过几十年研究发现了一些普适性的规则，如 b/c 规则。b/c 规则描述了一个博弈中合作收益优于背叛收益的边界条件：

$$b/c > k \tag{12-22}$$

式中，c 为合作行为的成本 cost；b 为合作行为给其他个体(合作者或背叛者)带来的收益 benefit；k 为网络平均度。

b/c 规则适用条件：

(1)规则网络(环、格子、随机规则图)、随机网络、无标度网络上的演化博弈；

(2)大的网络规模 $N(N \gg k)$，小的选择强度 ω；

(3)DB 随机过程。

12.4.3 空间结构群体演化的 σ 规则

在上述复杂网络结构之上，研究者经过几十年研究发现了一些普适性的规则，如 σ 规则。σ 称为结构系数。

(1) 对于一般意义上的**两方博弈**。

$$\begin{array}{cc} & \mathbf{A} \quad \mathbf{B} \\ \begin{matrix}\mathbf{A}\\\mathbf{B}\end{matrix} & \begin{pmatrix} a & b \\ c & d \end{pmatrix} \end{array} \tag{12-23}$$

A 策略的占优条件为

$$\sigma a + b > c + \sigma d \tag{12-24}$$

典型结构及动态下的 σ 值见表 12-3。

表 12-3　典型结构及动态下的 σ 值

结构	动态	σ 值
混合均匀 (well-mixed)	DB(death-birth)	$(N-2)/N$
	BD(birth-death)	$(N-2)/N$
	PW(pair-wise)	$(N-2)/N$
	AD(aspiration dynamics)	1
环 (cycle)	DB	$(3N-8)/N$
	BD	$(N-2)/N$
	PW	$(N-2)/N$
	AD	1
星 (star)	DB	1
	BD	$(N^3-4N^2+8N-8)/(N^3-2N^2+8)$
	PW	$(N^3-4N^2+8N-8)/(N^3-2N^2+8)$
	AD	1
规则图 (regular graph)	DB　$N\gg k$	$(k+1)/(k-1)$
	DB　$N>k$	$[(k+1)N-4k]/(k-1)N$
	BD　$N\gg k$	1
	BD　$N>k$	$(N-2)/N$
	PW	$(N-2)/N$
	AD	1

需要特别指出的是,结构系数 σ 与收益无关,只取决于策略更新规则、集群结构及规模。

(2) 多方博弈

演化博弈的多方博弈收益矩阵见表 2-4。。

表 12-4　演化博弈的多方博弈收益矩阵

	$d-1$	$\cdots$	k	$\cdots$	0
A	a_{d-1}	$\cdots$	a_k	$\cdots$	a_0
B	b_{d-1}	$\cdots$	b_k	$\cdots$	b_0

A 策略占优条件为

$$\sum_{0\leqslant i\leqslant d-1} \sigma_i(a_i - b_{d-1-i}) > 0 \qquad (12-25)$$

式中,结构系数 $\sigma_i = k_i / k_{i*}$; $a_i - b_{d-1-i}$ 为群组策略转换收益,刻画了群组成员在策略转换(A 策略持有者全部转换为 B 策略,B 策略持有者全部转换为 A 策略)之间的收益之差。

12.4.4　演化动力学

无论是混合均匀有限群体随机过程,还是空间结构有限群体演化动力,策略更新机制是通用的。

1. 无条件模仿(unconditional imitation)

每个个体在每轮博弈结束后统计收益,从邻居中选择收益最大者,若自身收益较小则模仿邻居策略,若自身收益较大则保持。

$$w(S_x \rightarrow S_y) = \begin{cases} 1, & \pi_y > \pi_x \\ 0, & \pi_y \leqslant \pi_x \end{cases} \tag{12-26}$$

2. 复制动态(replicator dynamic)

每个个体在每轮博弈结束后统计收益,从邻居中选择收益最大者,若自身收益较小则以一定概率模仿邻居策略,若自身收益较大则保持。其中 Φ 为常数,由收益矩阵确定。

$$w(S_x \rightarrow S_y) = \begin{cases} \dfrac{\pi_y - \pi_x}{\Phi}, & \pi_y > \pi_x \\ 0, & \pi_y \leqslant \pi_x \end{cases} \tag{12-27}$$

3. 费米规则(Fermi rule)

与复制动态类似,区别在于费米规则允许个体模仿收益比自己低的个体策略,该设置也更符合演化博弈"有限理性"的特征。

$$w(S_x \rightarrow S_y) = \frac{1}{1 + e^{\omega(\pi_x - \pi_y)}} \tag{12-28}$$

4. 愿景驱动(aspiration driven rule)

与费数规则类似,区别在于愿景驱动个体比较的标准由对方策略的收益变为自身愿景(期望)。

$$w(S_x \rightarrow S_y) = \frac{1}{1 + e^{\omega(\pi_x - \alpha)}} \tag{12-29}$$

12.4.5　研究范式

不同于有限混合均匀群体的随机过程研究范式,有限空间结构群体的研究主要借助于蒙特卡洛仿真和演化图论。图 12-14 给出了混合均匀有限群体与

空间结构有限群体研究范式的区别。

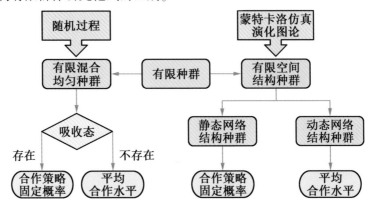

图 12-14　混合均匀有限群体与空间结构有限群体研究范式的区别

蒙特卡洛方法又称随机抽样或统计试验方法,其基本思想是当所要求解的问题是某种事件出现的概率,或是某个随机变量的期望值时,可通过某种"试验"的方法,得到这种事件出现的频率,或这个随机变数的平均值,并用它们作为问题的解。蒙特卡洛方法一般流程如图 12-15 所示。

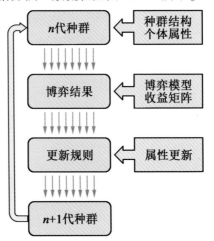

图 12-15　蒙特卡洛方法一般流程

本章围绕演化博弈起源、混合均匀无限群体复制动态、混合均匀有限群体随机过程、空间结构有限群体演化动力 4 个部分内容展开探索。通过本章内容,基本能够区分几类不同的演化博弈类型及其之间的关系,为后面章节的进一步理论深入和案例分析奠定基础。

第13章 鹰鸽博弈视域下的贸易摩擦

针对混合均匀无限群体上的演化博弈,一般采用复制动态进行建模分析。本章以贸易摩擦这一具体问题为载体,通过简洁明了的问题建模、解算,给出复制动态解决混合均匀无限群体上的博弈问题的一般流程。

聚焦不确定及动态演化国际环境下的贸易摩擦协调问题,考虑经典博弈论"完全理性"假设失效的局限,本章从国家和企业两个层面创新提出了一种基于演化博弈的国际贸易摩擦协调机制。首先分析贸易摩擦协调需求,扩展经典博弈模型,构建演化博弈模型;基于复制动态方程求解模型均衡点,并分析其稳定性;在此基础上,通过动态相位图分析,给出促进自由贸易策略的可行方法,同时证明"自由民"策略既是演化稳定策略,又是可最大化企业群体的整体收益;最后,分别从国家和企业层面给出应对贸易摩擦的对策建议。

13.1 贸易摩擦的本质

近年来,一些国家以贸易逆差为名,对包括我国在内的多国采取贸易保护措施,引起全球对未来世界经济秩序的深度忧虑。一些国家以国家安全为由,将一些高科技公司列入管制"实体清单",单方升级双方贸易摩擦。

国家间力量对比的变化是贸易摩擦产生的重要原因。随着发达国家经济增长乏力及新兴国家的迅速崛起(例如,图 13-1 给出了改革开放 40 年,我国货物贸易进出口总额增长曲线),国家间在市场和资源方面的争夺愈演愈烈,具体表现为贸易摩擦。

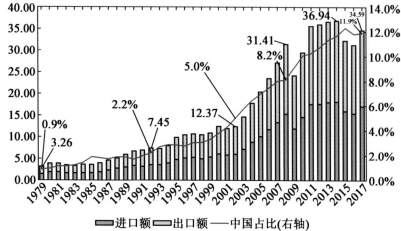

（数据来源：世界银行数据库，海关总署）https://www.sohu.com/a/406815922_120781122？_trans_=000019_hao123_pc

图 13-1　改革开放四十年我国货物贸易进出口总额快速增长

贸易摩擦协调机制，即是要建立一种共同的各方利益博弈规则，各方在此规则之下解决争端实现共赢。贸易摩擦的解决面临两方面难题：一是国家层面，在非对称贸易关系中（如发达国家与发展中国家间），如何引导和驱动强势一方施行自由贸易策略；二是企业层面，如何解决多方整体效用与个体收益间的矛盾，即如何实现双赢。

解决贸易摩擦的过程，即为贸易双方在合作与竞争之间互为利益博弈的过程，经典博弈论为研究贸易摩擦协调机制提供了基础理论框架。无论是贸易保护主义下中欧光伏贸易摩擦，还是稀土出口寡头博弈，合作是摩擦双方的必然策略选择，贸易战没有最后的赢家。

然而，由于经典博弈论假设参与人具备"完全理性"，即参与人总是选择可最大化自身利益的策略，且博弈双方无条件信任对方的理性，在现实的国际贸易问题中，上述假设过于苛刻。从长期来看，贸易摩擦的解决是各有限理性参与方，在复杂多变的国际环境中逐步探索、积累经验的过程，是一系列按时序展开、反复博弈的动态演化过程。演化博弈将经济学中的"均衡观"与生物学中的"适应性"理念相结合，在理性不完全、信息不对称、对对手行为预期存在偏差条件下，描述群体如何通过学习、模仿、试错而不断对外部环境的冲击做出响应的过程。该过程与贸易摩擦协调过程不谋而合，因此，本章利用演化博弈框架分析研究贸易摩擦协调机制，更具现实意义。

目前,从国内外公开发表的文献资料看,基于演化博弈框架,研究贸易摩擦协调机制的资料还较少。有研究综述了演化博弈论中策略进化的思想,提出有限理性的实质是"学习",进而探讨了用演化博弈分析现实复杂网络的设想;有研究基于动力系统理论,分析了一般 2×2 非对称演化博弈的参与方行为,讨论了交互系统均衡点及稳定性。以上两项研究聚焦于对演化均衡策略及其稳定解的一般性分析,为解决现实具体问题打下了理论基础。有学者以海上丝绸之路合作的演化方向为出发点,构建三元策略博弈支付矩阵,通过改进复制动态方程模拟有限理性下的合作博弈过程,并分析博弈均衡点稳定性及其参数条件。该研究中的支付矩阵构建方法,为贸易摩擦协调中,国家层面的博弈模型构建提供了有益参考。同时,有研究者分别构造对称演化博弈模型,分析国内各部门在贸易摩擦中的演化稳定策略(evolutionarily stabie strategy, ESS),构造非对称演化博弈模型,分析各贸易国间的摩擦协调机制,据此探究我国在贸易摩擦中的策略导向。但该研究聚焦于国内职能部门及国际政府两个层面间的协作,对贸易摩擦中的直接主体与企业间的博弈未作探讨。陆军工程大学的团队针对作战联盟中作战单元之间的自主协调问题,基于鹰鸽博弈,提出了一种尊重物权的自由民策略,获得了可最大化联盟整体效用的演化稳定解。该研究提出的自由民策略,为解决群体整体效用与个体收益间的矛盾提供了可行思路。

13.2　基于演化博弈的贸易摩擦协调机制

贸易摩擦反映了两个不同利益集团基于自身利益最大化的行为过程。本节基于演化博弈框架,构建利益集团博弈过程模型,寻求贸易摩擦协调机制。合理的协调机制将改变博弈过程及结果,为化解摩擦提供依据。

13.2.1　国家层面非对称演化博弈分析

在国家层面,发达国家与发展中国家是贸易摩擦的两大主要阵营。非对称演化博弈是两种或两种以上类型个体组成的不同群体成员间的随机配对博弈。因此,本节采用非对称演化博弈过程对国家层面的贸易摩擦进行建模。

1. 模型假设

设 A、B 分别为贸易中的发达国家与发展中国家代表。把取消对本国商品

和服务贸易的特权和优待,使商品和服务自由经营、自由竞争,抽象为自由贸易策略;把保护本国产品和服务在本国市场免受他国竞争,并对本国出口商品和服务贸易给予优待和补贴,抽象为保护贸易策略,图 13-2 示意性给出了贸易保护主义。

图 13-2　贸易保护主义

A、B 双方贸易中的支付矩阵见表 13-1。

表 13-1　A、B 双方贸易中的支付矩阵

贸易支付	自由贸易策略 B_1	保护贸易策略 B_2
自由贸易策略 A_1	(V_1, V_2)	$(0, V)$
保护贸易策略 A_2	$(V, 0)$	(V_1-C_1, V_2-C_2)

（1）V_1、V_2 分别代表 A、B 均采取自由贸易策略时两者的收益,受经济发展不平衡、贸易地位不均等制约,有 $V_1 > V_2$；

（2）当 A、B 分别采取保护贸易或自由贸易策略时,采取保护贸易策略者收益为 $V(V > V_1 > V_2)$,采取自由贸易策略者收益为 0；

（3）当 A、B 均采取保护贸易策略时,A 净收益为 $V_1-C_1(V_1-C_1 < 0)$,B 净收益为 $V_2-C_2(V_2-C_2 < 0)$,C_1、C_2 分别为 A、B 采取保护贸易策略导致的损失,据历史数据统计,有 $V_1 > V_2$,$C_1 < C_2$,则 $V_1-C_1 > V_2-C_2$；

（4）发达国家阵营中,自由贸易策略集保护贸易策略被选择的概率分别为 p、$1-p$,发展中国家阵营中,两者分别为 q、$1-q$。

2. 均衡点及稳定性分析

分别计算 A 采取策略 A_1、A_2 的期望收益 E_{A_1}、E_{A_2},以及平均期望收益 E_A。

$$\begin{cases} E_{A_1} = V_1 \times q + 0 \times (1-q) \\ E_{A_2} = V \times q + (V_1 - C_1) \times (1-q) \\ E_A = E_{A_1} \times p + E_{A_2} \times (1-p) \end{cases} \quad (13-1)$$

则其复制动态方程为

$$d_p/d_t = p(E_{A_1} - E_A) = p(1-p)[q(2V_1 - V - C_1) + C_1 - V_1] \quad (13-2)$$

同理,B 的复制动态方程为

$$d_q/d_t = q(E_{B_1} - E_B) = q(1-q)[p(2V_2 - V - C_2) + C_2 - V_2] \quad (13-3)$$

令式(13-2)、式(13-3)为零,得 5 个均衡点:

$$\begin{cases} E_1(0,0) \\ E_2(1,1) \\ E_3(0,1) \\ E_4(1,0) \\ E_5[(V_2-C_2)/(2V_2-V-C_2), (V_1-C_1)/(2V_1-V-C_1)] \end{cases} \quad (13-4)$$

设雅克比矩阵为 J,令 $\mathrm{Det}(J) > 0$ 且 $\mathrm{Tr}(J) < 0$,考察上述均衡点稳定性,其结果见表 13-2。

表 13-2　稳定性判断

均衡点	$\mathrm{Det}(J)$	$\mathrm{Tr}(J)$	稳定性
E_1	+	+	不稳定
E_2	+	+	不稳定
E_3	+	−	ESS
E_4	+	−	ESS
E_5	−	0	鞍点

据此绘制该演化博弈的动态相位图,如图 13-3 所示。

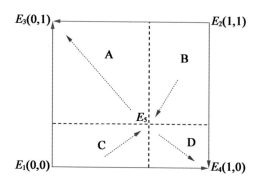

图 13-3　两国贸易演化博弈的动态相位图

☐ 若 $p<(V_2-C_2)/(2V_2-V-C_2)$ 且 $q>(V_1-C_1)/(2V_1-V-C_1)$，则初始点落在区域 A 内，并随时间推移向演化稳定点 E_3 靠近，最终收敛于演化稳定策略 $(0,1)$，即发达国家阵营采取保护贸易策略，发展中国家阵营采取自由贸易策略；

☐ 若 $p>(V_2-C_2)/(2V_2-V-C_2)$ 且 $q<(V_1-C_1)/(2V_1-V-C_1)$，初始点落在区域 D 内，并向演化稳定点 E_4 靠近，收敛于演化稳定策略 $(1,0)$，即发达国家阵营采取自由贸易策略，发展中国家阵营采取保护贸易策略；

☐ 若 $p<(V_2-C_2)/(2V_2-V-C_2)$ 且 $q<(V_1-C_1)/(2V_1-V-C_1)$，或者，$p>(V_2-C_2)/(2V_2-V-C_2)$ 且 $q>(V_1-C_1)/(2V_1-V-C_1)$，初始点落在区域 C、B 内，并向 E_5 靠近，由于 E_5 为鞍点，因此最终稳定于 E_3 或 E_4。

区域 A、D 的相对面积决定了收敛于 E_3、E_4 的概率大小。由于实际贸易中，摩擦带给发展中国家的损失更大（$C_1<C_2$ 且 $V_1-C_1>V_2-C_2$），计算可得 $S_A>S_D$，即发达国家往往实施贸易保护策略，发展中国家迫于现况不得不妥协。因此，促使发达国家施行自由贸易策略是促进贸易平等，减少摩擦的关键。

根据图 13-3，从数学计算角度，并结合现实需求：贸易保护带给发达国家的损失 C_1 越大，带给发展中国家的损失 C_2 越小，或者自由贸易策略带给发达国家的利益 V_1 越大，带给发展中国家的利益 V_2 越小，则 S_A 越小，S_D 越大，即发达国家越倾向于施行自由贸易策略。

13.2.2　企业层面对称演化博弈分析

1. 模型假设

国家层面的贸易博弈在实际操作层面，其战略意图最终会落实到企业的跨国投资、并购、承揽工程等企业行为中，参与博弈的主体实质上是国家宏观政策调控下的企业群体。因此，本节针对企业层面的贸易摩擦进行建模，并寻求其摩擦协调机制。

鹰鸽博弈是一种用于分析冲突本质的经典博弈模型,其研究的是群体竞争和冲突中的策略选择和均衡问题,其中"鹰派"和"鸽派"分别指攻击型与和平型两种策略或策略类型,分别用 e_1、e_2 表示。传统上,将博弈双方划分为鹰派和鸽派两类,在有限理性下基于复制动态方程求其演化稳定策略。

设群体中,采取 e_1、e_2 策略的比例分别为 x 和 $1-x$,一轮博弈中两派争夺的资源为 v,失败一方将损失 c 且 $c>v$。群体唯一演化稳定解为

$$\left(\frac{v}{c}, 1-\frac{v}{c}\right) \tag{13-5}$$

群体平均期望收益为

$$E_0 = -\frac{c}{2}x^2 + \frac{v}{2} \tag{13-6}$$

易得

$$E_0 < \frac{v}{2} \tag{13-7}$$

若将采取和平型策略的个体比例($1-v/c$)作为合作水平高低的评判标准,则群体整体期望收益 E_0 与合作水平间为一对不可调和的矛盾:减小 v 或增大 c 都将导致整体收益 E_0 的下降。即合作并不总是好的,无原则的竞争和无原则的共享都会降低群体整体收益。在企业层面,对于市场这个有限资源,何时竞争何时共享,才能最大化群体整体效益从而实现双赢?是否存在第三种策略可以兼顾群体合作水平与整体效益?

2. 针锋相对与自由民

针锋相对策略最初在博弈领域著名的 Axelrod 锦标赛上崭露头角。针锋相对能稳定地促使个体自发合作,从而最大化群体整体收益,且个体收益普遍优于其他策略。

在博弈论中,针锋相对策略来自阿克塞洛德一个非常著名的实验,也被称为以牙还牙策略,即对方合作我就合作,对方不合作我也选择不合作。

这个策略包括以下几条内容:

□　谈判方是善意的,不会率先积极索取。

□　一旦对方背叛,则立即针锋相对地进行积极索取。

□　双方都是宽容的,虽然采取针锋相对的报复,但如果对方重新采取合作的态度的话,仍然会给他机会。

针锋相对策略是目前学术界能够比较有效地解释生物界有限的利他性的模型。虽然从英文来进行翻译的话,这个词译成针锋相对是没问题的,但从实

际效果来看,这种基因策略最终追求的更像是一种"知恩图报"的社交策略。图 13-4形象化地给出了针锋相对策略的示意图。

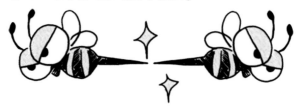

图 13-4　针锋相对策略示意图

南美洲有一种群居的吸血蝙蝠(图 13-5),它们只靠吸血为生。在夜里,它们凭借自己尖利的牙齿,从马或者牛之类的哺乳动物身上吸血为生。它们的唾液里含有阻止血液凝结的物质,这种物质甚至可能具有减轻疼痛的功效。不过,这种蝙蝠也不是每次都能成功而返,个别的会空着肚子返回栖息地。但是对于这些蝙蝠而言,它们至少每 3 天要饱食一顿,否则它们就会面临饿死的窘境。

图 13-5　群居的吸血蝙蝠

美国生物学家杰拉尔德·威尔金森经研究发现,吸饱血的吸血蝙蝠愿意让饥饿的同类分享自己所带回来的储备品。它们将自己肚子里的血液又呕出来,喂进乞讨者的嘴里。令人感到惊讶的是,它们不但这样喂亲属和自己的后代,而且也喂养其他非亲非故的同类。但这不是一种完全的慷慨行为,因为蝙蝠相互之间喂食都遵从这样一个严格的游戏规则——蝙蝠们不会继续向那些知恩不报的个体喂赠血液。乍一看,有些人可能感到不屑,看来蝙蝠们还是这副德行,一点都不够慷慨。要是这样想,那就严重低估了蝙蝠所进化而来的智慧了。

不妨假设,蝙蝠们无差异化地喂赠血液。那么由于基因变异,很可能会变异出一些好吃懒做的蝙蝠们,称之为"搭便车者"。它们一个劲地等待着别的蝙蝠来喂养它们,而自己只顾"娶妻生孩"。由于它们比出外劳作的蝙蝠拥有多得多的时间和血液储备,所以它们会繁殖出比"勤劳者"更多的后代。如此一来,

"搭便车者"就会在蝙蝠群体里面迅速壮大。而"勤劳"的蝙蝠在自己找不到血液的时候却得不到他们的反馈,最终无功而返、辛劳而终。因此,搭便车型基因就会迅速逆淘汰掉馈赠型基因。最终的结果要么是蝙蝠们相互喂食的传统失传了,要么就是群体被搭便车者所占据。因此,无论是哪个结果,我们都将无法再看到上文所描述的那一幕。所以说,没有原则地慷慨,从长远来说未必对种群有利。

而南美洲的这种吸血蝙蝠所遵照的原则:"喂血给那些曾经给我喂过血的朋友",正是一种典型的针锋相对策略。从表面上看,要辨认同类而且要判断其是否知恩图报,实在要浪费不少时间和脑力(对于小动物来说,可能是一笔非常可观的消耗)。但实际上这样的付出,相对于搭便车者在群体内部的病毒式感染扩散,着实要划算得多。因此,只有那些能够进化出"针锋相对"的基因的群体才免于搭便车式的夺利基因引起的毁灭性灾难,同时而又无须舍弃互利互惠的好处。所以说"针锋相对"基因的作用是,一定程度上保护了"互惠互利"基因,避免群体迅速感染"搭便车"基因而走向多败和最终被淘汰的结局。

受针锋相对策略启发,本章节扩展传统 2×2 鹰鸽博弈模型,在企业层面的贸易摩擦协调机制中,引入除鹰鸽之外的第三种策略——自由民策略 e_3。自由民策略有以下 3 个假设。

假设 1:对同一市场资源存在竞争关系的企业,能够将他们的行为建立在共同可观察到的随机事件上,先来后到的顺序为共同知识。

假设 2:对同一市场资源开发主动权的占有顺序是随机的,若企业 A 首先获得市场开发主动权,则不论另一介入竞争的企业 B 采取何种策略,企业 A 都将采取鹰策略;若企业 A 滞后获得市场开发主动权,则不论企业 B 采取何种策略,企业 A 都将采取鸽策略。

假设 3:设鹰派、鸽派、自由民分别简称为 H、P、Z。若 Z 和 H 相遇,由于 Z 对于市场开发主动权的先后获取概率均等,其期望收益为

$$\frac{1}{2}\left(0+\frac{v-c}{2}\right)=\frac{v-c}{4} \tag{13-8}$$

H 期望收益为

$$\frac{1}{2}\left(v+\frac{v-c}{2}\right)=\frac{3v-c}{4} \tag{13-9}$$

若 Z 和 P 相遇,两者期望收益分别为

$$\begin{cases}\dfrac{1}{2}\left(v+\dfrac{v}{2}\right)=\dfrac{3v}{4}\\[2mm]\dfrac{1}{2}\left(0+\dfrac{v}{2}\right)=\dfrac{v}{4}\end{cases} \tag{13-10}$$

若 Z 和 Z 相遇,两者期望收益均为

$$\frac{1}{2}(0+v)=\frac{v}{2} \tag{13-11}$$

H、P 和 Z 扩展博弈模型支付矩阵见表 13-3。

表 13-3　H、P 和 Z 扩展博弈模型支付矩阵

	鹰派 e_1	鸽派 e_2	自由民 e_3
鹰派 e_1	$(v-c)/2$	v	$(3v-c)/4$
鸽派 e_2	0	$v/2$	$v/4$
自由民 e_3	$(v-c)/4$	$3v/4$	$v/2$

3. 均衡点及稳定性分析

设在企业群体中,采取 e_1、e_2 策略的企业比例分别为 x、y,则采取策略 e_3 的企业比例为 $1-x-y$。策略 e_1、e_2、e_3 的期望收益及平均期望收益为

$$\begin{cases} E_{e_1}=\dfrac{v-c}{2}x+vy+\dfrac{3v-c}{4}(1-x-y) \\[2mm] E_{e_2}=\dfrac{v}{2}y+\dfrac{v}{4}(1-x-y) \\[2mm] E_{e_3}=\dfrac{v-c}{4}x+\dfrac{3v}{4}y+\dfrac{v}{2}(1-x-y) \\[2mm] E=xE_{e_1}+yE_{e_2}+(1-x-y)E_{e_3} \end{cases} \tag{13-12}$$

复制动态方程为

$$\begin{cases} \mathrm{d}x/\mathrm{d}t=x(E_{e_1}-E)=x\left(\dfrac{c-v-2cy}{4}x+\dfrac{vy+cy+v-c}{4}\right) \\[2mm] \mathrm{d}y/\mathrm{d}t=y(E_{e_2}-E)=y\left(\dfrac{v-2cx}{4}y-\dfrac{vx-2cx+v}{4}\right) \end{cases} \tag{13-13}$$

据此,求得模型 4 个均衡点:

$$\begin{cases} E_1'(0,1) \\[2mm] E_2'(1,0) \\[2mm] E_3'(0,0) \\[2mm] E_4'\left(\dfrac{(v+c)y+v-c}{2cy+v-c},\dfrac{v+(v-2c)x}{v-2cx}\right) \end{cases} \tag{13-14}$$

分别考察上述均衡点稳定性,见表 13-4。

表 13-4　均衡点稳定性判断

均衡点	Det(J)	Tr(J)	稳定性
E_1'	−	0	鞍点
E_2'	−	0	鞍点
E_3'	+	−	ESS
E_4'	+	+	不稳定

在演化稳定点 E_3' 处有

$$E\big|_{\substack{x=0\\y=0}}=xE_{e_1}+yE_{e_2}+(1-x-y)E_{e_3}=\frac{v}{2} \tag{13-15}$$

$E>E_0$，即当所有企业均采取自由民策略时，企业群体的平均期望收益严格高于传统鹰鸽博弈。自由民策略 e_3 既是演化稳定策略，又可使企业群体整体期望收益最大化。

13.3　对　策　建　议

本节基于前文结论，分别从国家和企业两个层面给出对策建议，以期为贸易摩擦的最终解决提供决策支持。

主动挑起贸易摩擦，是典型的单边主义和贸易保护主义做法。多边国际关系中，唯有开放包容才能合作共赢，上至国家下到企业，零和博弈必将导致两败俱伤。

国家层面：最小化贸易保护对我方损失为 C_2，间接增大对方损失为 C_1，缩减 S_A 扩充 S_D，增加博弈初始点落入区域 D 并演化稳定于 E_4 的概率，以实际收益引导和驱动对方施行自由贸易策略。具体可从两方面入手：M_{state}^1——进一步扩大内需；M_{state}^2——调整与优化产业结构。基于 ESS 的国家层面对策机理如下：

$$M_{state}^1 \cup M_{state}^2 \rightarrow \text{Min}\,C_2 \cap \text{Max}\,C_1 \rightarrow \text{Max}(S_D/S_A) \rightarrow \text{ESS}(E_4) \tag{13-16}$$

（1）进一步扩大内需。内需是我国经济可持续发展的一个重要驱动力，在外部贸易环境不稳定的背景下，应以内部经济为主导，加快经济独立。加快推进收入分配和供给侧改革，培育新的消费热点，扩大市场需求。

（2）调整与优化产业结构。我国目前主要是靠劳动密集型产业推动出口，

在国际分工中处于价值链底端。建议政府进一步引导和鼓励高新技术产业,发展核心技术,提高产品技术含量与附加值,增强自主创新能力与核心竞争力。

企业层面:对于占据主动权的 5G 市场资源,坚决施行自由民策略 e_3,扩大市场资源份额 v,最大化自身收益 E_{e_3},最大化双方期望 E,力求实现双赢。具体可从两个方面入手:$M^1_{\text{enterprise}}$——进一步开拓资源市场;$M^2_{\text{enterprise}}$——强化市场资源掌控能力。基于 ESS 的企业层面对策机理如下:

$$M^1_{\text{enterprise}} \cup M^2_{\text{enterprise}} \to \text{Max}v \to \text{Max}E_{e_3} \cap \text{Max}\big[ESS(E) \big] \qquad (13\text{-}17)$$

(1)进一步开拓资源市场。以"一带一路"倡议为历史契机,在提升企业自身研发能力的同时,积极开拓海外市场,构建外资"引进来"与企业"走出去"间的平衡新格局。摆脱对单一资源市场的过度依赖,扭转贸易摩擦中我方被动局面。

(2)强化市场资源掌控能力。加强企业自主创新和知识产权保护,一方面,通过企业、高校、科研院所的良性互动,做到产学研结合;另一方面,注意对自身专利权的保护,减少或避免国际知识产权纠纷。此外,注重品牌建设,品牌是产品质量、企业创新力的综合体现,是企业竞争中极为重要的无形财富。

随着经济全球化的持续推进,贸易摩擦将成为国际关系的新常态。贸易摩擦能否妥善解决,关系国家经济利益、前途命运。演化博弈论为贸易摩擦协调机制的研究提供了基础理论框架。本章针对贸易摩擦协调中的两方面难题,分别从国家和企业两个层面,构建演化博弈模型,求解模型演化均衡解及其稳定性,以寻求贸易摩擦协调机制,并给出对策建议,以期为贸易摩擦的最终解决提供决策支持。

需要注意的是,本章在模型构建时,对双方支付的计算均设定参数为常量,而在实际的多阶段动态演化过程中,支付极有可能为时变函数,下一步需要分析支付随时间的变化关系,构建更为科学合理的支付函数,为完善国际贸易摩擦协调机制及科学辅助决策提供支持。

第 14 章　平均丰度与策略占优

本章针对混合均匀有限群体中的演化博弈,在愿景驱动规则下构建多元公共品演化博弈模型,据此理论推导出模型的平均丰度函数,并仿真计算成本、收益系数、愿景水平 3 类参数对平均丰度的影响。进一步地,以平均丰度为出发点,理论推导博弈的合作策略占优条件,并针对线性和带门限值的两类公共品演化博弈,仿真分析收益系数、愿景水平和门限值等参数对策略占优的影响,获取两类博弈模型的策略占优特性。数理推导结果及仿真结论为演化博弈在混合均匀有限群体分析提供了理论依据。

14.1　多元公共品演化博弈框架

14.1.1　多元演化博弈过程

公共品演化博弈为揭示合作演化机理,解决公共资源悲剧提供了基础理论框架。该博弈模型以公共物品投资为背景,反映了投资者(合作者)与搭便车者(背叛者)随着时间推移,基于投资成本、收益系数和选择强度等众多参数进行策略博弈,使得群体中合作者和背叛者的占比发生动态变化,最终会趋于一个演化稳定状态。对该博弈过程的研究重点是,计算经多轮博弈后合作者在集群中占比的期望值,即平均丰度(average abundance),进而分析其与相关参数的函数关系,揭示不同参数对于演化行为的影响,最终实现管控目的。

设多元演化博弈发生在一个数量为 N 的混合均匀种群中,种群中每个个体在策略集 $\{A,B\}$ 中进行策略更新。某时刻,若种群中选择策略 A 的个体(A 类型)数为 i,则选择策略 B 的个体(B 类型)数为 $N-i$,随多轮演化过程推进,A 类型与 B 类型在种群中的占比将动态更新,并最终趋于稳定。

本章将多元演化博弈过程抽象为以下 3 个步骤:

(1)在数量为 N 的种群中任取一个焦点个体 X(A 类型或 B 类型),同时在

余下的 $N-1$ 个个体中选取 $d-1$ 个个体,构成规模为 $d(d<N)$ 的一个组。若组中 A 类型规模为 $k(0 \leq k \leq d-1)$,则 B 类型的个体规模为 $d-k-1$;

(2)焦点个体 X 在组内与其余 $d-1$ 个个体进行博弈,即各方分别在 $\{A,B\}$ 中选择博弈策略。若 X 为 A 类型则其收益为 a_k,若是 B 类型则为 b_k;

(3)每轮博弈结束后,焦点个体 X 评估其不同策略选择下的收益,然后依据模仿或愿景驱动机制更新其策略。

上述过程重复推进,直到某个类型在整个种群中的占比趋于稳定。

k 的不同取值决定了焦点个体 X 的收益 a_k 与 b_k,多元演化博弈单次博弈中 X 的收益矩阵见表 14-1。

表 14-1　多元演化博弈单次博弈收益矩阵

	$d-1$	$\cdots$	k	$\cdots$	0
A	a_{d-1}	$\cdots$	a_k	$\cdots$	a_0
B	b_{d-1}	$\cdots$	b_k	$\cdots$	b_0

将多元演化博弈模型运用到公共品博弈问题中,策略 A 为合作策略,即参与投资,策略 B 则反之。当 X 选择策略 A,则群组中个体总贡献量为 $kc+c$,$kc+c$ 乘以收益系数 r 后总产出为 $r(kc+c)$,每个个体收益为 $r(kc+c)/d$,由于 X 付出成本为 c,因而其净收益为 $r(kc+c)/d-c$;当 X 选择策略 B,则组中个体总贡献量为 kc,总产出为 rkc,每个个体收益为 rkc/d,由于 X 无成本付出,因而其净收益为 rkc/d。因此 a_k 与 b_k 具体形式为

$$a_k = r(kc+c)/d - c \tag{14-1}$$

$$b_k = rkc/d \tag{14-2}$$

14.1.2　博弈期望收益

由上述多元演化博弈模型可知,组中 d 个个体的类型是随机的,因此焦点个体 X 在组内与其余 $d-1$ 个个体发生博弈时,其遇到 k 个 A 类型个体和 $d-k-1$ 个 B 类型个体的概率,满足超几何分布的数学约束。以 A 类型的焦点个体 X 为例,其遇到 k 个 A 类型个体和 $d-k-1$ 个 B 类型个体的概率为 $P_A(N,i;d,k) = C_{i-1}^k C_{N-i}^{d-k-1} / C_{N-1}^{d-1}$,其中 i 为种群 N 中 A 类型的数量;C_{i-1}^k 和 C_{N-i}^{d-k-1} 分别为选取 A、B 类型的个体组合数;C_{N-1}^{d-1} 为参加选择的个体组合数。概率 $P_A(N,i;d,k)$ 对应于收益 a_k,一个 A 类型焦点个体 X 在一轮博弈中面临 d 种可能的相遇获得 d 种可能的收益。因此,A 类型焦点个体 X 在某轮博弈中的期望收益为

$$\pi_A(i) = \sum_{k=0}^{d-1} \frac{C_{i-1}^k C_{N-i}^{d-k-1}}{C_{N-1}^{d-1}} a_k \qquad (14-3)$$

同理，$P_B(N,i;d,k) = C_i^k C_{N-i-1}^{d-k-1}/C_{N-1}^{d-1}$，一个 B 类型焦点个体 X 在某轮博弈中的期望收益为

$$\pi_B(i) = \sum_{k=0}^{d-1} \frac{C_i^k C_{N-i-1}^{d-k-1}}{C_{N-1}^{d-1}} b_k \qquad (14-4)$$

14.1.3　愿景驱动规则

广义上的演化博弈模型可简化为马尔科夫链+策略更新机制，平均丰度函数的确定与策略更新机制密切相关。

目前在演化博弈中主要存在无条件模仿、复制动态、费米规则、莫兰过程等几类典型策略更新规则，其中愿景驱动规则属于费米规则的特例，侧重于将演化博弈收益与愿景水平比较而进行新的决策，该规则强化了个体主观愿望在博弈中的作用，主观愿望是焦点个体的本质特征，反映了焦点个体对于博弈收益的期望（或"贪婪"程度）。愿景驱动动态侧重于将演化博弈收益与愿景水平（aspiration level）的比较，进而做出新一轮决策，这强化了个体主观愿望在博弈中的作用，它一般较少考虑策略环境影响。

现实问题往往存在信息获取不完全、不对称、对策略环境预期存在偏差，这就要求群体中的个体能实现自我管理与自我协同。现有成果表明，无论在囚徒困境博弈还是公共品博弈中，愿景驱动的动态机制相比于传统模仿动态，更能提高平均丰度值，进而促进合作。

在该规则驱动下，焦点个体从 A 类型更新为 B 类型的概率为

$$P_{A \to B} = \frac{1}{1+e^{\omega(\pi_A(i)-\alpha)}} \qquad (14-5)$$

式中，α 为焦点个体愿景水平；ω 为选择强度，其可放大或缩小 $\pi_A-\alpha$ 对策略更新概率的影响。令 $\Delta = \pi_A - \alpha$，若 $\Delta = 0$，则 $P_{A \to B} = 1/2$，个体对策略 A、B 的偏好相同；若 $\Delta > 0$（即个体收益 π_A 高于愿景水平 α 时），则 $P_{A \to B} < 1/2$，此时个体更偏向于选择策略 A；若 $\Delta < 0$（即个体收益 π_A 低于愿景水平 α 时），则 $P_{A \to B} > 1/2$，此时个体更偏向于选择策略 B。

同理，焦点个体从 B 类型更新为 A 类型的概率为

$$P_{B \to A} = \frac{1}{1+e^{\omega(\pi_B(i)-\alpha)}} \qquad (14-6)$$

基于愿景驱动的多元演化博弈模型中，A 类型个体数量的动态变化有 3 种

趋势:(1)$i \rightarrow i-1$;(2)$i \rightarrow i+1$;(3)$i \rightarrow i$。

根据式(14-5)、式(14-6)可得对应的转移概率,此概率刻画了种群中 A 类型个体的演化过程,该过程通常用无吸收态的马尔科夫链状态方程来描述:

$$P(i \rightarrow i-1) = T_i^- = \frac{i}{N} \frac{1}{1+e^{\omega(\pi_A(i)-\alpha)}} \tag{14-7}$$

$$P(i \rightarrow i+1) = T_i^+ = \frac{N-i}{N} \frac{1}{1+e^{\omega(\pi_B(i)-\alpha)}} \tag{14-8}$$

$$P(i \rightarrow i) = 1 - T_i^- - T_i^+ \tag{14-9}$$

由于无吸收态的马尔科夫链在数学上存在一个平稳分布,因此基于上述状态方程可推导出多元演化博弈的平均丰度函数。

14.2　平均丰度函数

在目前的平均丰度研究中,大多基于其定义式采用数字模拟(simulation)方式,并未给出其严格的数学表达式。本节通过分析无吸收态的马尔科夫链的平稳分布,推导出多元公共品演化博弈模型的平均丰度函数。

14.2.1　平均丰度

定义 14-1　平均丰度。集群中 A 类型个体比例 j/N 为随机变量,设 $v(j)$ 为该随机变量的概率分布,则易得集群中 A 类型个体比例的期望值,定义该期望值为集群中 A 类型的平均丰度。

由以上定义可知,平均丰度 $<X_A(j)>$ 定义式可表示为

$$< X_A(j) > = \sum_{j=0}^{N} \frac{j}{N} v(j) \tag{14-10}$$

平均丰度计算的关键是确定随机变量的概率分布 $v(j)$。对于无吸收态的马尔科夫链,$v(j)$ 即为马尔科夫链的平稳分布 $\varphi_j(j \in [0, N])$,而平稳分布 φ_j 满足细节平衡条件(detailed balance condition):$\varphi_j T_j^+ = \varphi_{j+1} T_{j+1}^-$。

式(14-10)为定义式,无法直接运用到实际的计算中,下节将以细节平衡条件为切入点,理论推导出平均丰度展开式,以直观揭示平均丰度与各参数间的定量关系,为后续的特性分析及实际应用提供理论计算模型。

14.2.2　函数推导

由细节平衡条件可知:

$$\varphi_1 = \frac{T_0^+}{T_1^-}\varphi_0 \tag{14-11}$$

$$\varphi_2 = \frac{T_1^+}{T_2^-}\varphi_1 = \frac{T_0^+ T_1^+}{T_1^- T_2^-}\varphi_0 \tag{14-12}$$

$$\varphi_3 = \frac{T_2^+}{T_3^-}\varphi_2 = \frac{T_0^+ T_1^+ T_2^+}{T_1^- T_2^- T_3^-}\varphi_0 \tag{14-13}$$

对上式进行归纳分析易得

$$\varphi_j = \frac{\prod_{i=0}^{j-1} T_i^+}{\prod_{i=1}^{j} T_i^-}\varphi_0 = \prod_{i=0}^{j-1} h(i)\varphi_0 (j \geqslant 1) \tag{14-14}$$

式中,$h(i)$ 为类型占优函数,$h(i) = \dfrac{T_i^+}{T_{i+1}^-}$,若 $h(i) > 1$,即 A 类型增加的概率大于减小的概率,表示种群中 A 类型占优,反之 B 类型占优。

由于平稳分布 φ_j 满足 $\sum_{j=0}^{N} \varphi_j = 1$,因此:

$$\sum_{j=0}^{N} \varphi_j = \varphi_0 + \sum_{j=1}^{N} \prod_{i=0}^{j-1} h(i)\varphi_0 = 1 \tag{14-15}$$

由式(14-15)解出 $\varphi_0 = \dfrac{1}{1 + \sum_{j=1}^{N} \prod_{i=0}^{j-1} h(i)}$,带入式(14-14)得出

$$\varphi_j = \frac{\prod_{i=0}^{j-1} h(i)}{1 + \sum_{j=1}^{N} \prod_{i=0}^{j-1} h(i)} \ (j \geqslant 1) \tag{14-16}$$

将式(14-16)代入定义式(14-10)可得平均丰度展开式:

$$< X_A(j) > = \frac{1}{N} \sum_{j=1}^{N} j \frac{\prod_{i=0}^{j-1} h(i)}{1 + \sum_{j=1}^{N} \prod_{i=0}^{j-1} h(i)} = \frac{1}{N} \frac{\sum_{j=1}^{N} j \prod_{i=0}^{j-1} h(i)}{1 + \sum_{j=1}^{N} \prod_{i=0}^{j-1} h(i)} \tag{14-17}$$

$$h(i) = \frac{T_i^+}{T_{i+1}^-} = \frac{(N-i)(1 + e^{\omega(\pi_A(i+1)-\alpha)})}{(i+1)(1 + e^{\omega(\pi_B(i)-\alpha)})} \tag{14-18}$$

实际上,式(14-17)为愿景驱动规则下多元演化博弈的平均丰度通用表达式,其具体应用取决于 a_k 和 b_k,因此组合式(14-1)、式(14-2)、式(14-3)、式(14-4)、式(14-17)、式(14-18)就构建出了多元公共品演化博弈的平均丰度函数。

14.3 演化博弈分析

本节基于多元公共品博弈的平均丰度展开式,在已知种群数量 N、群组规模 d 的情况下,分析成本 c、收益系数 r、愿景水平 α 对平均丰度的影响。选取基本参数 $N=100$、$d=15$、$c=1$、$r=1.3$、$\alpha=1$,当计算某个参数的影响时,其他参数保持不变。另外,为了反映不同选择强度下,相应参数对平均丰度影响程度的不同,特选取 $\omega=0$、5、10、15、20。将上述参数值代入式(14-17)进行计算并绘制出仿真曲线。

14.3.1 成本对平均丰度的影响

由式(14-1)、式(14-2)可知,增加 c 将增大 a_k、b_k,进而增大 $\pi_A(i)$、$\pi_B(i)$,导致 T_i^+、T_i^- 均减小。由于 $h(i)=T_i^+/T_{i+1}^-$,因此在其他参数保持不变,成本 c 增加的情况下,$h(i)$ 的变化情况难以确定,丰度变化情况无法确定。

选取成本区间 $c\in[0.6,1.5]$,绘制策略 A 的平均丰度 X_A 变化曲线如图14-1 所示。

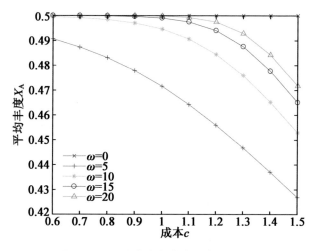

图 14-1　平均丰度与成本间的关系曲线

由图 14-1 可见,随成本 c 的增加,X_A 呈单减趋势;$\omega=0$ 时,$X_A=0.5$(集群中的合作者与背叛者比例均衡),$\omega\neq0$ 时,同样的成本下,ω 越大平均丰度 X_A 越大;此外,随 ω 减小,c 对 X_A 的影响增加:$\Delta<X_A(\omega=20)>\approx0.028$,$\Delta<X_A(\omega=5)>\approx0.063$。

结论 1　c 的增加会减小平均丰度,特别是当 ω 较小时。

14.3.2 收益系数对平均丰度的影响

增加收益系数 r，$h(i)$ 的变化情况难以确定，丰度变化情况无法确定。选取收益系数区间 $r \in [0.9, 1.8]$，绘制策略 A 的平均丰度 X_A 变化曲线如图 14-2 所示。

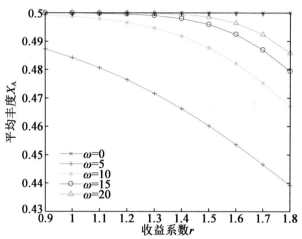

图 14-2 平均丰度与收益系数间的关系曲线

由图 14-2 可见，随收益系数 r 的增加，X_A 呈单减趋势，这表明由于收益系数的增加，集群中"搭便车"现象大量出现，合作现象减弱，导致平均丰度下降；并且，随 $\omega(\omega \neq 0)$ 减小，r 对 X_A 的影响增加：$\Delta <X_A(\omega = 20)> \approx 0.014$，$\Delta <X_A(\omega = 5)> \approx 0.047$。

结论 2 r 的增加会减小平均丰度，特别是当 ω 减小时较为显著。

14.3.3 愿景水平对平均丰度的影响

同样，愿景水平 α 增加的情况下，$h(i)$ 的变化情况难以确定，丰度变化情况无法确定。选取愿景水平区间 $\alpha \in [0.9, 1.4]$，绘制策略 A 的平均丰度 X_A 变化曲线如图 14-3 所示。

由图 14-3 可见，随愿景水平 α 的增加，X_A 呈增加趋势，这表明愿景水平的提高，使得非合作收益更难以达到其期望水平，策略更新概率 $P_{B \to A}$ 增加，更多的非合作者转变为合作者；并且，随 $\omega(\omega \neq 0)$ 减小，α 对 X_A 的影响增加：$\Delta <X_A(\omega = 20)> \approx 0.002$，$\Delta <X_A(\omega = 5)> \approx 0.037$。

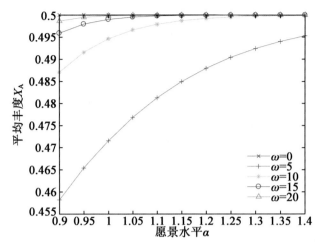

图 14-3 平均丰度 X_A 变化曲线

结论 3 α 的增加会使平均丰度增加,特别是在 ω 减小时较为显著。

以上结论表明,参数 c、r、α 对平均丰度的曲线走势产生影响。其中 c、r 对平均丰度的影响表现为,当 c、r 增加时,平均丰度呈单调递减;而 α 对平均丰度的影响表现为,随 α 增加,平均丰度呈单调递增。上述结论为实际中对集群的合作演化调控提供了理论依据。

14.4 策略占优规则

本节首先通过分析无吸收态的马尔科夫链的平稳分布,进而基于平均丰度函数的一阶泰勒展开式,数学推导出合作策略占优规则。

定义 14-2 策略占优 群体中,当内部博弈达到演化稳定状态时,若某策略的平均丰度值大于 0.5,则称该策略为占优策略。

因此,合作策略占优为

$$< X_A(j) > = \sum_{j=0}^{N} \frac{j}{N}\varphi_j > \frac{1}{2} \tag{14-19}$$

对上式的 φ_j 做一阶泰勒展开:

$$\varphi_j \approx \varphi_j(\omega)\big|_{\omega=0} + \omega\left[\frac{\partial}{\partial\omega}\varphi_j\right]_{\omega=0} \tag{14-20}$$

式中,$\varphi_j(\omega)\big|_{\omega=0} = \varphi_j(0) = \dfrac{C_N^j}{2^N}$,因此:

$$\sum_{j=0}^{N} \frac{j}{N}\varphi_j(0) = \sum_{j=0}^{N} \frac{j}{N}\frac{C_N^j}{2^N} = \frac{1}{2} \tag{14-21}$$

式(14-15)即等价为

$$\sum_{j=0}^{N} \frac{j}{N} \omega \left[\frac{\partial}{\partial \omega} \varphi_j \right]_{\omega=0} > 0 \tag{14-22}$$

对式(14-12)求偏导,并代入式(14-18)得

$$\sum_{k=0}^{d-1} \left[C_{d-1}^{k} (a_k - b_k) \right] > 0 \tag{14-23}$$

详细推导过程见附录 14-1。式(14-23)即为合作策略占优条件,该条件适用于任何多方双策略博弈。传统模仿动态的策略占优条件,完全取决于不同策略收益差的加和,即 $\sum_{k=0}^{d-1} (a_k - b_k) > 0$。而在愿景驱动模式下,为策略收益差增加了额外的权重,即 $\sum_{k=0}^{d-1} \left[C_{d-1}^{k} (a_k - b_k) \right] > 0$,因此,集群中合作策略持有者数量 k 将变得尤为重要。由于组合数 C_{d-1}^{k} 的对称特性,当 k 取 d 的中间值(即集群中合作者与非合作者数量基本均等)时,C_{d-1}^{k} 对策略占优的影响程度最大。

本节通过严格数学推导,得出了多元演化博弈策略占优条件,为下一节两类公共品博弈特性分析,提供了理论依据。

14.5 公共品演化博弈比较分析

本节对线性和带门限值的两类公共品博弈进行分析,获取其策略收益,仿真策略占优特性,据此给出有效避免"公地悲剧",实现群体合作策略占优的建议。

14.5.1 线性公共品博弈

在线性公共品博弈中,当 X 选择合作策略 A,则群组中个体总贡献量为 $kc+c$,$kc+c$ 乘以收益系数 r 之后总产出为 $r(kc+c)$,每个个体收益为 $r(kc+c)/d$,由于 X 付出成本为 c,因而其净收益为 $r(kc+c)/d-c$;当 X 选择策略 B,则组中个体总贡献量为 kc,总产出为 rkc,每个个体收益为 rkc/d,由于 X 无成本付出,因而其净收益为 rkc/d。因此 a_k 与 b_k 具体形式为

$$a_k = r(kc+c)/d - c \tag{14-24}$$

$$b_k = rkc/d \tag{14-25}$$

线性公共品博弈收益矩阵见表 14-2。

表 14-2　线性公共品博弈收益矩阵

	$d-1$	…	k	…	1	0
A	$rc-c$	…	$r(kc+c)/d-c$	…	$2rc/d-c$	$rc/d-c$
B	$r(d-1)c/2$	…	rkc/d	…	rc/d	0

由于 $a_k-b_k=c(r/d-1)$，且一般假设 $1<r<d$ 成立，根据式（14-23）考察线性公共品博弈策略占优情况：

$$\sum_{k=0}^{d-1}\left[C_{d-1}^k(a_k-b_k)\right]=2^{d-1}c\left(\frac{r}{d}-1\right)<0 \qquad (14-26)$$

因此，线性公共品博弈为非合作占优博弈，即演化均衡时，集群中合作策略为非占优策略，非合作者将占据主导。为分析该博弈策略占优特性，取 $\alpha=1$、$N=100$、$c=1$，仿真分析选择强度 ω、收益系数 r、愿景水平 α 对合作策略平均丰度 X_A 的影响，以期总结规律，为群体合作策略占优管控提供参考。线性公共品博弈中选择强度、收益系数与 X_A 的关系曲线如图 14-4 所示。

图 14-4（a）中，d 分别取 10 和 20，$r=2$。在选择强度 $\omega=0$ 时，平均丰度 $X_A=0.5$；在选择强度较小时（如右上角小面板所示），合作者的愿景难以满足，因此大量合作者转换策略，平均丰度出现下降趋势；随着选择强度增加，平均丰度略有提升，将逐渐稳定在 0.45 左右。图 14-4（b）中，d 分别取 10 和 20，$r=d/2$。相比于图 14-4（a），图 14-4（b）中收益系数 r 的增加（r 由 2 分别增加到 5 和 10），使得平均丰度产生递减，且 r 增加幅度越大平均丰度降幅越大：$X_A(\omega)\big|_{r=10}<X_A(\omega)\big|_{r=5}$，这是由于同时增加集群中合作单元和非合作单元的收益，将会使得"搭便车"现象更加严重，集群中大量单元转变为非合作者。

结论 4　线性公共品博弈中，在成本 c、愿景水平 α 保持不变的情况下，合作者平均丰度将在弱选择强度（$\omega\rightarrow0$）[①]和较小收益系数处保持相对较高水平。

因此，在线性公共品博弈模型下的群体管控中，虽然合作为非占优策略，然而可通过为群体预设较低 ω、r 参数值，弱化两者对策略更新的影响，以最大限度提升集群中合作者平均丰度，促进集群合作的发生。

此外，我们还仿真了愿景水平 α 与 X_A 的关系曲线，分别取 $\omega=0$、5、10、15、20，$c=1$，$r=1.1$。关系曲线如图 14-5 所示。

---

①　对于弱选择强度对合作的促进作用，已在生物遗传、分子进化、文化演进等领域得到现实验证，尽管目前还不清楚其作用机理。

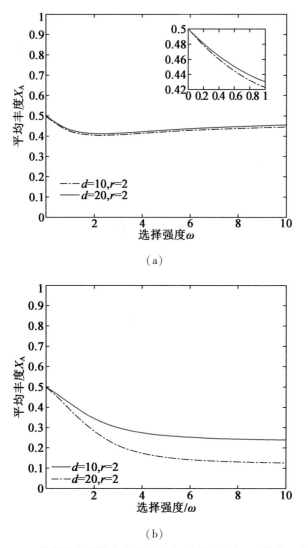

（a）

（b）

图 14-4　线性公共品博弈中选择强度、收益系数与 X_A 的关系曲线

由图 14-5 可见,随愿景水平 α 的增加,X_A 呈增加趋势,这表明愿景水平的提高,使得非合作收益更难以达到其期望水平,由式(14-4)可知策略更新概率 $P_{B\to A}$ 增加,更多的非合作者转变为合作者。当 α 足够高时,在任何选择强度下,$\lim\limits_{\alpha\to\infty} X_A = 1/2$ 成立。

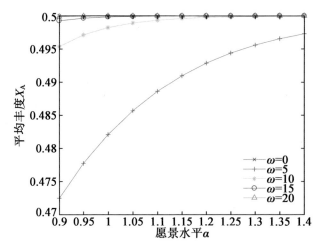

图 14-5　愿景水平 α 与 X_A 的关系曲线

结论 5　线性公共物品博弈中,在成本 c、收益系数 r 保持不变的情况下,合作者平均丰度将在较大愿景水平处保持相对较高水平。

因此,在线性公共品博弈模型下的群体管控中,可通过为集群预设较高 α 参数值,增加集群由非合作转变为合作策略的概率,以最大限度提升集群中合作者平均丰度,促进集群合作的发生。

14.5.2　门限公共品博弈

在带门限值的公共品博弈中,只有当群组中合作策略持有者总数量不低于门限值 m 时,个体才会获得收益。当 $k \geqslant m$,若 X 选择合作策略 A,则组中个体总贡献量为 $kc+c$,乘以收益系数 r 之后总产出为 $r(kc+c)$,每个个体净收益为 $r(kc+c)/d$;若 X 选择策略 B,则组中个体总贡献量为 kc,总产出为 rkc,每个个体净收益为 $rkc/d+c$。因此 a_k 与 b_k 具体形式为

$$a_k = r(kc+c)/d \tag{14-27}$$

$$b_k = rkc/d+c \tag{14-28}$$

带门公共品博弈收益矩阵见表 14-3。

表 14-3　带门限公共品博弈收益矩阵

	$d-1$	$\cdots$	k	$\cdots$	$m-1$	$\cdots$	0
A	rc	$\cdots$	$r(kc+c)/d$	$\cdots$	mrc/d	$\cdots$	0
B	$r(d-1)c/d+c$	$\cdots$	$rkc/d+c$	$\cdots$	0	$\cdots$	0

因此:

$$\sum_{k=0}^{d-1}\left[C_{d-1}^{k}(a_{k}-b_{k})\right]=\sum_{k=m}^{d-1}C_{d-1}^{k}\left(\frac{rc}{d}-c\right)+C_{d-1}^{m-1}\frac{mrc}{d} \qquad (14-29)$$

不同于线性公共品博弈的式(14-26),式(14-29)并无明显的策略占优特征。接下来,我们试图通过计算与仿真,比较愿景驱动与模仿动态两类策略占优条件的严苛程度。

令 $\sum_{k=0}^{d-1}\left[C_{d-1}^{k}(a_{k}-b_{k})\right]>0$,将式(14-29)带入该不等式,则策略占优条件为

$$r>\frac{d\sum\limits_{k=m}^{d-1}C_{d-1}^{k}}{\sum\limits_{k=m}^{d-1}C_{d-1}^{k}+mC_{d-1}^{m-1}} \qquad (14-30)$$

令 $t=\dfrac{d\sum\limits_{k=m}^{d-1}C_{d-1}^{k}}{\sum\limits_{k=m}^{d-1}C_{d-1}^{k}+mC_{d-1}^{m-1}}$,对其做等价变换:

$$t=\frac{d\left(\sum\limits_{k=m}^{d-1}C_{d-1}^{k}+mC_{d-1}^{m-1}\right)-dmC_{d-1}^{m-1}}{\sum\limits_{k=m}^{d-1}C_{d-1}^{k}+mC_{d-1}^{m-1}}=d-m\frac{(d-m)C_{d-1}^{m-1}+mC_{d-1}^{m-1}}{\sum\limits_{k=m}^{d-1}C_{d-1}^{k}+mC_{d-1}^{m-1}}$$

$$(14-31)$$

则式(14-30)等价于

$$r>d-m\frac{(d-m)C_{d-1}^{m-1}+mC_{d-1}^{m-1}}{\sum\limits_{k=m}^{d-1}C_{d-1}^{k}+mC_{d-1}^{m-1}} \qquad (14-32)$$

而模仿动态策略占优条件 $\sum_{k=0}^{d-1}(a_{k}-b_{k})>0$,将式(14-27)、式(14-28)带入得

$$r>d-m \qquad (14-33)$$

比较式(14-32)与式(14-33):

(1)当 m 较大时,根据组合数性质,式(14-32)中,$(d-m)C_{d-1}^{m-1}>\sum_{k=m}^{d-1}C_{d-1}^{k}$ 成立。因此,相比于式(14-33),式(14-32)更易得到满足,即愿景驱动比模仿动态的策略占优条件更宽松。这也意味着在愿景驱动规则下,合作策略占优需要的回报更少(更低的收益系数 r)。

(2)当 m 较小时,相反地,式(14-32)中,$(d-m)C_{d-1}^{m-1} < \sum\limits_{k=m}^{d-1} C_{d-1}^{k}$ 成立。因此,相比于式(14-32),式(14-33)更易得到满足,即愿景驱动比模仿动态的策略占优条件更苛刻。模仿动态比愿景驱动,更利于促进集群中合作现象的发生。

为分析愿景驱动下,门限公共品博弈策略占优特性,取 $\alpha=1$、$N=100$、$c=1$、$d=10$,仿真分析不同的门限值 m 及收益系数 r 对合作策略占优的影响。门限公共品博弈中门限值、收益系数与 X_A 的关系曲线如图 14-6 所示。

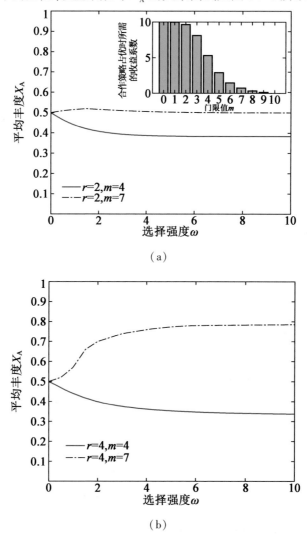

（a）

（b）

图 14-6　门限公共品博弈中门限值、收益系数与 X_A 的关系曲线

由图 14-6(a)可知,在 $r=2$ 时,当门限值 m 由 4 提升到 7,合作策略的平均

博弈论——博弈思维与创新应用

230

丰度 X_A 不仅相应地完成了提升,而且实现了占优策略的转换(平均丰度由 $X_A|_{m=4}<0.5$ 转换为 $X_A|_{m=7}>0.5$,占优策略由 B 转换为 A)。图 14-6(a)右上角面板给出了几组门限值 m 与收益系数 r 间的关系,随门限值增加,合作策略占优时所需的收益系数越来越小(即所需的回报越来越少)。相比于图 14-6(a),在图 14-6(b)中,m 仍然取 4 与 7,然而由于 r 由 2 增加为 4,因此在相同的选择强度和门限值下有 $X_A|_{m=4,r=4}>X_A|_{m=4,r=2}$ 和 $X_A|_{m=7,r=4}>X_A|_{m=7,r=2}$。

结论 6　门限公共品博弈中,在成本 c、愿景水平 α 保持不变的情况下,较高的门限值能够促进合作,即使在较低的收益系数下;且在相同的门限值下,较高的收益系数更利于合作的产生。

因此,在门限公共品博弈模型下的群体管控中,可通过同时提高门限值 m 及收益系数 r,以发挥愿景驱动在促进集群合作中的优势,实现集群中合作策略占优目的。

本章针对混合均匀有限群体公共品博弈,聚焦于两个问题展开:一是平均丰度的计算及特性;二是策略占优条件的获取。然而需要注意的是,在本章的模型中假设了群体中个体的无差异性,反映在公共品演化博弈模型中愿景水平 α 的单一性,而在实际中,不同的个体对愿景的需求可能不同。如何计算多种愿景共存下的平均丰度,并探究其合作演化机制,将是一件需要探索的、有意义的事。

此外,我们假设了集群结构的混合均匀性,未考虑结构对策略占优特性的影响,而在现实问题中,个体通过物理/信息链接从而形成特定的网络结构。对于空间结构上的演化博弈分析,需要引入复杂网络思想,这也是下一章节将要解决的问题。

附录 14-1:策略占优推导过程

$$< X_A(j) > = \sum_{j=0}^{N} \frac{j}{N}\varphi_j \qquad (14\text{-}34)$$

式中,φ_j 的一阶泰勒展开近似为

$$\varphi_j \approx \varphi_j(\omega)|_{\omega=0} + \omega\left[\frac{\partial}{\partial\omega}\varphi_j\right]_{\omega=0} \qquad (14\text{-}35)$$

其中

$$\varphi_j(\omega)|_{\omega=0} = \varphi_j(0) = \frac{C_N^j}{2^N} \qquad (14\text{-}36)$$

$$\frac{\partial}{\partial \omega} \varphi_j = \frac{\left(\dfrac{\prod\limits_{i=0}^{j-1} T_i^+}{\prod\limits_{i=1}^{j} T_i^-}\right)'\left(1 + \sum\limits_{k=0}^{N-1} \dfrac{\prod\limits_{i=0}^{k} T_i^+}{\prod\limits_{i=1}^{k+1} T_i^-}\right)}{\left(1 + \sum\limits_{k=0}^{N-1} \dfrac{\prod\limits_{i=0}^{k} T_i^+}{\prod\limits_{i=1}^{k+1} T_i^-}\right)^2} - \frac{\left(\dfrac{\prod\limits_{i=0}^{j-1} T_i^+}{\prod\limits_{i=1}^{j} T_i^-}\right)'\left(1 + \sum\limits_{k=0}^{N-1} \dfrac{\prod\limits_{i=0}^{k} T_i^+}{\prod\limits_{i=1}^{k+1} T_i^-}\right)'}{\left(1 + \sum\limits_{k=0}^{N-1} \dfrac{\prod\limits_{i=0}^{k} T_i^+}{\prod\limits_{i=1}^{k+1} T_i^-}\right)^2} \quad (14\text{-}37)$$

式(14-37)中

$$(T_i^+)' = \frac{N-i}{N} \frac{(e^{\omega[\pi_B(i)-\alpha]})[\alpha-\pi_B(i)]}{\{1+e^{\omega[\pi_B(i)-\alpha]}\}^2} \quad (14\text{-}38)$$

$$(T_i^-)' = \frac{i}{N} \frac{(e^{\omega[\pi_A(i)-\alpha]})[\alpha-\pi_A(i)]}{\{1+e^{\omega[\pi_A(i)-\alpha]}\}^2} \quad (14\text{-}39)$$

由于 $\omega \to 0$，因此

$$(T_i^+)'\big|_{\omega=0} = \frac{N-i}{4N}[\alpha-\pi_B(i)] \quad (14\text{-}40)$$

$$(T_i^-)'\big|_{\omega=0} = \frac{i}{4N}[\alpha-\pi_A(i)] \quad (14\text{-}41)$$

$$\left(\prod_{i=0}^{j-1} T_i^+\right)\Big|_{\omega=0} = \prod_{i=0}^{j-1} \frac{N-i}{2N} = \frac{N!}{(N-j)!\,(2N)^j} \quad (14\text{-}42)$$

$$\left(\prod_{i=1}^{j} T_i^-\right)\Big|_{\omega=0} = \prod_{i=1}^{j} \frac{i}{2N} = \frac{j!}{(2N)^j} \quad (14\text{-}43)$$

$$\left[\sum_{i=0}^{j-1} (T_i^+)'\left(\prod_{k=0,k\neq 1}^{j-1} T_k^+\right)\right]\Big|_{\omega=0} = \frac{N!\sum\limits_{i=0}^{j-1}[\alpha-\pi_B(i)]}{2(N-j)!\,(2N)^j} \quad (14\text{-}44)$$

$$\left[\sum_{i=1}^{j} (T_i^-)'\left(\prod_{k=1,k\neq i}^{j} T_k^-\right)\right]\Big|_{\omega=0} = \frac{j!\sum\limits_{i=1}^{j}[\alpha-\pi_A(i)]}{2(2N)^j} \quad (14\text{-}45)$$

将以上各式带入式(14-37)，得

$$\frac{\partial}{\partial \omega} \varphi_j\Big|_{\omega=0} = \frac{C_N^j}{2^{(2N+1)}} 2^N \sum_{k=1}^{j} [\pi_A(k)-\pi_B(k-1)] -$$

$$\frac{C_N^j}{2^{(2N+1)}} \sum_{k=1}^{N} C_N^k \sum_{i=1}^{k} [\pi_A(i)-\pi_B(i-1)] \quad (14\text{-}46)$$

将式(14-34)、式(14-35)带入式(14-46)得

$$\pi_A(i) - \pi_B(i-1) = \sum_{k=0}^{d-1} \frac{C_{i-1}^k C_{N-i}^{d-1-k}}{C_{N-1}^{d-1}} (a_k - b_k) \tag{14-47}$$

由于

$$\sum_{j=0}^{N} \frac{j}{N} \varphi_j(0) = \sum_{j=0}^{N} \frac{j}{N} \frac{C_N^j}{2^N} = \frac{1}{2} \tag{14-48}$$

策略占优条件即等价于

$$\sum_{j=0}^{N} \frac{j}{N} \omega \left[\frac{\partial}{\partial \omega} \varphi_j \right]_{\omega=0} > 0 \tag{14-49}$$

将式(14-46)、式(14-47)代入上式,有

$$\frac{\omega}{4N(2^N)} \left[\sum_{j=1}^{N} (2j - N) C_N^j \sum_{i-1}^{j} \sum_{k=0}^{d-1} \frac{C_{i-1}^k C_{N-i}^{d-1-k}}{C_{N-1}^{d-1}} (a_k - b_k) \right] > 0 \tag{14-50}$$

由数学推导易得:

$$\sum_{i=1}^{N} C_{i-1}^k C_{N-i}^{d-1-k} \sum_{j=1}^{N} (2j - N) C_N^j = 2^{N-d} N C_{N-1}^{d-1} C_{d-1}^k \tag{14-51}$$

结合式(14-50)、式(14-51),可得

$$\frac{\omega}{4(2^d)} \sum_{k=0}^{d-1} \left[C_{d-1}^k (a_k - b_k) \right] > 0 \tag{14-52}$$

因此,合作策略占优条件为

$$\sum_{k=0}^{d-1} \left[C_{d-1}^k (a_k - b_k) \right] > 0 \tag{14-53}$$

第 15 章　合作的涌现

包括无标度网络异质性在内的多样性，能够促进公共品博弈中合作行为的涌现。无标度网络度分布的幂律特性映射到社会领域，反映了个体在社会团体中扮演不同角色的事实——不同的个体需要与不同数目和种类的邻居个体进行交互，此处的"数目"即为个体所在节点的度，"种类"即为邻居个体在交互中所采取的策略(行为)。本章首先给出无标度网络幂率分布的证明，进而以公共品博弈和雪堆博弈为例，以模拟仿真和数理解析相结合的方式探究异质性对合作涌现的促进。

15.1　无标度网络度分布的幂率特性

无标度网络的度分布服从幂率分布，可用平均场理论对无标度网络的度分布进行近似的解析推导。

设 k 是连续的，则可以用下式近似平均地表述为 k_i 的连续变化率：

$$\Pi(k_i) = k_i \Big/ \sum_j k_j \tag{15-1}$$

因此，对于节点 i 有

$$\frac{\partial k_i}{\partial_t} = A\Pi(k_i) = A\frac{k_i}{\sum\limits_{j=1}^{m_0+t-1} k_j} \tag{15-2}$$

由于 $\sum\limits_j k_j = 2mt$，且对于整体而言(除新加入的节点)有 $\Delta k = m$、$k = 2mt$，因此：

$$\frac{\partial k}{\partial t} = \Delta k = m = A\frac{2mt}{2mt} \tag{15-3}$$

即 $A=m$。进一步地可以得出：

$$\frac{\partial k_i}{\partial t}=\frac{k_i}{2t} \qquad (15-4)$$

其解为

$$s_{ij}(t)\approx c(t)^{0.5} \qquad (15-5)$$

在时刻 t_i，新节点 i 被加入到网络中，因此满足 $k_i(t_i)=m$（在 t_i 时刻，第 i 个新加入节点的度为 m）的初始条件，将 $k_i(t_i)=m$ 代入式（15-5）得

$$k_i(t)\approx m\left(\frac{t}{t_i}\right)^{0.5} \qquad (15-6)$$

从式（15-6）可以看出，老的节点（较小的 t_i）比新节点（较大的 t_i）在任何时刻 t 都有较大的度，这是造成马太效应（如富者更富）的原因。

进一步地，可知节点度小于 k 的概率为

$$P(k_i(t)<k)=P\left(t_i>\frac{m^2 t}{k^2}\right) \qquad (15-7)$$

设所有节点（包括初始节点）被以相同时间步长（间隔）加入到网络中，则 t_i 为服从均匀分布的随机变量，因此其概率密度为

$$P_i(t_i)=\frac{1}{m_0+t} \qquad (15-8)$$

将式（15-8）带入式（15-7），有

$$P\left(t_i>\frac{m^2 t}{k^2}\right)=1-P\left(t_i\leqslant\frac{m^2 t}{k^2}\right)=1-\frac{m^2 t}{k^2(m_0+t)} \qquad (15-9)$$

$P(k)$ 的概率密度可对式（15-9）中的 k 求导，得出：

$$P(k)=\frac{\partial P(k_i(t)<k)}{\partial k}=\frac{2m^2 t}{m_0+t}k^{-3} \qquad (15-10)$$

综上所述，基于平均场理论推导出无标度网络遵守 $\gamma=3$ 的幂律分布。

15.2　异质性促进公共品博弈中合作的涌现

现实中，无论社会网络还是生物网络均展现出无标度特性，因此人们更关注无标度这类特殊复杂网络对于合作演化的影响。无标度网络为人们研究合作涌现提供了一个统一的框架。

15.2.1 网络结构

本节以规则图和经典无标度网络作为研究对象,进行对比分析,验证空间结构带来的异质性对公共品博弈中合作涌现的促进。群体结构及其邻居关系示意图如图15-1所示。

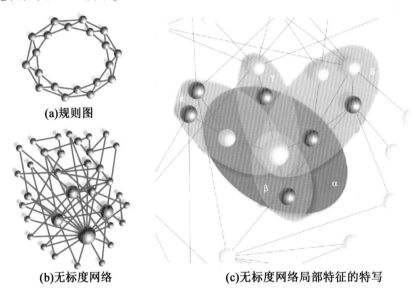

(a)规则图

(b)无标度网络　　　　　**(c)无标度网络局部特征的特写**

图15-1　群体结构及其邻居关系示意图

图15-1(a)为规则图;图15-1(b)为无标度网络;图15-1(c)为无标度网络局部特征的特写,焦点个体(图中最大节点)属于5个不同的群体($\alpha,\beta,\gamma,\delta,\varepsilon$),焦点个体为群体$\alpha$的中心,群体$\alpha$中其余4个个体分别置于群体$\beta$、$\gamma$、$\delta$、$\varepsilon$的中心。因此,焦点个体的总收益为其所参与的5场博弈的收益累积之和。

15.2.2 耗费模式对合作的影响

传统公共品博弈中一般假设个体在每场博弈中的耗费c相同(fixed cost per game),事实上,无论是在微生物种群还是人类社会中,这与实际情况并不相符。更现实的情况是每个个体拥有固定数量的资源,其在博弈中的总耗费是受限的,因此设个体拥有的资源总量为c,并被平摊到其参与的所有博弈中(fixed cost per individual)。若某节点的度为k,则其平摊到每场博弈的耗费为$c/(k+1)$。为表述方便,后文分别称上述两类模式为c模式和$c/(k+1)$模式。

令$\eta=r/(z+1)$,其中r为增益系数,z为网络平均度。仿真绘制出合作者比

例与系数 η 的关系曲线如图 15-2 所示。

图 15-2 中黑色实心圆及其连线表征无标度网络上的仿真结果,空心灰色小正方形及其连线表征规则图上的仿真结果。15-2(a)中,个体在每场博弈中耗费相同(c 模式),15-2(b)中,个体在所有博弈中的耗费之和固定($c/(k+1)$模式)。无论图 15-2(a)还是图 15-2(b),无标度网络上的博弈均比规则图更能促进合作的发生,即在合作策略占优时(合作者比例大于 50%)所需的 η 和增益系数 r 更小, $\eta \approx 0.70$ 降为 $\eta \approx 0.60$;同样在无标度网络上,图 15-2(b)中由于每场博弈平摊耗费为 c,因此合作得到了明显提升和改善, $\eta = 0.60$ 降为 $\eta = 0.38$。

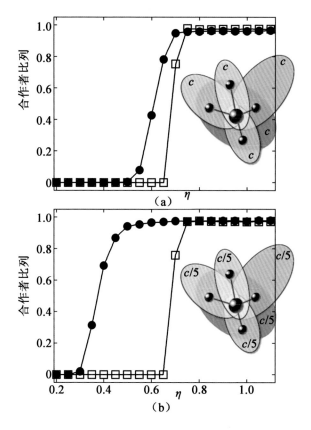

图 15-2　合作者比例与系数 η 的关系曲线

进一步地,可从另一个视角验证 $c/(k+1)$ 模式对于合作的促进。考察整个群体总体收益(财富)的分布情况,图 15-3 展示了个体数量与总体收益比例之间的关系。

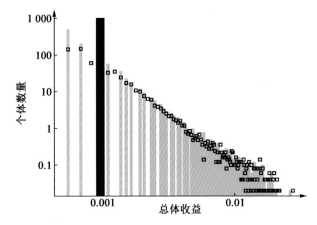

图 15-3 个体数量与总体收益比例

图 15-3 中,黑色矩形柱、灰色矩形柱和空心方块分别刻画了规则图、无标度网络 c 模式和 $c/(k+1)$ 模式上的仿真结果。规则图所对应的黑色矩形柱体展现了收益的明显平均分布($1\ 000 \times 0.\ 001 = 1$);无标度网络上无论是 c 模式还是 $c/(k+1)$ 模式,其收益分布均为典型的幂律分布。然而相比于 c 模式,$c/(k+1)$ 模式中收益比例较小的个体数更少(见图 15-3 中左侧部分),且收益比例较大的个体数更多(见图 15-3 中右侧部分),因此在 $c/(k+1)$ 模式中合作现象的存在更为普遍。

15. 2. 3 群体规模及平均度对合作的影响

上述结论的得出以固定群体规模 N 和固定平均度 z 为前提,该部分通过仿真揭示上述两类参数对合作结果的影响。首先固定 $z = 4$,令 $N = 500$、$1\ 000$、$5\ 000$,仿真结果如图 15-4 所示。

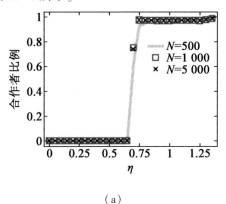

(a)

图 15-4 群体规模 N 对合作的影响

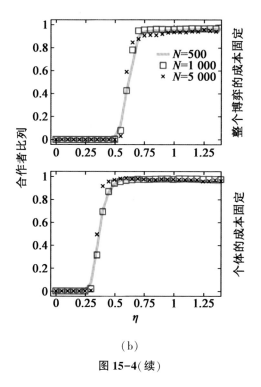

（b）

图 15-4（续）

图 15-4（a）和（b）分别为规则图和无标度网络上的 c 模式和 $c/(k+1)$ 模式的仿真结果。从结果可知，曲线基本贴合一致，群体规模 N 对于两类网络上的合作现象影响不大。

接下来固定 $N=500$，令 $z=4$、16、32、64，仿真结果如图 15-5 所示。

图 15-5（a）和（b）分别给出规则图及无标度网络上，z 在不同取值下，群体合作水平与系数 η 的关系曲线。图 15-5（c）则直接给出合作水平与 z 值的关系曲线。由仿真结果可知，随着平均度 z 的增大，公共品博弈中的合作现象出现急剧的坍塌。规则图上在 $z\approx16$ 处就基本导致合作现象的消失（尽管 $\eta>1$），对于无标度网络而言，在 z 增大时其展现出了相比于规则图的鲁棒性，然而在 $z\approx30$ 处合作水平也将缓慢下降到 50% 以下。

分析该现象的原因，可能是平均度的增加导致节点间的链接更为紧密，背叛者更容易搭便车通过"剥削"合作者获取更大收益，从而更利于其生存。

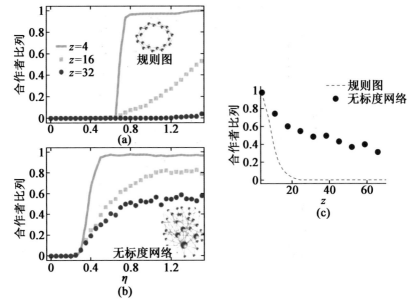

图 15-5　群体平均度 z 对合作的影响

15.2.4　星状图上的理论分析

由于无标度网络等复杂网络的复杂性,前期对其上合作行为的特性研究主要采用统计仿真的方式,知其输入输出,然不知其过程机理。理论推导是揭示其内在机理的核心环节,然而,时至今日,理论分析仍是一项极具挑战性的工作。本节试图对无标度网络上的合作演化进行抽象、简化,从而揭示其内在合作机理。

1. 扩散

图 15-6(a)为现实网络的局部特写,其中闭环(如三角形)的存在是阻碍理论分析的重要障碍;图 15-6(b)的星状图拥有 1 个中心 5 个叶子,清除了闭环,可认为是对图 15-6(a)局部网络的简化和抽象;图 15-6(c)是对图 15-6(b)的进一步扩展,每个叶子节点又生出 $k-1$ 个连接,对外与 $k-1$ 个节点产生关联。

首先考虑图 15-6(b),设其规模为 N,其中 1 个中心(h 节点)和 $N-1$ 个叶子(l 节点),中心节点被唯一的 c 占据。则不难得出 h 的收益为

$$\Pi(h) = \frac{rc}{N^2} + (N-1)\frac{r}{2}\frac{c}{N} - c \tag{15-11}$$

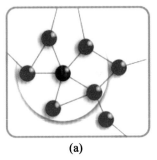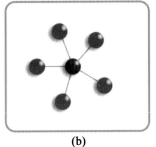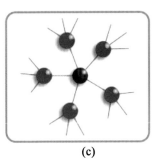

(a)   (b)   (c)

图 15-6 无标度网络及其抽象简化

式(15-11)右边第一项为以 h 为中心的 N 方公共品博弈中 h 所获收益,第二项为 h 与其每个邻居进行的两方博弈中其所获的总收益,第三项为其耗费支出。

同理,叶子节点上采用策略 D 的个体收益为

$$\Pi(l) = \frac{rc}{N^2} + \frac{r}{2}\frac{c}{N} \tag{15-12}$$

因此,策略 C 占据叶子节点的充分必要条件为

$$\Pi(h) - \Pi(l) > 0 \Leftrightarrow r > \frac{1}{1-2/N} \tag{15-13}$$

式(15-13)的成立具备极大的现实可行性。此外,上式为关于 N 的减函数,增益系数 r 随着规模 N 的增加而减少,即策略 C 占据叶子节点的可能性随着 N 的增加而增加。

更为复杂一点的情况,图 15-6(c)中每个叶子节点又生出 $k-1$ 个连接,对外与 $k-1$ 个节点产生关联。此时,策略 C 占据叶子节点的充分必要条件为

$$\Pi(h) - \Pi(l) > 0 \Leftrightarrow r > \frac{k}{1-2/N} \tag{15-14}$$

式(15-14)仍为关于 N 的减函数。中心节点 h 的度($N-1$)与叶子节点的度($k-1$)的差距越大(即 N 与 k 的差距越大),策略 C 对叶子节点的占据越容易。即 k 固定或越小,N 越大,产生扩散时所需的 r 值越小,对合作的扩散越有利。事实上,无标度网络中,往往高连接度的个体与大量低连接度的个体产生直接关联,这种结构为个体上策略 C 的扩散提供了天然的温床。

2. C 占领 D

上述过程解释了策略 C 如何从中心节点扩散到叶子节点,那么策略 C 又如

何占领一个拥有策略 D 的个体呢？下面以"双星"结构为例，分析该过程机理。考虑如图 15-7 所示的结构。

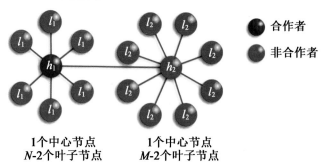

● 合作者
● 非合作者

1个中心节点
N-2个叶子节点

1个中心节点
M-2个叶子节点

图15-7 双星结构图

图 15-7 拥有两个中心节点 h_1 与 h_2，h_1 与 h_2 分别有 N-2 和 M-2 个叶子节点，且 l_1 和 l_1 分别有 k-2 和 j-2 个叶子节点。将策略 C 置于 h_1 上，其余节点均被策略 D 占据。

中心节点 h_1 与 h_2 的收益及收益差分别为

$$\Pi(h_1)=\frac{rc}{N^2}+\frac{c}{N}\frac{r}{k}(N-2)+\frac{c}{N}\frac{r}{M}-c \tag{15-15}$$

$$\Pi(h_2)=\frac{r}{M}\frac{c}{N}+\frac{rc}{N^2} \tag{15-16}$$

$$\Pi(h_1)-\Pi(h_2)>0\Leftrightarrow r>\frac{kN}{N-2}\equiv\alpha \tag{15-17}$$

α 大小与 M、j 均无关，且 α 为 k 的增函数，N 的减函数，中心节点 h_1 的度（N-1）与叶子节点的度（k-2）的差距越大（即 N 与 k 的差距越大），策略 C 对中心节点 h_2 的占据越有利。

若 h_1 上的策略 C 想要占据其叶子节点 l_1，则须满足：

$$\Pi(h_1)-\Pi(l_1)>0\Leftrightarrow r>\frac{kMN}{k+M(N-3)}\equiv\beta \tag{15-18}$$

式中，$\Pi(l_1)=\frac{rc}{N^2}+\frac{r}{k}\frac{c}{N}$。

比较式（15-17）与式（15-18），在 $M>k$ 时，$\alpha<\beta$，策略 C 对 h_2 的占据将易于对 l_1 的占据。因此，在上述结构中，策略 C 将首先占据 h_2，之后占据整个网络。

3. C 抵抗 D

接下来，仍然以"双星"结构为例，分析策略 C 如何抵抗策略 D 的入侵。考虑如图 15-8 所示的结构，一个持策略 D 的个体被淹没在策略 C 的汪洋大海中。

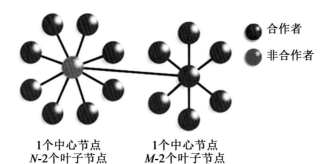

1个中心节点
N-2个叶子节点　　1个中心节点
M-2个叶子节点

图 15-8　D 策略个体的初始分布

此时,中心节点 h_1 与 h_2 的收益及收益差分别为

$$\Pi(h_1)=\left[\frac{c}{2}(N-2)+\frac{c}{M}\right]\frac{r}{N}+\frac{c}{2}\frac{r}{2}(N-2)+\left[\frac{c}{2}(M-2)+\frac{c}{M}\right]\frac{r}{M} \quad (15-19)$$

$$\Pi(h_2)=\left[\frac{c}{2}(M-2)+\frac{c}{M}\right]\frac{r}{M}+\left(\frac{c}{2}+\frac{c}{M}\right)(M-2)\frac{r}{2}+\left[\frac{c}{2}(N-2)+\frac{c}{M}\right]\frac{r}{N}-c$$

$$(15-20)$$

$$\Pi(h_1)-\Pi(h_2)>0\Leftrightarrow r>\frac{4M}{M^2-4-M(N-2)} \quad (15-21)$$

此外,由于 $\Pi(l_1)=\left[\frac{c}{2}(N-2)+\frac{c}{M}\right]\frac{r}{N}+\frac{r}{2}\frac{c}{2}-c$,因此有

$$\left[\Pi(h_1)-\Pi(l_1)\right]-\left[\Pi(h_1)-\Pi(h_2)\right]=\frac{rc}{4M^2}\left[4+M(M^2+M-8)\right]>0$$

$$(15-22)$$

因此,策略 D 将首先扩展到 l_1 而不是 h_2,该过程如图 15-9 所示。

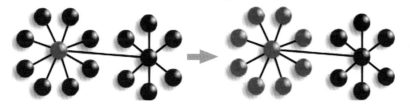

图 15-9　策略 D 向 l_1 的扩展

当拓扑结构拓展为图 15-9 右侧状态时,中心节点 h_1 与 h_2 的收益及收益差分别为

$$\Pi(h_1)=\frac{c}{M}\frac{r}{N}+\left[\frac{c}{2}(M-2)+\frac{c}{M}\right]\frac{r}{M} \quad (15-23)$$

$$\Pi(h_2)=\left[\frac{c}{2}(M-2)+\frac{c}{M}\right]\frac{r}{M}+\left(\frac{c}{2}+\frac{c}{M}\right)(M-2)\frac{r}{2}+\frac{c}{M}\frac{r}{N}-c \quad (15-24)$$

$$\Pi(h_2)-\Pi(h_1)>0\Leftrightarrow r>\frac{4M}{M^2-4} \tag{15-25}$$

因此,策略 C 将占据节点 h_1,该过程如图 15-10 所示。

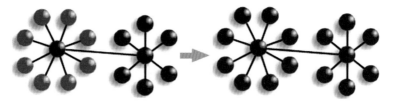

图 15-10　策略 C 向 h_1 的扩展

当拓扑结构拓展为图 15-10 右侧状态时,中心节点 h_1 与叶子节点 l_1 的收益及收益差分别为

$$\Pi(h_1)=\left(\frac{c}{N}+\frac{c}{M}\right)\frac{r}{N}+(N-2)\frac{c}{N}\frac{r}{2}+\left[\frac{c}{N}+\frac{c}{M}+\frac{c}{2}(M-2)\right]\frac{r}{M}-c \tag{15-26}$$

$$\Pi(l_1)=\left[\frac{c}{M}+\frac{c}{N}\right]\frac{r}{N}+\frac{r}{2}\frac{c}{N} \tag{15-27}$$

$$\Pi(h_1)-\Pi(l_1)>0\Leftrightarrow r>\frac{2M^2N}{2(M+N)+2MN(M-1)-3M^2} \tag{15-28}$$

若 $\{M,N\}>2$ 成立,则式(15-28)必成立,因此 h_1 上的策略 C 将极易占据叶子节点,从而实现对整个群体的占领,该过程如图 15-11 所示。

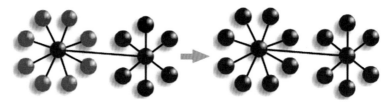

图 15-11　策略 C 对整个群体的扩散

综上所述,初始状态下,策略 D 的收益高于任何策略 C 个体,随着策略 D 向其叶子节点扩展,使得中心节点的收益降低,从而被策略 C 抓住机会实现"反攻"。因此,策略 D 是其自身扩展行为的受害者,其扩展行为反而是造成其消亡的直接原因。

无论是策略 C 还是策略 D 占据中心个体,对于无标度网络上的公共品博弈,整个网络最终将演化为被策略 C 所掌控,尽管策略 C 占比仍不能达到100%,但极少数残存的策略 D 只能在低度(松散连接)的节点,靠剥削低适应度的策略 C 生存。

　　进一步地,仿真分析了不同初始条件下(策略分布及网络结构),群体达到演化稳定状态的时间特性,如图 15-12 所示。

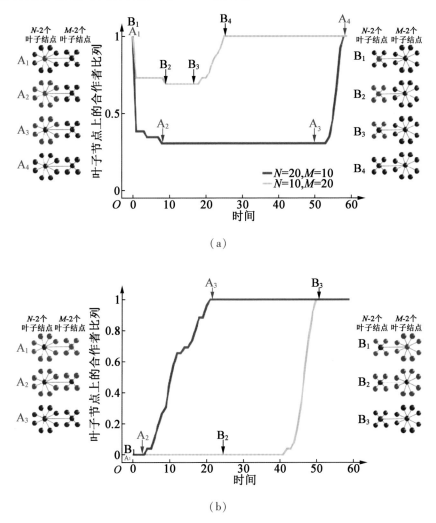

（a）

（b）

图 15-12　不同初始条件下演化稳定的时间特性

　　图 15-12(a)中策略 D 占据网络的 hub 位置,图(b)中策略 C 占据网络的 hub 位置。红色曲线为 $N>M(N=20,M=10,$拓扑示意图如图左侧部分所示)时叶子节点的合作者比例随时间的演化曲线;橙色曲线为 $N<M(N=10,M=20,$拓扑示意图如图右侧部分所示)时叶子节点的合作者比例随时间的演化曲线。

　　图 15-12(a)中,A_1、B_1 分别为初始网络配置所对应的数据点,随着演化推

进,策略 D 将逐渐占据叶子节点(A_2、B_2),接下来位于 h_2 的策略 C 将实现对 h_1 的反攻(A_3、B_3),最终,位于叶子节点的策略 C 将被策略 D 取代(A_4、B_4)。图 15-12(b)中,A_1、B_1 分别为初始网络配置所对应的数据点,随着演化推进,策略 C 将占据(A_2、B_2),最终,策略 C 将占据整个群体(A_3、B_3)。

值得注意的是,无论对于图 15-2(a)还是图 15-2(b)两种情况,策略 C 占据策略 D 的能力,与 M、N 的相对大小相关,$N>M$ 比 $N<M$ 有着更快的占据速度(注:N 为策略 C hub 个体所参与的博弈场次,M 为策略 D hub 所参与的博弈场次)。

15.3 异质性促进雪堆博弈中合作的涌现

15.3.1 基于增长和优先连接的传统无标度网络

首先采用增长和优先连接(growth and preferential attachment)生成传统的 BA 无标度网络,在其上展开仿真分析。在囚徒困境博弈中,令 $T=b>1$, $R>1$ 且 $P=S=0$;在雪堆博弈中,令 $T=\beta>1$, $R=\beta-1/2$, $S=\beta-1$ 且 $P=0$。设个体 x 及其邻居 y(随机选择一个;也可以是所有邻居收益的均值)的度分别为 k_x 和 k_y,累积收益分别为 P_x[①] 和 P_y,则 x 更新其策略为 y 的概率为 $P=\max\{0,(P_y-P_x)/(Dk_>)\}$,其中 $k_>$[②]为 k_x 和 k_y 中值较大者。在囚徒困境博弈中令 $D=T-S$,在雪堆博弈中令 $D=T-P$,事实上,无论是 $T-S$ 还是 $T-P$,均为各自博弈模型中背叛的诱惑 $b(\beta)$。分别考察囚徒困境博弈中丰度与背叛诱惑 b 的关系,雪堆博弈中丰度与系数 r 的关系。仿真结果如图 15-13 所示。

图 15-3 中左侧为囚徒困境博弈,右侧为雪堆博弈;每种类型博弈中,上部

---

① 部分研究中采用平均收益作为策略更新的依据。与累积收益相比,取平均的操作一定程度上削弱了个体在收益上的差异性,因此,通常情况下对于合作的促进弱于累积收益时的情况。

② 部分研究中用邻居最大度值作为 $k_>$,部分研究中用整个网络的最大度值作为 $k_>$。对于前者,个体层面不需要精密的感知能力,每个个体计算处理的信息被严格限定在它的邻居范围内。后者则需要对整个网络的拓扑结构进行时时掌握,因此对个体的感知、通信、解算能力提出了较高要求。

分对应规则图,下部分对应无标度网络。仿真结果显示,无论在囚徒困境博弈还是在雪堆博弈中,无标度网络显著地促进了合作现象的发生,且网络平均度 z 越大越利于合作。

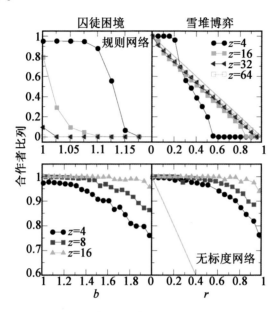

图 15-13　传统 BA 无标度网络上的合作演化

15.3.2　配置模型和统一连接模型

进一步地考察两类特殊无标度网络上的合作演化:一类是配置模型(configuration model),生成过程为首先给定一个将要实现的度分布 $d(k)$ 和网络规模 N,依据该度分布为每个节点指定并生出一定数量的"端",当所有节点的"端"都生成完毕后,随机地任选两个"端"进行连线,重复上述过程,直到所有的"端"都与其他"端"产生了连接;另一类是统一连接模型(uniform attachment model),即将传统的 BA 无标度网络生成步骤的第二步的优先连接,改为统一无差别连接(uniform attachment),新加入节点等概率与已有节点产生连接,网络的度分布也由幂律分布(power-law degree distribution)变为了指数分布(exponential degree distribution)。仿真结果如图 15-14 所示。

由仿真结果可知,配置模型在 b 和 r 较小时,与传统无标度网络基本贴合,

然而随着 b 和 r 的增大平均丰度急剧下降；统一连接模型由于被强制断开了 hub 之间的连接，因此不利于合作者形成团簇抵御背叛者的入侵，其对应的整体丰度弱于传统无标度网络。事实上，上述两类网络的共同点在于，它们都一定程度上限制了"优先连接"的发生，致使高度节点之间无法产生直接连接，进而弱化了网络的"无标度"特性。

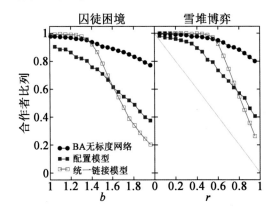

图 15-14 两类特殊无标度网络上的合作演化

15.3.3 无标度随机网络

接下来考察另外一类特殊的无标度网络——无标度随机模型（scale-free random model）。其生成过程为：首先生成一个传统的 BA 无标度网络，接下来随机地选择边进行重新布线，布线规则是"交叉换边重连"，以保证节点的度及整个网络的度分布不变，重复上述过程。上述操作所生成的无标度随机模型的度分布仍为幂律分布，但削弱了大度节点之间的直接连接。

进一步将考查范围从 PD 和 SG 拓展到猎鹿博弈（stag hunt game，SH），并分别分析三者在完全图（complete graph）、单标度网络（single scale）、无标度随机图、传统 BA 无标度网络上的合作演化情况。其中"单标度网络"为依据配置模型的构造模式，将每个节点的度都限定在平均度附近，从而不会导致节点间产生较大度差的一类配置模型。令 $R=1$、$P=0$，且 PD、SG、SH 分别满足：$T>1>0>S$、$T>1>S>0$、$1>T>0>S$，以 S、T 为二维坐标，仿真结果如图 15-15 和图 15-16 所示。

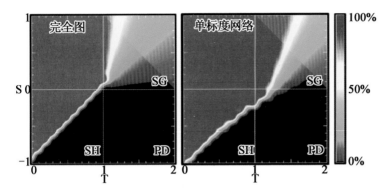

图 15-15　完全图和单标度网络上的合作演化

与完全图相比,单标度网络的度分布为较为平缓的高斯分布,展现出的无标度特性较弱,即便如此,在 PD、SG、SH 上均表现出了一定程度的合作加强。尤其是在 PD 中,当 T 较小时,合作已经可以抵抗背叛的入侵;对于 SG,即使在较大的诱惑 T 下,合作也可以抵抗背叛的入侵;对于 SH,即便背叛的诱惑 T 更大,而 S 更小,合作策略仍可以是占优策略。

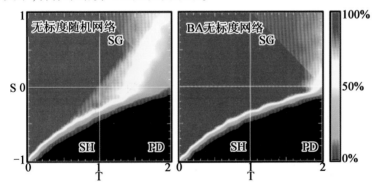

图 15-16　无标度随机网络和 BA 无标度网络上的合作演化

由图 15-6 可知,在 PD 中,随着异质性的增加,合作和背叛共存的区域不断扩张;对于 SG,在整个 $T>1$ 范围内,合作几乎成为占优策略;对于 SH,即便 $S<T-1$,合作者也可以继续生存。

事实上,无论是配置模型、统一连接模型还是无标度随机模型,它们在合作演化中体现出来的特征,都可以通过以下手段实现:在传统 BA 无标度网络基础上,移除高度节点(hubs)之间的连接,同时保持网络整体的度分布不变。这是因为他们的共同目的均是移除大度节点间的直接连接。

15.3.4 极小模型

社会领域和生物领域的大量数据表明,现实网络与无标度网络极为相似,但是存在 3 个典型的差异。一是现实网络最大度值小于传统无标度网络的最大度值;二是现实网络拥有较大的聚类系数;三是现实网络可能并不具备传统无标度网络由于"优先连接"而须具备的感知和计算能力。为此,有研究者提出一种极小模型(minimal model)。

初始时刻($t=2$),存在 3 个节点,每个节点的度是 2。网络构建过程分为两步:

(1)在每个时间步,加入一个新的节点;

(2)新加入节点发出两条边,随机连接到现有网络一条边的两个端点。

极小模型的生成过程示意图如图 15-17 所示。

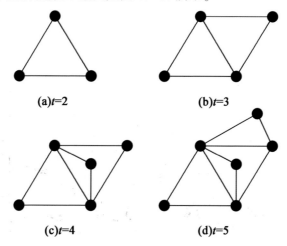

图 15-17　极小模型的生成过程

上述极小模型的生成过程,尽管新节点随机地连接到现有网络中的节点,但各节点被连接的概率并不是随机的,而是类似于 BA 无标度网络的优先连接。某节点被连接的概率正比于其度值。设 $p(k,s,t)$ 表示节点 $s(s\in[0,t])$ 在 t 时刻度为 k 的概率,则有

$$p(k,s,t+1)=\frac{k-1}{2t-1}p(k-1,s,t)+\frac{2t-1-k}{2t-1}p(k,s,t) \tag{15-29}$$

式(15-29)中,$2t-1$(即 $3+2(t-2)$)为经过 t 时间步后网络的节点总数。节点 s 在 t 时刻度为 k 的概率由两部分组成:要么在前一时刻(t)的度是 $k-1$,但是在 $t+1$ 时刻需要与新节点产生连接,如等式右边第一项;要么在前一时刻(t)的度

是 k，那么在 $t+1$ 时刻则必须不与新节点产生连接，如等式右边第二项。初始情况下，$p(k, s=\{0,1,2\}, t=2)=\delta_{k,2}$，且 $p(k,t,t)=\delta_{k,2}$。

节点 s 的平均度可表示为

$$\bar{k}(s,t) \equiv \sum_{k=2}^{t-s+2} k \cdot p(k,s,t) \tag{15-30}$$

且 $\bar{k}(s,t+1)=\dfrac{2t}{2t-1}\bar{k}(s,t)$，$\bar{k}(t,t)=2$。容易得出节点 s 的平均度解析式为

$$\bar{k}(s,t) = 2^{t-s+1} \frac{(t-1)!}{(s-1)!} \frac{(2s-3)!!}{(2t-3)!!} \cong 2\sqrt{\frac{t}{s}} \tag{15-31}$$

因此，$\bar{k}(s,t) \propto (s/t)^{-1/2}$。此时，$p(k,s,t)$ 的形式为

$$p(k,s,t) = \sqrt{\frac{t}{s}}\left(k\sqrt{\frac{t}{s}}\right)\exp\left(-k\sqrt{\frac{t}{s}}\right) \tag{15-32}$$

设网络整体的度分布为 $P(k,t)$，则

$$P(k,t) \equiv \sum_{s=0}^{t} p(k,s,t)/(t+1) \tag{15-33}$$

将式（15-32）代入式（15-33），可得

$$P(k,t) = \frac{t}{t+1}\left[\frac{k-1}{2t-3}P(k-1,t-1) + \left(1-\frac{k}{2t-3}\right)P(k,t-1)\right] + \frac{1}{t+1}\delta_{k,2} \tag{15-34}$$

在 $t \to \infty$ 时，$(k-1)P(k-1)-(k+2)P(k)+2\delta_{k,2}=0$。由此得网络整体的度分布：

$$P(k) = \frac{12}{k(k+1)(k+2)} \approx k^{-3} \tag{15-35}$$

式（15-35）与 $\gamma=3$ 的传统 BA 无标度网络的度分布很接近，区别体现在 3 个方面：一是上述模型中，拥有最大度的节点其度值小于传统 BA 无标度网络中最大的度值；二是上述模型由于生成过程产生了大量的三角环路，因此拥有较大的聚类系数；三是传统 BA 无标度网络的"优先连接"，由于需要感知和计算整个网络的度分布情况，因此对单节点的感知和计算能力提出了较高要求，上述模型由于是"随机连接"，因此释放了单个节点感知和计算的压力。

在极小模型中，网络的聚类系数实现了明显提升，传统无标度网络聚类系数约为 10^{-3}，而极小模型约为 0.7（需要注意的是，在聚类系数为 1 的完全图中，只需要一个背叛者即可清除掉所有的合作者）。因此，该现象也从侧面说明，聚类系数大小并不是影响无标度网络上产生合作的直接原因。

接下来将极小模型与传统无标度网络进行对比仿真，取 $N=10^4$，$z=4$，仿真结果如图 15-18 所示。

博弈论
——
博弈思维与创新应用

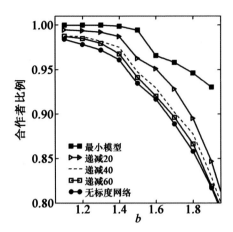

图 15-18　囚徒困境博弈中极小模型与传统无标度网络上的合作演化

　　仿真结果显示,极小模型即使在较大的背叛诱惑下,仍能极大维持合作。此外,如果限定网络度的截止值(cut-off),即在网络生成过程中,当某个节点的度超过该截止值,则后续不再与其他节点产生任何新的连接,那么对合作会产生怎样的影响呢? 分别取 cut-off = 60、40、20,仿真结果充分说明,在促进合作中,节点度的异质性并不是越大越好,当逐渐人为限定 cut-off 到 60、40、20,合作未受到抑制反而得到加强,但是当进一步降低到 20 以下时,由于异质性太弱(度分布极大可能不再服从幂律),合作将出现崩塌。因此,对于任何无标度网络,应该存在一个较为合适的截止值,在该值处合作会得到较大加强。

　　综上,网络的无标度特性及高度节点之间产生直接连接,是产生合作的核心因素。换而言之,合作的产生不仅仅取决于无标度特性,还取决于大度节点的直接连接,配置模型及无标度随机模型与传统 BA 无标度网络仿真结果的对比,已经很好地诠释了这一结论——尽管它们有着相同的度分布,然而合作占比仍有较为显著区别。基于增长和优先连接机制的无标度网络为合作的涌现提供了统一的框架。

　　上述研究仿真了无标度网络的异质性对合作的影响,小世界网络上的异质性同样影响合作的涌现。考虑异质 Newman-Watts 小世界网络上的演化囚徒困境博弈,与 Watts Strogatz 小世界模型中断边重连机制不同,采取改进的 Newman-Watts 小世界网络模型——在低纬规则环上添加 m 条长程边形成小世界网络。首先随机地从 N 个节点中选出 N_h 个节点作为 hub,然后使添加的长程边至少保证每条边的一个端点随机地与选出的 N_h 个 hub 中的一个相连,另一个端点则随机地与 N 个节点中的一个相连(避免自连和重边)。参数 N_h/N 可反映出网络的异质性:$N_h/N=1$ 则网络退化为一般的匀质小世界,$N_h/N=1/N$ 对应于网络最异质的情形,所有的长程边均与唯一的 hub 相连。

博弈矩阵采用:

$$M_{\mathrm{PDG}} = \begin{pmatrix} 1 & 0 \\ b & 0 \end{pmatrix} \tag{15-36}$$

更新规则采用:

$$W_{S_x \to S_y} = (P_y - P_x)/(D k_>) \tag{15-37}$$

令 $N = 2\,001$,长程边 $m = 1\,000$,每个数据点运行 100 次(10 次网络拓扑实现对应于 10 次初始条件分布)后求平均。每次运算,合作者与背叛者在网络上等比例随机分布,经过 10 000 步演化后再取 2 000 步结果求平均。图 15-19 给出了不同 b 值下,合作水平与 N_h/N 的关系曲线。

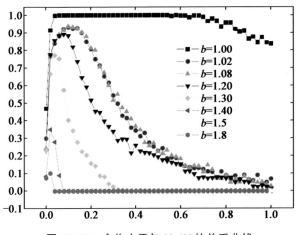

图 15-19　合作水平与 N_n/N 的关系曲线

对于固定的 b 值,总存在一个 N_h/N 值,在该值处使得合作水平最高,此时 N_h/N 既不最高也不最低,大概在 0.1 附近摆动。

15.3.5　BA 网络上的多元雪堆演化博弈

对于多元博弈,一种思路是将其看作是多场两方博弈的叠加,一种是对传统两方博弈进行扩展,将"多方交互"特性嵌入到收益中。

一般而言,前者的应用范围极为受限,原因在于某参与方策略改变给整个群组所带来的收益变化往往是非线性的。

按照第二种思路,在一个规模为 N_{ALL} 的无标度网络中,若某个群组的规模为 $N(N \ll N_{\mathrm{ALL}})$,可计算多元雪堆演化博弈(n-person evolutionary snowdrift games,NESG)的收益,计算方式如下:

$$\widetilde{P}_{C}(n) = b - \frac{c}{n} \quad n \in [1, N] \qquad (15\text{-}38)$$

$$\widetilde{P}_{D}(n) = \begin{cases} 0 & n = 0 \\ b & n \in [1, N-1] \end{cases} \qquad (15\text{-}39)$$

式中，$\widetilde{P}_{C}(n)$、$\widetilde{P}_{D}(n)$ 分别为在一个拥有 n 个合作者的群组中，合作者和背叛者的收益，其中每个个体由于雪堆铲除而获益 b，铲除雪堆的成本 c 将由 n 个铲雪者均摊。为简化形式并便于分析，可用费效比参数 $r = c/b$ 对式（15-38）和式（15-39）进行等价调整，调整之后的形式为

$$P_{C}(n) = 1 - \frac{r}{n} \quad n \in [1, N] \qquad (15\text{-}40)$$

$$P_{D}(n) = \begin{cases} 0 & n = 0 \\ 1 & n \in [1, N-1] \end{cases} \qquad (15\text{-}41)$$

依据群组规模 N 确定方式的不同，将 BA 网络上的多元雪堆演化博弈模型分为 A 和 B 两大类。

（1）在模型 A 中，个体 i 与其所有的邻居组成群组展开博弈，设 k_i 为个体 i 的度，则 $N = k_i + 1$；

（2）在模型 B 中，个体 i 与从其 k_i 个邻居中随机选出的 m 个邻居组成群组展开博弈，则 $N = m + 1$。因此 m 为所有个体度的最小值。

下面分别针对模型 A 和 B 进行仿真，以分析其合作演化特性。

（1）在模型 A 中，分别令 $m = m_0 = 2$ 和 $m = m_0 = 3$，仿真绘制出合作者丰度 X_C 与参数 r 之间的关系曲线如图 15-20 所示。仿真过程取 $N_{ALL} = 10^5$，每个数据点取 10 种不同配置（每种配置对应特定的 BA 网络结构和特定的初始策略分布）的平均值。

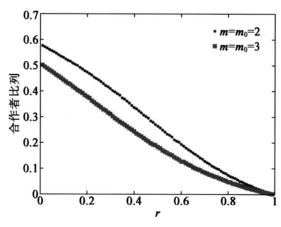

图 15-20　丰度 X_C 与参数 r 之间的关系曲线（模型 A）

X_C 为 r 的单调减函数,随 r 增加 X_C 逐渐减小。该现象的原因在于,随着 r 的增加采取 C 策略的个体的收益 $P_C(n)$ 减小,然而采取策略 D 的个体的收益 $P_D(n)$ 保持不变(只要其邻居中有一个策略 C 个体),收益差距的逐渐拉大致使更多的 C 策略个体更新其策略。

同时,在整个 $r \in (0,1)$ 区间内,同一 r 值下, $m = m_0 = 3$ 所对应的丰度值 X_C 小于 $m = m_0 = 2$ 的情况。造成该现象的原因在于,对于任意个体 i 而言较大的 m 值意味着较多的邻居, i 从其邻居中寻找一个策略 C 个体将变得更加容易,因此,无论是策略 D 个体转换其策略还是策略 C 个体保持其策略都将变得缺乏动力。

由于无标度网络的无标度特性,每个个体拥有不同的度值,因此,考察不同度节点上的策略分布对于理解合作行为的涌现具有重要意义。 k 度节点的丰度 $X_C(k)$ 与 k 之间的关系曲线如图 15-21 所示。仿真过程取 $N_{ALL} = 10^5$, $m = m_0 = 2$, $r = 0.1$,每个数据点取 10 种不同配置的平均值。

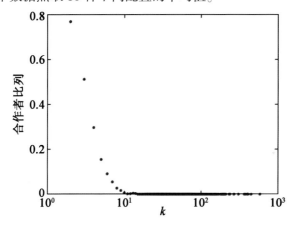

图 15-21　丰度 $X_C(k)$ 与 k 之间的关系曲线(模型 A)

$X_C(k)$ 为 k 的单调减函数, $X_C(2) \approx 0.75$, $X_C(3) \approx 0.5$, $X_C(k)|_{k>10} \to 0$ 。因此,所有的(当然也是极少数的)大“度”节点均持策略 D,大量的小“度”节点被策略 C 个体占据。分析其原因:大“度”节点可以任性地采取策略 D,因为它有大概率能够找到一个供其剥削的策略 C 邻居。小“度”节点无法任性,一方面它与一个大“度”的策略 D 个体相连,同时它找到一个策略 C 邻居的概率极小,所以其最好的选择还是策略 C,至少可保证其自身收益不为 0。综上所述,大量的小“度”节点被策略 C 个体占据,所有的大“度”节点通过剥削其邻居中的策略 C 个体成为搭便车者。

策略 C 个体是保证群组中所有个体收益不为零的关键,因此,下面通过仿

真进一步揭示节点通过最短距离找到一个策略 C 个体的概率。"最短距离"即为前文所述复杂网络的"路径长度"。节点经过最短距离 D_s 找到策略 C 个体的概率如图 15-22 所示,仿真过程取 $N_{\text{ALL}} = 10^4$, $m = m_0 = 2$, $r = 0.1$,每个数据点取 10 种不同配置的平均值。

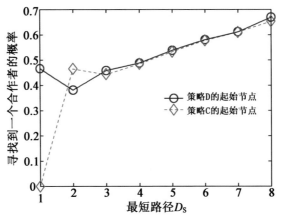

图 15-22　节点经过最短距离找到策略 C 个体的概率

分别令 q_C、q_D 为起始节点 C 和 D 经过最短距离 D_s 找到策略 C 个体的概率。由图中可知,$D_s = 1$ 时 $q_C = 0$,即群组中不存在 $C-C$ 形式的连接,如果某节点为策略 C 个体则其直接邻居中将全部为策略 D 个体;相反,$D_s = 1$ 时 $q_D \approx 0.45$。需要注意的是,当 $D_s \geqslant 3$ 时,两类曲线基本重合,也即意味着无论起始点是策略 D 还是策略 C,经过最短距离找到策略 C 个体的概率并无区别。

(2)在模型 B 中,分别令 $m = m_0 = 2$ 和 $m = m_0 = 3$,仿真绘制出合作者丰度 X_C 与参数 r 之间的关系曲线如图 15-23 所示。

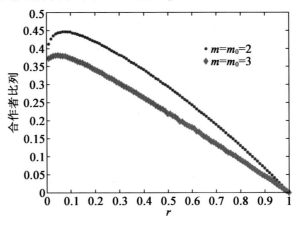

图 15-23　丰度值与费效比之间的关系曲线(模型 B)

与模型 A 不同的是，X_C 与参数 r 之间并非单调关系，在较小的 r 值处出现了一个峰值，表示在此处更多的个体愿意合作，尽管 r 值仍在增加。在对该现象进行分析解释之前，首先考察不同度节点上的策略分布，即 k 度节点的丰度 $X_C(k)$ 与 k 之间的关系。分别取 $r=0.1$ 和 $r=0.01$，仿真结果如图 15-24 所示。

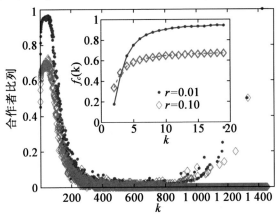

图 15-24　丰度值与度值之间的关系曲线（模型 B）

该峰值的出现可从两个方面进行解释：

①当 k 较小时。

整个集群的丰度值 X_C 可由下式给出：

$$X_C = \int X_C(k) P(k) \, dk \tag{15-42}$$

式中，$X_C(k)$ 为度为 k 的节点的丰度值；$P(k)$ 为度为 k 的节点的概率。由于无标度网络度分布 $P(k)$ 的幂律性，绝大多数节点拥有较小的度值，即当 k 较小时 $P(k)$ 较大。另外，由图 15-24 中的小面板可知，在 k 较小（$k=2,3$）时，$X_C(k)\big|_{r=0.1} > X_C(k)\big|_{r=0.01}$。上述两方面原因造成了图 15-24 中峰值的出现。

②当 k 较大时。

与模型 A 显著不同的是，在图 24 中，无论对于 $r=0.1$ 还是 $r=0.01$ 均存在拥有较大度值的策略 C 个体 hub_C（图中尾巴），且 $X_C(k)\big|_{r=0.01} > X_C(k)\big|_{r=0.1}$，即随着 r 值增加 $X_C(k)$ 将减小。不难得知 hub_C 的邻居为策略 D 个体（肯定有策略 D 来剥削它），同时，随着 r 值的增加，当 hub_C 将其策略更新为策略 D 时，拥有较小度值的 hub_C 的邻居将不能再从 hub_C 获益，因此将不得不转换其策略为 C。由于网络的无标度特性，失去一个 hub_C 反而将导致更多的个体转换为策略为 C，因此会导致 X_C 的短暂上升和峰值的出现。

相比于混合均匀群体，一般而言，结构群体能够促进合作现象的发生，但是该结论并非适用于所有的空间结构和所有的博弈类型。有研究对规则格子上的雪堆博弈进行了系统的仿真分析，并将仿真结果与混合均匀种群上雪堆博弈

演化稳定时的丰度值 X_C 进行对比,其中, $X_C = 1-r = 1-c/(2b-c)$,其结果如图 15-25 所示。

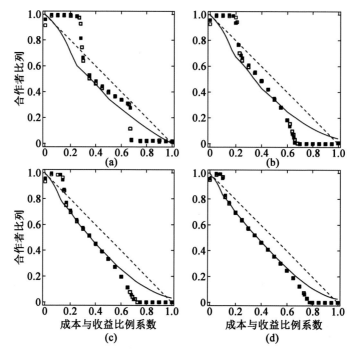

图 15-25　规则格子上的雪堆博弈演化曲线

图 15-25(a)(b)(c)(d)分别为节点度为 3 的三角形格子(triangular lattice),节点度为 4 的正方形格子(square lattice),节点度为 6 的六边形格子(hexagonal lattice),节点度为 8 的立体栅格(square lattice)的仿真结果。实心和空心方块分别对应同步、异步更新规则,实线对应于偶对近似下的计算结果,虚线为混合均匀种群的 $X_C = 1-r$ 曲线。仿真结果表明,在 r 较小时(较低的耗费,较高的获益),规则格子上的雪堆博弈丰度高于混合均匀种群的 $1-r$,然而,随着 r 逐渐增大,规则格子上的雪堆博弈丰度低于混合均匀种群,自然选择更倾向于选择背叛者。

本章以公共品博弈和雪堆博弈为例,以模拟仿真和数理解析相结合的方式证明包括无标度网络异质性在内的多样性,能够促进公共物品博弈中合作行为的涌现。然而需要注意的是,一般而言,结构群体相比于非结构群体(典型如混合均匀群体)能够促进合作现象的发生,但是该结论并非适用于所有的空间结构和所有的博弈类型。例如在规则格子上的雪堆博弈中,随着收益系数的逐渐增大,规则格子上的雪堆博弈丰度低于混合均匀种群,自然选择更倾向于选择背叛者。

第16章 公共品演化博弈——创新应用

公共品演化博弈是用来建模、分析个体收益与集体利益冲突矛盾的一类典型博弈模型。本章基于社团网络这一特定无标度网络上的公共品演化博弈，对一个具体案例实施建模并仿真分析，是公共品演化博弈现实应用的一次尝试。

16.1 应用背景

未来战争可能是智能化战争，无人系统是未来战争的主力军，智能化协同的无人系统集群作战是未来战争的主要形态。

无人集群作战中，在通信良好前提下，指控中心可以对集群实施集中式协同控制。然而，现代战场电磁环境复杂，通信不畅甚至通信失效是常见的现实风险，此时，无人集群必须根据自我获取的态势，临机做出有效响应。做到自我管理、自主协同，以继续完成既定军事行动。

无人集群的自主协同，需要依托功能异构的、具备一定智能性的无人平台，以及基于空天地一体信息网络，围绕"侦察、控制、打击、评估、保障"各环节需求，进行功能切分和密切协同。例如，在协同搜索任务中，需要配置多型传感器（可见光、红外、雷达等）的无人集群发挥各类侦查手段优势，完成各种不同遮挡条件下目标的检测与定位，并且通过任务分工，提高区域覆盖范围和反电子对抗能力；协同打击任务中，首先由侦察型无人平台实施情报侦查，探知目标方位、速度、技战术指标等，再由干扰型无人平台对目标实施电子干扰，同时由攻击型无人平台实施攻击。

无人集群的自主协同（图16-1），需要对通信、情报、火力等各类作战资源进行临机重新配置，以保障战场生存及完成任务能力。然而资源重新配置中的个体"偏私性"与集群整体需求，往往存在难以调和的矛盾。

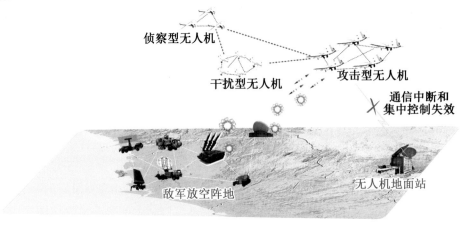

图 16-1　无人集群的自主协同

例如,在集群火力打击任务中,具备独立决策能力的理性作战单元为确保自身具备最大战场价值,会选择尽可能少地向集群贡献弹药,从而确保自身尽可能多的"战斗型"弹药保有量;从集群层面看,每个作战单元向集群贡献的"保障型"弹药越多,则集群整体生存率越高,作战效能越大。这两者之间的选择性矛盾将引发"公地悲剧"。如何维护合理的资源配置,避免公地悲剧,是无人集群作战中一项至关重要且亟待解决的难题。

针对该难题,下面将从静态拓扑智能集群行为更新协调机制和动态拓扑智能集群交互切换机制两个层面对无人集群作战中"公地悲剧"的解决展开讨论。

16.2　无人集群自主协同行为分析框架

无人集群的自主协同行为分析,涉及 3 个关键性问题:一是集群智能的涌现表现,二是信息网络的构建,三是协同机制的设计,三者共同构建起了无人集群自主协同行为分析的基础框架。其中,从个体到群体的智能涌现是集群"自主性"协同行为产生的内在源动力;信息网络是集群内部信息交互发生的拓扑空间,是自主协同行为的空间载体;协同机制则是集群自主协同得以实现的根本途径。无人集群自主协同行为分析框架如图 16-2 所示。

按照经典系统工程理论"关系结构决定功能",具备某种拓扑结构的信息网络是智能在群体层面得以涌现的基础;而智能涌现的结果又反过来驱动网络拓扑发生动态重构。同时,智能的涌现过程是个体间基于收益的时空博弈过程,智能性则是协同中"理性"个体开展交互博弈的基础前提;协同行为调整、策略更新与集群所处的空间网络结构密切相关,因此网络拓扑是协同机制中个体行为(策略)更新的重要依据。

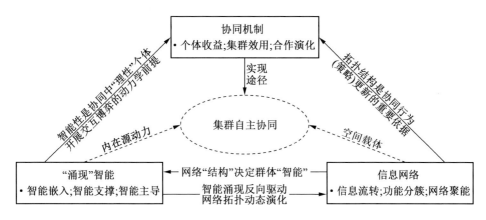

图 16-2　无人集群自主协同行为分析框架

16.2.1　智能涌现

智能性(包括个体的"单体智能"和群体"涌现智能")是分布式自主控制方式对集群的基本要求。让无人集群按照预定方案执行军事任务,这一思路本身存在先天不足。复杂环境下,战场态势瞬息万变,若对极大数量甚至是海量的无人平台实施一对一的微观管理,将导致通信等资源严重短缺,即响应性地控制大量无人平台将超出人类目前的技术、认知、决策能力,这大概率地会导致作战行动失败。因此,必须将更多的决策、行动权限前移给集群自治系统,让无人平台能够独立自主地协调自身决策以产生支持集群目标的行为。

智能化作战制胜机理的内核即为"智能""自主"。美国国防科学委员会分析了智能和自主能力给无人机(unmanned aerial vehicle, UAV)、无人地面系统(unmanned ground systems, UGS)、无人海上平台(unmanned maritime vehicle, UMV)和无人太空系统(unmanned space systems, USS)带来的作战效益,进而指出智能和自主能力是美军无人系统中的核心能力。未来无人集群作战系统将具备更高的感知、分析、计划、决策和执行能力,并朝着战场态势自主感知、作战任务自主规划、作战行动自主实施、作战协同自主联动、作战效果自主评估的方向迈进。

无人作战力量的发展路径始于人机互动的遥控式阶段,经历了人机结合的协作式阶段,正向人机共融的自主式方向发展。可以预见,无人集群的智能涌现也将经历有人为主、无人为辅的"智能嵌入"到有人为辅、无人自主的"智能支撑",再到仿生自主、集群攻防的"智能主导"演进。

16.2.2　信息网络构建

一方面,从规模角度分析,未来集群作战可分为 3 个级别(以空中力量为例):一是僚机型,数量在三五十架以内;二是集群型,数量在三五十架至上百架;三是蜂群型,数量在上百架甚至上千架以上。另一方面,从智能性角度分析,一旦无人集群发展到仿生自主、集群攻防的"智能主导"阶段,集群的规模将自然可以做到极为庞大。规模的扩充意味着交互关系复杂度的指数级增长,如何立足节点间信息交互能力,结合集群作战的业务逻辑,快速构建集群网络,是作战筹划人员必须要解决的现实难题。

无人集群作战中的信息网络构建,一种代表性思路是,在传统树型网络的基础上,融合随机网络、社团网络所带来的特性,构造与作战任务匹配的网络拓扑结构。

例如,在无人机集群的典型作战样式"对地对海"攻击中,无人机集群可划分为执行情报侦察、电磁干扰、火力打击等任务的多个作战子集群。子集群内部紧耦合,子集群之间松耦合,呈现出社团网络的拓扑组织结构。其中信息需要高度有效地交互传递,各类异构无人力量在组织结构上"形散神聚",建立信息流转、网络聚能等军事需求与无标度、小世界等复杂网络特性间的映射关系,是网络形态设计的重中之重。

16.3.3　协同机制设计

无人集群作战由于其体系的区域分布性,智能自主特性,以及去中心化特性,集群内部必须基于信息网络,构建起有序的协同与合作,以确保良好的战场生存能力和任务完成能力。此外,从系统论角度,无人集群各组成要素与战场环境要素共同构成了一个复杂巨系统,且各要素间相互依存、相互影响、相互制约,多无人平台协同作战的最终实质即是寻找整个大系统的最佳控制策略,因此协同机制的设计至关重要,是集群作战的"灵魂"所在。

具备"智能性"的单个无人平台在与其他平台的协同交互中,需要计算评估其自身的能量、损耗、成本、行为代价等因素,以最大化其自身"收益",此过程不可避免地伴随着个体间的竞争,导致个体"收益"(pay-off)与集群总"效用"(utility)最优上的偏离。因此,协同机制设计中的一类关键问题是如何保持个体收益与集群效用的一致。

良好的协同机制设计是破解个体收益与集群总效用间矛盾的关键。目前,在经典的多智能体系统(multi-agent system,MAS)理论、复杂适应系统(complex adaptive systems，CAS)理论和复杂网络理论框架下,组分(个体)与系统(集体)在各自优化方向上的竞争和冲突问题,有待进一步深化研究。

16.3　静态拓扑智能集群行为更新协调机制

单个无人平台具有可选的不同行为方式(如投放弹药、不投放弹药),作为博弈策略(strategy);无人平台在每一时刻,与其"邻居"(存在基于地理位置的物理连接和基于信息通信的逻辑连接的其他无人平台)发生交互;依据其自身及邻居策略,取得一定的作战效能,获得一定的收益;具备独立决策能力的智能无人平台,通过评估其作战效能(收益),进行行为方式的转变(策略更新);经个体间的多轮博弈、反复策略更新,集群中合作者的比例逐渐趋于稳定,使得最终达到演化稳定状态(evolutionary stable state，ESS)。

同时,需要注意,博弈通常是发生在空间上的博弈。"发生在空间上的博弈"指的是博弈的各个参与方之间不是随便两个都会进行博弈的,比如位置比较近的才会发生博弈,这样,各个无人平台就构成了特定的网络形态。

假设无人集群的博弈发生在社团网络上。社团网络示意图如图 16-3 所示,社团内部紧耦合、社团之间松耦合。

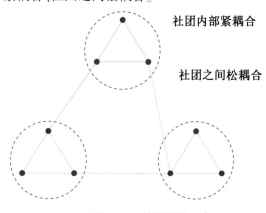

图 16-3　社团网络示意图

演化博弈发生在社团网络上的多簇无人集群中,随多轮演化过程推进,单个无人平台 i 根据其与邻居的博弈收益,在策略集 $\{C,D\}$ (即 cooperator, defector)中不断更新其策略,直到持不同策略的平台数量在整个集群中的占比趋于稳定。

一个规模为 N 的社团网络上,设 i 的度 $k_i = k_i^C + k_i^D$,其中 k_i^C 和 k_i^D 分别为某轮博弈中, i 的邻居中持 C、D 策略的个体数量。

（1）若 i 选择合作策略 C，则由 i 及其邻居构成的多元公共品博弈中，所有合作者的总贡献量为 $k_i^C c + c$（其中 c 为单个合作者向集群贡献的资源数量），$k_i^C c + c$ 乘以收益系数 r 之后总产出为 $r(k_i^C c + c)$，每个个体收益为 $r(k_i^C c + c)/(k_i+1)$，由于 i 付出成本为 c，因而其净收益为 $r(k_i^C c + c)/(k_i+1) - c$；

（2）若 i 选择非合作策略 D，则由 i 及其邻居构成的多元公共品博弈中，所有合作者的总贡献量为 $k_i^C c$，总产出为 $r k_i^C c$，每个个体收益为 $r k_i^C c/(k_i+1)$，由于 i 无成本付出，因而其净收益为 $r k_i^C c/(k_i+1)$。令 $a_{k_i^C}$、$b_{k_i^C}$ 分别为个体 i 采用策略 C 和 D 的收益，则有：

$$a_{k_i^C} = r(k_i^C c + c)/(k_i+1) - c \qquad (16-1)$$

$$b_{k_i^C} = r k_i^C c/(k_i+1) \qquad (16-2)$$

公共品演化博弈收益矩阵见表 16-1。

表 16-1　公共品演化博弈收益矩阵

	k_i	$\cdots$	k_i^C	$\cdots$	1	0
C	$rc-c$	$\cdots$	$r(k_i^C c + c)/(k_i+1) - c$	$\cdots$	$2rc/(k_i+1) - c$	$rc/(k_i+1) - c$
D	$r k_i c/(k_i+1)$	$\cdots$	$r k_i^C c/(k_i+1)$	$\cdots$	$rc/(k_i+1)$	0

由表 16-1 可知，个体 i 选择策略 D 的收益永远优于选择策略 C。因此，在个体层面，i 更倾向于选择策略 D，通过"搭便车"来"剥削"邻居中的策略 C 持有者，以获取更大收益；而在集群层面，获取的资源（由个体贡献）越多越利于整体作战效能的发挥。个体的"偏私性"与集群整体需求存在着难以调和的矛盾，如何提高集群中合作策略持有者的比例，避免公地悲剧，是无人集群技术研究及现实应用中一项至关重要且亟待解决的难题。

个体 i 在策略空间 $\{C,D\}$ 中切换其策略的概率为

$$P_{S_i \in \{C,D\}} = \frac{1}{1 + e^{\omega(F_i - \overline{F_{k_i}})}} \qquad (16-3)$$

式中，$\omega \in [0,1]$ 为选择强度，其可放大或缩小 $F_i - \overline{F_{k_i}}$ 对策略更新概率的影响，且经现实检验，较弱的选择强度（$\omega \ll 1$）对合作具有促进作用；$F_i \in \{a_{k_i^C}, b_{k_i^C}\}$ 为个体 i 收益；$\overline{F_{k_i}}$ 为其 k_i 个邻居的平均收益，令 $\Delta = F_i - \overline{F_{k_i}}$，若 $\Delta = 0$，则 $P_{S_i \in \{C,D\}} = 1/2$，无人平台对策略 C、D 的偏好相同，若 $\Delta > 0$（即个体收益 F_i 高于邻居平均收益 $\overline{F_{k_i}}$），则 $P_{S_i \in \{C,D\}} < 1/2$，此时无人平台更偏向于维持当前策略，若 $\Delta < 0$（即

个体收益 F_i 低于邻居平均收益 $\overline{F_{k_i}}$),则 $P_{S_i \in \{C,D\}} > 1/2$,此时个体更偏向于从当前策略更新到策略空间 $\{C,D\}$ 中的另一策略。

基于收益矩阵,怎样提升群体的合作水平,解决公地悲剧呢?

其实,无非是调整 r 和 c 。按照这个思路,依据上述模型,采用网络仿真软件 Netlogo 6.2.1(图 16-4),对社团网络上的公共品博弈进行仿真,目的是看看通过调整哪些参数,可以提高群体中合作者的比例,从而解决公地悲剧。

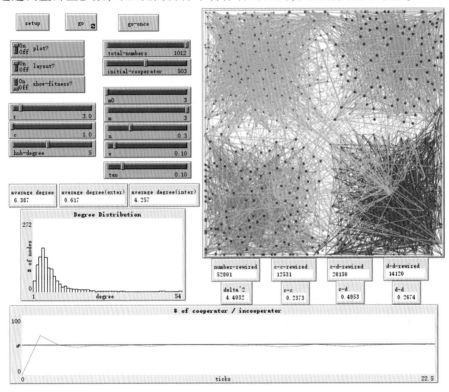

图 16-4　Netlogo 6.2.1 仿真界面

将仿真划分为 3 个步骤:

(1)根据社团网络生成算法,生成规模为 N 、社团数目为 M 的多簇无人集群网络;对 N 个网络节点实施随机的策略分布(策略 C、D 持有者各占约 50%)。

(2)个体 i 与其所有存在直接网络连接的邻居构成博弈群组 G ,依据多元公共品演化博弈框架发生博弈,分别计算收益 F_i 和 $\overline{F_{k_i}}$ 。

(3)每轮博弈结束后,个体 i 评估其现有策略下的收益,然后依据费米规则更新其策略。

上述过程重复推进,直到持某类型策略的个体数量在整个集群中的占比趋于稳定。

16.3.1 集群规模及网络度对合作的影响

在无人集群作战中,集群规模是一个重要的考虑因素。规模太大,作战成本增加;规模太小,可能达不到预期作战效能。从规模角度,智能无人作战可分为 3 个层次,以空中力量为例,第一层次为僚机型,数量一般为 30~50 架;第二层次为集群型,数量为 50~100 架;第三层次为蜂群型,数量为几百架。因此,在仿真参数设置时,分别将规模设为 50、100 和 300,分别代表 3 个不同的层次。

令 $N = 50$、100、300,固定 $\bar{k} \approx 5$,分别在弱选择($\omega = 0.1$)和强选择($\omega = 1$)下仿真绘制出集群丰度 $f_c(k)$ 与收益系数 r 的关系曲线,如图 16-5 所示。仿真设置如下:每个数据点运行 100 次(10 次网络拓扑实现对应于 10 次初始策略分布)后求平均;每次运算,合作者与非合作者在网络上等比例随机分布,经过 10 000 步演化后再取 2 000 步结果求平均。若无特别说明,后续仿真设置与此相同。

从图 16-5 可知,在选择强度和网络平均度等参数固定时,不同规模下的集群丰度曲线基本贴合一致。进一步地,在选择强度固定时,考察集群规模对丰度平稳性的影响。分别计算相邻数据点的连线斜率,并求斜率的方差 δ^2,以 δ^2 表征丰度的平稳性(曲线的平滑度),图 16-5(a)中 $\delta^2|_{N=300} < \delta^2|_{N=100} < \delta^2|_{N=50}$,图 16-5(b)中上述不等式依旧成立,因此规模越大丰度的平稳性越好。

结论 16-1 集群规模对社团网络上无人集群合作行为的涌现影响不大;但规模越小,丰度随收益系数变化的平稳性越差。

由于无人集群拓扑结构是一个无标度的复杂网络,因此考察网络平均度对合作水平的影响,对于集群网络构建具有非常强的参考价值。进一步地,考察拥有不同度的节点上的策略分布对于有针对性的调控集群协同行为,具有重要意义。

对式(16-1)和式(16-2)做基本数学变换易得:$a_{k_i^c}^c = b_{k_i^c}^c + [r/(\bar{k}+1) - 1] \cdot c$,因此系数 $r/(\bar{k}+1)$ 对于个体的策略选择至关重要。令 $\eta = r/(\bar{k}+1)$,分别给出不同 m 与 n 取值下集群丰度与系数 η 的关系曲线(图 16-6(a))。在此基础上,将 $\bar{k}$ 单独剥离出来,进一步考察集群丰度与网络平均度的关系曲线(图 16-6(b))。

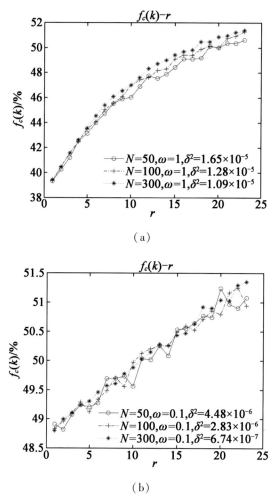

（a）

（b）

图 16-5　集群规模 N 对合作的影响

　　由图 16-6（a）可知,在同一 η 值下,随着平均度 $\bar{k}$（依据社团网络的生成过程,节点的平均度 $\bar{k} \approx 2(m+n)$）的增大,即便在较大的收益系数 r 下,社团网络上的合作现象被抑制,有 $f_c \mid_{\bar{k}\approx4} > f_c \mid_{\bar{k}\approx6} > f_c \mid_{\bar{k}\approx10}$；在图 16-6（b）中,随着 $\bar{k}$ 的进一步增大,集群中的合作得到抑制,尤其是在强选择下集群合作急剧崩塌,在 $\bar{k}>5$ 时合作水平将下降到 40% 以下。分析该现象的原因,可能是平均度的增加导致节点间的链接更为紧密,背叛者更容易搭便车通过“剥削”合作者获取更大收益,从而更有利于其生存。

　　结论 16-2　平均度的增加导致社团网络上平均丰度的下降,即节点间的紧密连接将抑制集群合作行为的产生。

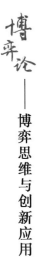

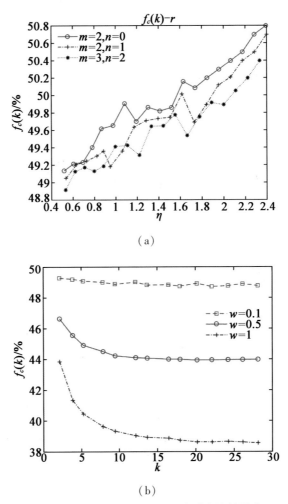

（a）

（b）

图 16-6 系数 η 及集群平均度对合作的影响

考察拥有不同度的节点上的策略分布对于理解合作行为的涌现具有重要意义。网络度分布如图 16-7（a）所示，横坐标为节点度，纵坐标为具备某度值的节点的总数及其中合作者和非合作者的数量，度分布呈现出显著的幂律特性。节点丰度 $f_c(k)$ 与节点度 k 之间的关系曲线如图 16-7（b）所示，由图 16-7（b）可知，无论在弱选择还是强选择下，$f_c(k)$ 均为 k 的单调减函数，尤其在弱选择下 $f_c(2)\big|_{\omega=0.1}\approx0.52$，$f_c(12)\big|_{\omega=0.1}\approx0.35$，且随着 k 的进一步增大 $f_c(k)$ 急剧下降。仿真过程取 $N=100$，$m=2$，$n=1$，$r=5$。

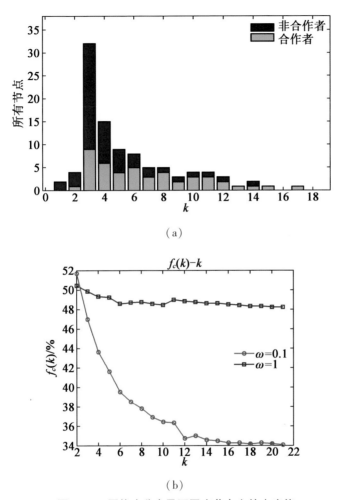

（a）

（b）

图 16-7 网络度分布及不同度节点上的丰度值

结论 16-3 社团网络上大部分（当然也是极少数的）大"度"节点持策略 D,大量的小"度"节点更容易被策略 C 个体占据。

分析其原因:大度节点可以"任性"地采取策略 D,因为它有大概率能够找到一个供其"剥削"的策略 C 邻居。小度节点无法任性,一方面它与一个大度的策略 D 个体相连,同时它找到一个策略 C 邻居的概率极小,所以其最佳选择是策略 C,至少可保证其自身收益不为 0。综上所述,大量的小度节点被策略 C 个体占据,所有的大度节点通过剥削其邻居中的策略 C 个体成为搭便车者。

启示 16-1 基于仿真结论 16-1 至结论 16-3,在无人集群作战中,应立足于作战任务、作战样式等具体军事需求,合理确定集群规模,集群规模小可降低装备保障难度但可能束缚作战效能的发挥,集群规模大可在攻与防两方面占据

优势但对装备保障的要求较高,因此集群规模的确定,需要在装备投入成本与作战效能之间取得平衡;在集群网络构建时,应在保证核心通联需求前提下,尽可能减少网络链路数量,一方面保证了集群内部的合作水平,另一方面降低了我方网络构建难度且提升了对手实施通信干扰的难度;若战场电磁和通信条件允许,可采取集群自组织为主、人为强制干预为辅的方式对无人集群实施管控,人为干预重点通过干预集群网络中 hub 节点(大度节点)的策略选择,提升集群的整体合作水平。

16.3.2 内部/外部连接关系对合作的影响

在集群网络构建中,除了需要关注度分布这个参数外,内部连接和外部连接的相对关系也是一项需要重要考虑的问题,因为即使两个集群作战网络拥有相同的平均度,如果簇的内部/外部连接相对关系不同,也将表现出不同的网络特性,进而影响作战的信息传递进程。本节在获得网络度对集群合作影响规律的基础上,进一步对网络度进行拆分,分析社团内部连接(inner-community attachment)与外部连接(inter-community attachment)的相对数量关系对集群合作水平的影响。令 $M=5$,$N=100$,仿真结果如图 16-8 所示。

由图 16-8(a)、16-8(b)、16-8(c)可知,下列等式成立:

$$\begin{cases} f_c(\bar{k}\approx 4)\big|_{m=2,n=0,\omega[[0.1,1]}\approx f_c(\bar{k}\approx 4)\big|_{m=1,n=1,\omega[[0.1,1]} \\ f_c(\bar{k}\approx 6)\big|_{m=3,n=0,\omega\in[0.1,1]}\approx f_c(\bar{k}\approx 6)\big|_{m=2,n=1,\omega[[0.1,1]} \\ f_c(\bar{k}\approx 8)\big|_{m=4,n=0,\omega[[0.1,1]}\approx f_c(\bar{k}\approx 8)\big|_{m=3,n=1,\omega[0.1,1]} \\ f_c(\bar{k}\approx 8)\big|_{m=4,n=0,\omega\in[0.1,1]}\approx f_c(\bar{k}\approx 8)\big|_{m=2,n=2,\omega[0.1,1]} \end{cases} \quad (16-4)$$

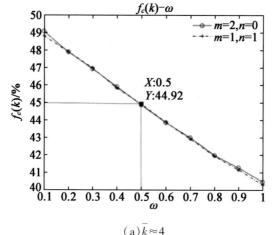

(a) $\bar{k}\approx 4$

图 16-8 内部/外部连接关系与合作水平的关系

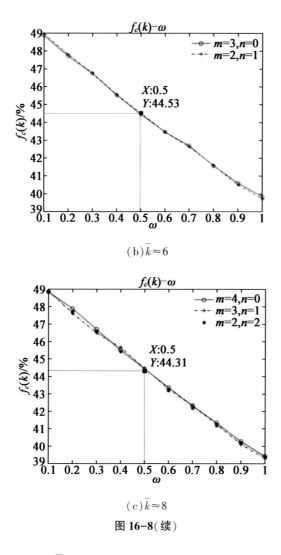

(b) $\bar{k} \approx 6$

(c) $\bar{k} \approx 8$

图 16-8(续)

因此在保持平均度 $\bar{k}$ 固定时,增加或减小社团内连接数 m 和社团间连接数 n,即增加或减小 m 或 n 值,合作水平并无明显增强或减弱;横向对比图 16-8 (a)、(b)、(c) 发现,合作水平随平均度 $\bar{k}$ 的增加而减弱(以 $\omega = 0.5$ 为例,$f_c(4) \approx 0.4492 > f_c(6) \approx 0.4453 > f_c(8) \approx 0.4431$),该结论也印证了图 16-6 的结果。

结论 14-4　在保持社团网络平均度不变的前提下,社团内部度与外部度的相对数量关系变化不会对合作产生影响。

进一步地,分别固定 m 和 n,仿真 n 和 m 的变化对合作的影响,结果分别如图 16-9(a) 和(b)所示。

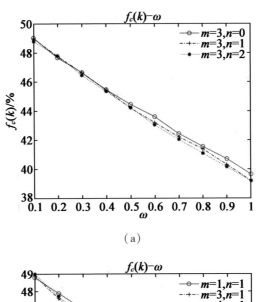

(a)

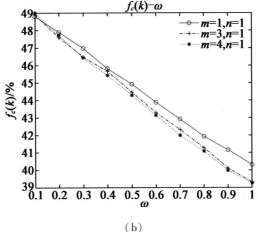

(b)

图 16-9　*m* 和 *n* 的相对变化对合作的影响

固定 $m=3$，分别绘制出 $n=0,1,2$ 时集群的平均丰度曲线，如图 16-9(a) 所示，$f_c(k)\mid_{m=3,n=0} > f_c(k)\mid_{m=3,n=1} > f_c(k)\mid_{m=3,n=2}$，因此在内部度不变的前提下增加外部度，合作将得到抑制；固定 $n=1$，分别绘制出 $m=1$、3、4 时集群的平均丰度曲线，如图 16-9(b) 所示，$f_c(k)\mid_{n=1,m=1} > f_c(k)\mid_{n=1,m=3} > f_c(k)\mid_{n=1,m=4}$，因此在外部度不变的前提下增加内部度，合作同样得到抑制。

结论 16-5　无论固定内部度增加外部度，还是固定外部度增加内部度，社团网络上的合作都将减弱。

由于网络的异质性和大度节点间的直接连接是合作产生的核心驱动，探究上述结果产生的原因，可以从以下 3 个方面进行定性分析：

(1) 数据分析/仿真发现，在较小的平均度时，初始的固定节点在其社团内总是拥有最大度的 hub 节点,而随着 m 或 n 的增加(平均度 $\bar{k}$ 增加),将会出现其他节点来争夺 hub 位置,一定程度上削弱了网络的异质性;

(2)m 或 n 的增加,使得节点的邻居更多,然而邻居中不合作的搭便车者也同时增加,从而削弱了合作现象的产生;

(3)对于平均度 $\bar{k}$ 固定的情况,最好的结构是 5 个无标度网络通过 5 条外部连接(inter-community links)进行连接(即 $n=0$),所有新增节点都只连接到社团内部,这样有利于环等回路结构的形成,而环路结构已被证实可极大促进合作。

启示 16-2　基于仿真结论 16-4 至结论 16-5,在作战中可立足于现有组网能力,根据任务需要及对作战网络的弹性、抗毁性、鲁棒性等需求,应在保证核心通信链路数量稳定的前提下,优化情报、干扰、打击等不同功能作战子群内部和外部的通联关系及网络结构:在以单个作战子群业务活动(如情报侦察、火力打击)为主的作战阶段,可削减子群间通信链路而加强子群内部通信连接,在需要多个作战子群协同参与的作战阶段,可削减子群内部通信链路而重点保障子群间的通信连接;同时,在保证核心通联需求前提下,尽可能减少集群网络的内部或外部链路数量以促进合作行为的涌现。

16.3.3　成本及收益系数对合作的影响

考察作战成本(如通信、情报、火力等)及收益系数对集群合作的影响,具有极强的现实指导意义。现实作战中追求以最低的成本投入换取最优的集群协同效果,最终实现最大作战效能,反之,若成本过高,即便最终实现了作战目的也是得不偿失。本节以理论推导结合数据仿真的方式,挖掘集群合作水平随两类参数的变化规律,以期为现实作战提供决策支持。

首先考察成本对集群合作水平的影响,一般令 $c=1$ 表示所拥有的基本作战资源总量,c 的一般取值区间为 $c \in [1.0, 2.0]$。当 $c=2$ 时表示实际消耗资源翻倍。若 $c>2$,从现实角度而言,投入资源成本过多,已经失去了作战意义。因此,令 $c \in [1.0, 2.5]$,既覆盖了一般取值空间,又考虑了意外情况。

此外,令 $m=2$,$n=1$ 获取集群合作水平 f_c 随 c 的变化曲线如图 16-10所示。

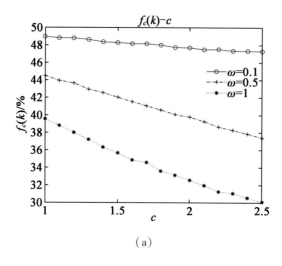

（a）

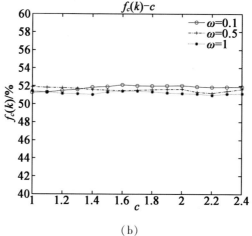

（b）

图 16-10 f_c 随 c 的变化曲线

图 16-10(a)中,初始条件为非合作策略占优(即 $f_c<0.5$),由图可见随成本 c 的增加, f_c 呈单调递减趋势。该仿真结果也直接印证了前面的理论推导,由于 $a_{k_i^c}=b_{k_i^c}+[r/(\bar{k}+1)-1]\cdot c$,在非合作策略占优的初始条件下, $a_{k_i^c}<b_{k_i^c}$,即 $[r/(\bar{k}+1)-1]\cdot c<0$,因此随 c 的增大 $a_{k_i^c}$ 会进一步减小,合作将得到进一步抑制;且在同样的成本下, $f_c(k)\mid_{\omega=0.1}>f_c(k)\mid_{\omega=0.5}>f_c(k)\mid_{\omega=1}$,因此 ω 越小平均丰度 f_c 越大;此外,由于满足:

$$\begin{cases} \Delta<f_c(\omega=0.1)>_{c\in[1.0,2.5]}\approx0.020 \\ \Delta<f_c(\omega=1)>_{c\in[1.0,2.5]}\approx0.094 \end{cases} \quad (16-5)$$

因此,随 ω 增加, c 对 f_c 的影响程度增加。

274

图 16-10(b)中,初始条件为合作策略占优(即 $f_c > 0.5$),由图可见随成本 c 的增加,f_c 呈稳中有升趋势。同样地,可通过理论推导对仿真结论进行印证分析,由于在合作策略占优的初始条件下,由式(16-1)至式(16-3)可知增加 c 会使得 $a_{k_i^c}$ 增大,但非合作者收益 $b_{k_i^c}$ 将同时增大,由于 $[r/(\bar{k}+1)-1] \cdot c > 0$,因此 $a_{k_i^c}$ 的增加幅度将大于 $b_{k_i^c}$,即整体上成本 c 的增加会促进合作。但合作的促进程度具体取决于 $\eta = r/(\bar{k}+1)$ 值大小,由于受限于 r 和 $\bar{k}$,η 取值一般较小,因此平均丰度随 c 增加难以有明显上升趋势。

结论 16-6　在非合作占优条件下,成本的增加会降低合作水平,特别是当选择强度较大时;在合作占优条件下,成本的增加将提升合作水平,但提升幅度有限。

收益系数 r 决定了个体资源的"升值率"。资源的升值来源于集群内部协同所带来的"1+1>2"的能力提升,表现在集群攻防所带来的超越单个作战平台的整体作战效能。太小的收益系数无法促使无人平台向合作策略转换,太大的收益系数不具备现实意义,研究收益系数对集群合作水平的影响规律,对于合理设置收益系数的大小,进而提升集群整体合作水平具有重要意义。

选取收益系数区间 $r \in [1,6]$,$m=2$,$n=1$ 绘制集群合作水平 f_c 随 r 的变化曲线如图 16-11 所示。

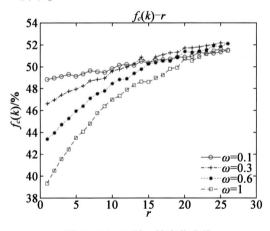

图 16-11　f_c 随 r 的变化曲线

由图 16-11 可见,随收益系数 r 的增加,f_c 呈单调递增趋势,这表明由于收益系数的增加,集群中合作现象大量出现,搭便车行为得到抑制;然而,随 r 增大,r 对于提升 f_c 的影响力逐渐减小,以 $\omega=1$ 为例,满足:$\Delta <f_c(k)>_{r \in [1,10]} \approx 0.074$,$\Delta <f_c(k)>_{r \in [10,25]} \approx 0.041$。

结论 16-7 收益系数的增加会增强合作行为的产生,但收益系数越大其对合作的促进作用越弱。

然而,通过调控收益系数来提升合作水平的手段,在收益系数过大时($r>$ 5),只具备理论价值而无现实意义。且结论 16-7 已经指出收益系数越大对合作的促进作用越弱,其原因在于:收益系数 r 的增加使得合作单元和非合作单元的收益同时得到了提升。为此,我们尝试将合作单元的收益系数 r_C 和非合作单元的收益系数 r_D 分开,仅增加 r_C(非合作单元收益系数 r_D 保持不变),仿真绘制了不同 r_C 下的平均丰度曲线(图 16-12)。当 $r_C=3$,平均丰度近似等于 0.5(如图黑色曲线所示),这表明集群中合作单元与非合作单元的占比基本平衡;随着 r_C 的进一步增加,$r_C=5$ 时平均丰度在 $\omega=0.1$ 处即大于 0.5,之后随着选择强度的增加,在 $\omega=1$ 处超过 0.65,实现了平均丰度的大幅提升。此外,随 r_C 增加,当实现集群占优策略转换后,强选择将更有利于合作的产生。

收益系数 r_C 的增加意味着采取非合作策略的搭便车者将不再获取与合作者相同的收益回报,收益的降低将直接提升非合作者的策略更新概率 $P_{D \to C}$,从而使更多的单元趋向于合作。

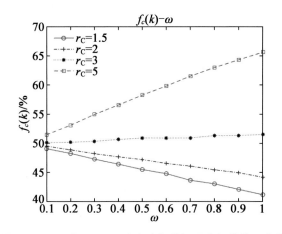

图 16-12 不同 r_C 下平均丰度与选择强度间的关系曲线

结论 16-8 将合作单元的收益系数与非合作单元的收益系数分开后,单独提升合作单元的收益系数可大幅提升集群的平均丰度;当集群实现合作策略占优时,有别于传统"弱选择促进合作",强选择将更有利于合作的产生。

实际调控中,理想情况是同时增加合作单元的收益系数 r_C 和降低成本 c,然而针对战场上特定的使命任务,为保障作战效能的发挥,成本很难降低甚至会增加。然而,由结论 16-6 可知,在非合作占优条件下,成本的增加会降低合作水平,与增加 r_C 相比是一对背道而驰的矛盾。因此,需要综合考虑 r_C、c 同时增加的情况。图 16-13(a)为非合作占优条件下，r_C、c 同时增加时集群合作水平的变化，以 $c=1$，$r_C=1.5$ 为基准(如图中红色数据点所示)，在成本增加了 50%(由 $c=1$ 增加至 $c=1.5$)，收益系数增加 33%(由 $r_C=1.5$ 增加至 $r_C=2$)的情况下(如图中黑色数据点所示)，不仅可抵消成本 c 对合作的不利影响，还可促进集群合作现象的涌现。

由结论 16-6 可知，在合作占优条件下，成本的增加将提升合作水平，但提升幅度有限。此处将 r_C 和 r_D 分开调控，仅增加 r_C(r_D 保持不变)，由图 16-13(b)可知当收益系数提升至 $r_c=3$，成本提升至 $c=1.5$ 时(如图中蓝色数据点所示)即可实现合作水平的明显提升，该现象异于结论 16-6。这是因为增加 c 将使得合作者和非合作者收益同时增加，但由于 $r_C>r_D$，$r_Ck_cc/k+1>r_Dk_cc/k+1$，且合作者又额外多出一部分收益($r_c/k+1-1)c$，因此合作行为的涌现相比于图 16-10(b)产生了较为明显的提升。

结论 16-9　在非合作占优条件下，对 r_c 的调控不仅可抵消成本对合作的不利影响，还可促进集群合作现象的涌现；在合作占优条件下，对 r_C 和 c 的综合调控可显著提升合作水平。

启示 16-3　基于仿真结论 6 至结论 9，在实际调控中尽可能提升无人作战集群中合作者的收益系数，抑制非合作者的收益系数，例如，借助管理手段，针对集群的每个作战单元，可累计其历次作战行动的"投资"成本(如投弹总量)，在后续作战行动中，投资成本较高者给予更多的物资弹药补给，或更高的物资弹药补给优先权；集群中非合作占优的初始条件下，尽可能降低、至少维持单次行动的成本，例如，借助先进技术手段，提高作战平台的可靠性、生存能力，提高单位弹药的打击精度、毁伤威力等。

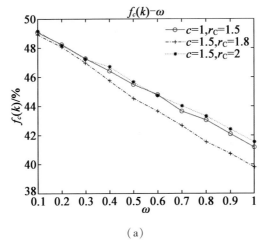

(a)

图 16-13　成本和收益系数的综合调控对平均丰度的影响

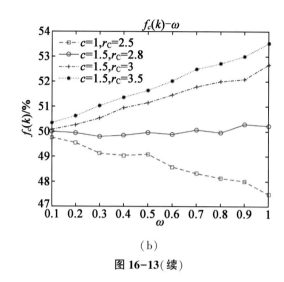

（b）

图 16-13（续）

16.4　动态拓扑智能集群交互切换机制

大多数复杂网络上的演化博弈研究都是基于静态网络,即网络拓扑自始至终保持不变。而在现实中,广泛存在着网络动态演化的现象,因此考虑的静态网络只相当于真实网络的一张快照。

以往研究中,研究者常常根据边所连接个体的策略属性对边加以区分,具体分为:c-c 边,即连接两个合作者的边,同理还有 c-d 边、d-d 边。在演化过程的拓扑调整中,针对不同类型的边发生不同的边动力学,以达到促进合作的目的。例如,简单粗暴,使得 c-c 边在演化中被永久保留,相反,在演化中被认为不受欢迎的 c-d 边强制断开。通过该机制,合作得以促进背叛得以抑制。

然而,上述机制存在的前提条件过于苛刻,与现实世界存在一定差距。现实情景中,会通过更加柔和的方式进行调整。

如果一个网络节点,无论是合作者还是非合作者,当遇到一个合作者(非合作者)时,个体将对这样的交互关系感到满意(不满意),并将单方面期望延长(缩短)该连接的持续时间。通过这种方式,每条连接的持续时间将得到合理且自适应的调整,而不是传统工作中被人为强制指定。

本节从拓扑动力学和策略动力学两个过程构建拓扑自适应动态重构机制。拓扑动力学刻画了节点间连边实施调整和重构的原则及过程;策略动力学刻画了博弈模型的选取,节点收益的计算,以及如何基于收益实施策略转换。两者相辅相成、互为支撑,在拓扑重构过程中交替进行,拓扑形态是策略调整的空间载体,策略是拓扑重构的依据。

16.4.1 群体演化拓扑动力学过程

集群演化拓扑动力学过程的核心即是要明确 3 个问题:谁来发起拓扑调整? 依据什么原则进行调整? 调整后如何重构新的拓扑关系? 下面将立足军事需求,提出 3 条规则,分别针对上述 3 个问题进行作答。

以"瘫点破体"为主要思想的体系破击战中,强调针对对手指控中心、通信枢纽等关键节点实施重点打击,以达到破坏对手作战体系的目的。攻与防是对立统一的矛盾两面,因此,我方在拓扑重构中也应将影响集群整体作战效能的关键节点作为重点关注对象,将其对应的边作为重点调整对象。从网络科学角度,度越大的节点往往是整个网络的 hub,对整个网络性能发挥起着决定性作用,可以担任拓扑调整的发起者。因此,给出集群拓扑调整第一条规则。

□ R_1(调整发起者规则)

选取集群网络中度值大于5的所有节点作为拓扑调整的发起者。与该节点相连的所有边将按照一定规则进行增加连接概率、降低连接概率,直至断开等调整。

集群网络中,一旦以 i 和 j 为节点的边 l_{ij} 生成,节点 $i(j)$ 将被赋予一个 α_{ij} (α_{ji}),$\alpha_{ij}(\alpha_{ji})$ 服从区间 $[0,0.9]$ 内的均匀分布,并代表节点 $i(j)$ 发起的拓扑调整过程中边 $l_{ij}(l_{ji})$ 维持不变的概率。通常情况,$\alpha_{ij}\neq\alpha_{ji}$,且区间设为 $[0,0.9]$ 而非 $[0,1]$,主要考虑真实情况下很少存在永久连接这一事实。基于以上设定,给出集群拓扑调整第二条规则。

□ R_2(连接期望调整规则)

集群中的每个拓扑调整发起者依据其邻居当前策略,调整他们之间的连边概率,具体调整原则如下:

$$
\begin{cases}
\alpha_{ij}=\alpha_{ij}+\tau, S_j=C \\
\alpha_{ij}=\alpha_{ij}-\tau, S_j=D \\
\alpha_{ji}=\alpha_{ji}+\tau, S_i=C \\
\alpha_{ji}=\alpha_{ji}-\tau, S_i=D
\end{cases}
\tag{16-6}
$$

式中,τ 刻画了个体对与其自身相连的边的调整频度,较大的 τ 对应较快的调整频度,较小的 τ 对应较慢的调整频度。当 α 达到极值后,分两种情况:若 $\alpha=0$ 且邻居为策略 D 持有者,或者 $\alpha=0.9$ 且邻居为策略 C 持有者,则 α 分别保持 0 和 0.9 的极值不变;若 $\alpha=0$ 且邻居为策略 C 持有者,或者 $\alpha=0.9$ 且邻居为策略 D 持有者,则 α 仍按 R_2 进行更新。

需要注意的是,在拓扑调整发起者 $i(j)$ 单方面调整其连边概率的同时,其

邻居 $j(i)$ 也将同步进行连边概率的调整。当 i 和 j 分别调整其连边概率 α 后,接下来将决定是否继续维持 i 和 j 之间的连接关系,即边 l_{ij} 是否继续存在或者断开从而构建新的连接。因此,给出集群拓扑调整第三条规则。

□ R_3(连接重构规则)。

在博弈发起者 i 发起的边调整中,l_{ij} 将以概率 $1-\alpha_{ij}$ 被断开,一旦 i 将 j 从自己的邻居中剔除,i 将从自己的非邻居节点中随机选择一个建立新的连接。选择的依据有以下两条:

(1)须为同类型节点,如指控节点仍然选择指控节点。对应到集群网络中,即选择同一簇内的节点。

(2)i 与该节点的距离(即网络跳数)应适中。范围不可过大,跳数一定程度上反映了战场实际通信距离,必须考虑通信损耗、干扰等现实问题;范围不可过小,距离较小的节点间通过其他节点作为中继即可实现信息交互,无建立直接链接的必要。实际中一般取 $3 \leqslant d \leqslant 4$。

在 R_2 中,节点调整其连边概率的依据是其邻居的当前策略。然而,网络中每个节点的策略并非一成不变,而是基于其收益进行时时更新。下一节将在演化博弈理论框架内给出集群中节点策略更新的动力学过程。

16.4.2 群体策略动力学与拓扑动力学共演化过程

为了考察拓扑自适应动态重构机制对集群合作水平的影响,首先进行了一组对比实验。仿真计算静态网络下集群合作水平(图 16-14 中红色折线)与加入了拓扑自适应动态重构机制后的集群合作水平(图 16-14 中蓝色折线),并进行对比分析。参数取值:集群规模 $N=1\,012$、收益系数 $r=1.2$、成本 $c=1.0$、选择强度 $\omega=0.1$、调整速率 $\tau=0.1$。

仿真设置如下:每个数据点运行 100 次(10 次网络拓扑实现对应于 10 次初始策略分布)后求平均;每次运算,合作者与非合作者在网络上等比例随机分布,经过 10 000 步演化后再取 2 000 步结果求平均。若无特别说明,后续仿真设置与此相同。

进一步地,拟考察在群体策略动力学与拓扑动力学共演化过程中(自适应动态重构机制),不同类型边的连接数量 n 随时间的演化趋势。不同类型边的数量随时间的演化趋势如图 16-15 所示。

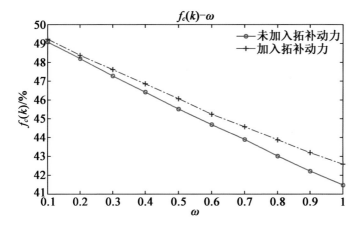

图 16-14 纯策略动力学与加入拓扑动力学后对集群合作水平的影响

由图 16-15 可知,随时间演进,网络中各类型连边的数量均呈现上升趋势,包括所关注的 c-c 边,表示与合作者相连的边将更加稳固;图 16-15(a) 中,在较低的连边概率调整频度 τ 时($\tau=0.01$),集群中 d-d 边规模将占据优势,而 c-c 边处于 3 类连边的最低水平,然而,当提高 τ(τ 由 0.01 提升至 0.3),集群中 c-c 边的数量将压倒 d-d 边和 c-d 边从而占据优势(如图 16-15(b) 所示);进一步,对不同 τ 值下各类连边的数量关系做横向对比,发现 τ 值的提升带来的直接影响是集群中 c-c 边数量的提升,d-d 边和 c-d 边规模的下降,若以 nol 表示各类连边的数量(numbers of links),则 $\mathrm{nol}_{cc}|_{\tau=0.3}>\mathrm{nol}_{cc}|_{\tau=0.01}$,$\mathrm{nol}_{cd}|_{\tau=0.3}<\mathrm{nol}_{cd}|_{\tau=0.01}$,$\mathrm{nol}_{dd}|_{\tau=0.3}<\mathrm{nol}_{dd}|_{\tau=0.01}$ 同时成立(图 16-15(c))。因此,调整频度 τ 作为拓扑自适应动态重构机制的核心参数,可以极大强化合作者之间的交互。

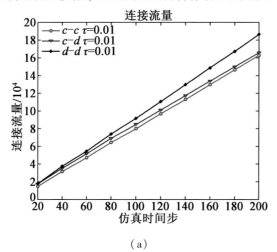

(a)

图 16-15 不同类型边的数量随时间的演化趋势

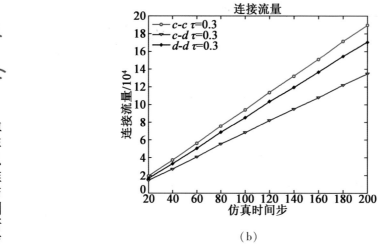

（b）

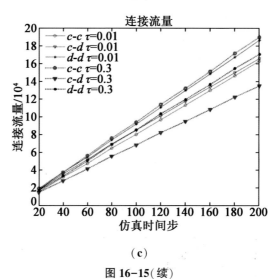

（c）

图 16-15（续）

16.4.3 合作水平随成本及收益系数的变化关系

考察作战成本 c（如通信、情报、火力等）及收益系数 r 对集群合作的影响,具有极强的现实指导意义。现实作战中追求以最低的成本投入换取最优的集群协同效果,最终实现最大作战效能,反之,若成本过高,即便最终实现了作战目的也是"得不偿失"。收益系数 r 决定了个体资源的"升值率"。资源的升值来源于集群内部协同所带来的"1+1>2"的能力提升,表现在集群攻防所带来的超越单个作战平台的整体作战效能。太小的收益系数无法促使无人平台向合作策略转换,太大的收益系数不具备现实意义,研究收益系数对集群合作水平的影响规律,对于合理设置收益系数的大小,进而提升集群整体合作水平具有重要意义。

c 的取值区间一般设定为 $c \in [1.0, 3.0]$，$c = 1$ 表示所拥有的基本作战资源总量，若 $c > 3$，从现实角度而言，投入资源成本过多，已经失去了作战意义。此处，令 $c \in [1.0, 5.0]$，既覆盖了一般取值空间，又考虑了意外情况。此外，作为拓扑动力学的核心参数，hub 节点的度数对集群合作水平将会产生直接影响，因此，本节分别以成本和收益系数为自变量，考察他们在不同的度数（hub-degree）下对集群合作水平的影响。

图 16-16(a) 给出了不同 hub-degree 下合作水平 $f_c(k)$ 随成本的变化曲线。令 $r \in [1, 10]$、hub-degree $\in [2, 10]$、$\tau = 0.1$、$c = 1$，绘制不同 hub-degree 下合作水平 $f_c(k)$ 随收益系数的变化曲线如图 16-16(b) 所示。

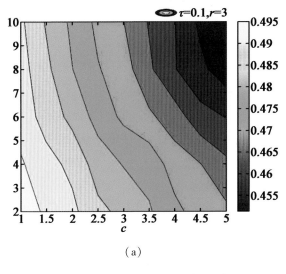

（a）

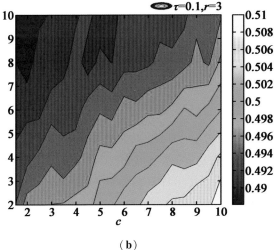

（b）

图 16-16　集群合作水平随成本及收益系数的变化关系

由图 16-16 可知,合作水平与成本负相关,即成本的增加会降低合作水平;随收益系数 r 的增加,$f_c(k)$ 呈单调递增趋势,这表明由于收益系数的增加,集群中合作现象大量出现,"搭便车"行为得到抑制。上述结论与之前在混合均匀网络及静态社团网络所得结论相一致。此外,hub-degree 越大集群合作水平越低,hub-degree 越小集群合作水平反而越高。

在实际调控中,尽可能提升无人作战集群的收益系数,例如,借助管理手段,针对集群的每个作战单元,可累计其历次作战行动的"投资"成本(如投弹总量),在后续作战行动中,投资成本较高者给予更多的物资弹药补给,或更高的物资弹药补给优先权;尽可能降低、至少维持单次行动的成本,例如,借助先进技术手段,提高作战平台的可靠性、生存能力,提高单位弹药的打击精度、毁伤威力等。此外,由于 hub 节点往往担任集群指控中心、通信枢纽等关键节点,也是拓扑调自适应重构的发起者,hub-degree 取值过小将失去其现实意义,取值过大又会抑制合作,因此在拓扑自适应动态重构机制设计时,要结合问题实际背景综合考虑 hub-degree 值的选取,保证集群合作行为的有效涌现。

结果表明,合作水平与成本负相关,即成本的增加会降低合作水平;随收益系数 r 的增加,$f_c(k)$ 呈单调递增趋势,这表明由于收益系数的增加,集群中合作现象大量出现,搭便车行为得到抑制。上述结论与之前在混合均匀网络及静态社团网络所得结论相一致。此外,hub-degree 越大集群合作水平越低,hub-degree 越小集群合作水平反而越高。

在实际调控中,尽可能提升无人作战集群的收益系数,例如,借助管理手段,针对集群的每个作战单元,可累计其历次作战行动的"投资"成本(如投弹总量),在后续作战行动中,对投资成本较高者给予更多的物资弹药补给,或更高的物资弹药补给优先权;尽可能降低、至少维持单次行动的成本,例如,借助先进技术手段,提高作战平台的可靠性、生存能力,提高单位弹药的打击精度、毁伤威力等。此外,由于 hub 节点往往担任集群指控中心、通信枢纽等关键节点,也是拓扑调自适应重构的发起者,hub-degree 取值过小将失去其现实意义,取值过大又会抑制合作,因此在拓扑自适应动态重构机制设计时,要结合问题实际背景综合考虑 hub-degree 值的选取,保证集群合作行为的有效涌现。

16.4.4　收益系数、成本、调整速率三类关键参数对合作水平的相干影响

现实中,通过调整单一参数实现对集群整体行为的调控,显得过于理想化,更多情况下需要综合调控多个参数。本节将综合考虑收益系数 r、成本 c、调整速率 τ 三类关键参数对合作水平的相干影响。下图分别描绘了公共物品博弈中,系统在平衡态时,合作水平对参数 c、r 和 τ 的依赖关系,其中,图 16-17(a)~(d)分别对应 τ 取值为 0.01、0.05、0.1、0.3 的结果。

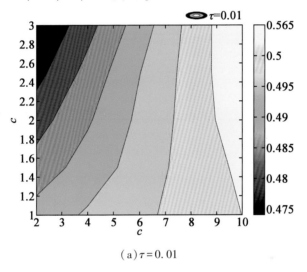

(a)$\tau = 0.01$

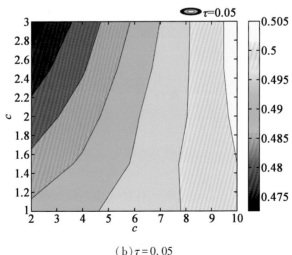

(b)$\tau = 0.05$

图 16-17　成本、收益系数及调整速率对集群合作水平的相干影响

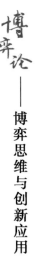
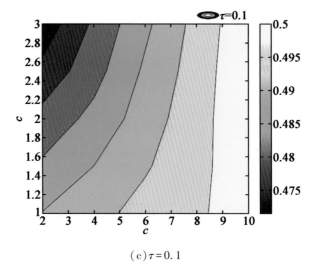

（c）$\tau=0.1$

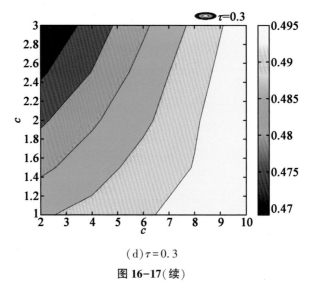

（d）$\tau=0.3$

图 16-17（续）

如图 16-17 所示,无论 τ 取什么值,集群演化平衡时的合作水平都会随着 c 和 r 的增加而下降(越往左上角,c 越大 r 越小,但是合作水平越低),并且,策略与网络结构之间的耦合演化,在空间公共物品博弈中,确实为合作行为的传播铺平了道路。而且,较大的调整速率 τ,往往对应于较大的阈值 c 和 r(一旦超过这些阈值,合作行为将消失),表明自适应动态重构机制对合作的促进作用,将会随着 τ 的增加而单调加强,集群越能在较宽的 r 值和 c 值区间内保持较高合作水平,即对拓扑结构调整的速率越快,合作将演化得越成功。

无人集群的自主协同是目前军事领域"新质作战力量"和"颠覆性技术"研

究的焦点。自主协同中的一个关键问题是,如何设计合理机制,提高作战集群合作水平,以保证集群的整体作战效能。本章创新性地将演化博弈理论和复杂网络理论引入无人集群协同机制设计中,设计了一种基于演化博弈的无人集群行为更新协调机制和拓扑自适应动态重构机制,并仿真分析该机制下成本、收益系数、调整速率等参数对集群自主协同水平的影响。所得框架、机制、方法为解决无人集群作战中的网络拓扑重构问题提供了一种新的视角和技术途径。

需要强调的是,博弈论和自动控制的研究对象曾经一度存在一些差异。但借助 AI 和多智能体学习等技术,它们之间的差异如今正在慢慢变小。博弈论的研究对象一般是理性的 "智能体",或者是具有智能的"生命体",比如人和动物等;而自动控制的研究对象一般是"机器",或者是无生命的"物理对象",比如机器人和航空航天器等。然而,近年来在 AI 技术和信息技术的推动作用下,传统无生命的物理对象通过机器学习等方法正在逐渐被赋予如生命体一样的智能性。与此同时,自动控制的研究对象也在从单纯的物理系统逐步地转向机器、人与社会等更为复杂的融合交互系统。在这一全新的交互系统中,机器不再被视为是一种无生命的物理对象,而是作为一种智能的载体广泛地参与到人类社会的各种交互之中,并呈现出一种人与人、人与机器、机器与机器的混合交互景象。

第17章 未来已来,将至已至

本书从博弈与均衡、非合作博弈、合作博弈、演化博弈 4 个专题力图为博弈论画一张粗线条的素描。由于博弈本身(尤其是非合作博弈)的对抗性本质,因此每个专题最后一章均以军事问题为例对本章理论方法进行创新应用。在本书的最后,作者仍然将视角收敛在军事领域,展望博弈视角下的未来智能化战争,以期在丰富读者的博弈思维与创新应用上抛砖引玉。

战争的本质是博弈。随着战争形态由机械化、信息化向智能化逐步演进,博弈思维已经成为研究智能化战争的重要理论工具。在科学研究的理论和技术层面,博弈论和人工智能深度交织、相辅相成,很难说是人工智能技术丰富了博弈论的内涵,还是博弈论成为了实现人工智能技术的一条重要途径。未来以来,将至已至,博弈论与人工智能的深度融合将成为建模战争、分析战争和设计战争的一条重要技术手段。

17.1 何为智能化战争

得益于大数据及数据处理技术的快速发展,使得传统人工智能技术焕发了崭新的活力,为军事领域的作战指挥带来了新理念、新手段。"智能化作战"逐渐登上战争舞台。

目前,全球军事强国对"智能化作战"的概念论证、作战体系设计、制胜机理挖掘、关键技术研究、武器装备研制均处于起步阶段,离体系化、实战化还存在较大距离。本章结合目前智能化、无人化方向代表性研究成果,梳理智能化作战的概念、特征与层次划分,提炼未来可能的发展方向并给出可行建议,以期为加快推进作战智能化进程提供有益指导。

17.1.1 智能化作战概念

目前,对智能化作战概念从不同视角和层次给出了不同的解读。军事科学院团队认为"智能化系统以及借此武装起来的新型作战力量，是重塑未来战场的核心推动力，人工智能、网络信息技术和机械化技术群，是支撑未来智能化战争的三大支柱"。该观点从技术视角阐释了智能化战争的内涵。陆军研究院团队指出"未来智能化战场上，敌对双方将围绕智力展开'三算战'（算法战、算力战、算数战）、围绕控制展开'三脑战'（脑控战、控脑战、融脑战）'三网战'（电信网战、工控网战、无线网战）、围绕集群展开'三群战'（雁群战、蜂群战、舰群战）"。该观点凝练了智能化作战的典型作战样式。与上述两类视角不同，国防大学团队认为"智能化作战的核心在于自主性，所谓'自主性'，就是将决策权赋予智能武器或系统，使其能在特定范围内自由采取行动"，在此基础上他进一步指出"态势认知速度将决定智能化作战的胜负，知识较量将成为智能化作战的主角，智能化过程会引起战斗力生成方式的变革"。陆军指挥学院团队从技术演进的角度指出"智能化作战，是以人工智能为核心的前沿科技在作战指挥、装备、战术等领域渗透、拓展的必然发展方向，对于智能化作战，可以从'制智为要、泛在云联、多域一体、脑机融合、智能自主、无人争锋'等核心概念来理解和把握"。与胡晓峰教授观点不谋而合，陆军工程大学团队以自主化程度作为切入点，指出"智能化作战是信息化战争发展至高级阶段的作战形态，并以遥控式、半自主式、自主式不同阶段层次，逐步转化为现实战斗力"。

认知是智能涌现的根本，建立在认知基础上的无人自主、愿景驱动、协同交互、效用优化、能力生成是智能时代战争制胜的典型特征，成为战争中赢得主动、争取胜利的关键。

认知是基础，为优化计算提供"数据"来源，并且指导作战决策的方向，没有智能认知，计算和决策将面临"无米之炊"的困境，更谈不上算法优势和决策优势。计算（包括无人自主、愿景驱动、协同交互、效用优化、能力生成）是智能涌现的关键，它的输入是认知，输出是决策方案（即群体协同方案），计算是认知优势转化生成作战决策优势的具体方法和中间桥梁。群体协同方案是核心，是检验算法效能优劣的试金石，是智能认知和智能算法的最终展示平台。

集群释能制胜是量变引起质变的哲学道理的全面体现，群体认知是产生质变的根本动因。失去群体认知，集群只能是数量上的变化，难以产生作战效果的实质性变化。智能时代的群体认知，让作战能够模拟群聚生物的协作行为与信息交互方式，展现出去中心化、自主化、集群复原、功能放大的集群特征，以自主化和智能化的整体协同方式释放作战效能、完成作战任务。在军事领域，智能化作战的制胜机理是基于群体认知的集群释能制胜，其智能涌现的过程如图17-1所示。

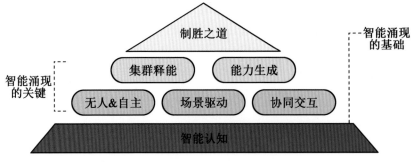

图 17-1　基于群体认知的集群释能制胜

从以上代表性观点不难看出：

(1)智能化根植于以大数据、人工智能为代表的信息技术；

(2)智能化作战的核心是算法战；

(3)智能算法贯穿于作战业务全流程、作战空间全域；

(4)智能化作战通过群智激发汇聚实现体系能力和作战效能的大幅跃升。

综上所述,我们给出智能化作战的定义。

定义 17.1　智能化作战:军事智能化继承自军事信息化,智能化作战以"云物大智移"核心技术为支撑,以智能算法为核心,以智能化指挥决策、战法组织、装备运用为手段,通过能力跨域聚合涌现,实现以"智"取胜的作战与保障行动。

需要特别指出的是,"智能化"与"无人化"是两个有着不同内涵的概念。无人化是智能化建设的一个重要表现形式,但远非全部。智能化建设是一个体系工程,除了研发列装无人化装备外,还应包括与智能化作战相匹配的组织结构、力量编成、军事理论、军事训练与管理等诸多方面。

17.1.2　智能化作战特征

智能化作战是对传统作战的颠覆,作战方式聚焦于"制智权"的对抗博弈,作战力量人机共融,作战指挥实现算法驱动下的指挥艺术与技术的完美融合,作战行动丰富多样,战术战法灵活多变。

1. 作战方式——"智"胜未来

智能化作战中,智能优势是作战的核心优势,因此"制智权"将成为战场最高制权,是智能化作战战场综合制权的核心。"制智权"的实质是对人的认知域智力权或思考能力的对抗与剥夺,围绕感知、推理、预测等认知过程,占据己方认知主动,干扰对手认知。

智能化作战不再以消灭对手有生力量为目的,而是以控制对手认知,夺取"制智权"取胜。若一方被剥夺"制智权",将自动降阶为传统作战力量,即使具备信息优势和能量优势,也会因自主决策失灵、人机协同失调、作战认知速度和运行效能低下,最终不战自溃。

2. 作战力量——人机共融

战争形态的演变,使得人的因素越来越多地转移或物化到武器装备上。智能化作战力量体系将由智能系统和人构成,形成人机共融的有机整体。

依托云计算、物联网、大数据、人工智能、移动网络,智能化作战力量将突破人类生理和思维极限。一是拓展作战空间和维度。战争空间将从传统的陆海空,向认知域、信息域、赛博空间渗透,实现作战过程的立体、全维、跨域。二是加快作战进程。通过先敌预警、先敌规划、先敌行动,大幅压缩作战中的包以德循环(observation orientation decision action,OODA)环路,进一步压缩从传感器到射手的时间,实现"即时摧毁"。

3. 作战指挥——算法为"核"

算法是求解问题的策略机制,是一系列解决问题的清晰指令。智能化作战将是以人机协作为基本方式的脑机融合决策模式,算法是这一模式的内核。算法可以"以软补硬",充分发挥数据资源、人工智能等方面的优势——尽管对手在装备规模和技术硬件等外在"显性"特征上迫近,但在敏捷性等"隐形"特征上被拉开差距。

一方面,算法优势主导认知优势。依托于高性能算法,海量数据被快速转换为情报信息突破了人类逻辑推理的深度、时效等局限,为辅助决策提供更为深刻的认知。另一方面,算法优势主导决策优势。算法以其精准、高效,促使作战指挥由基于主观定性的"经验主导"向基于数据定量的"模型主导"的决策方式转变,可实现人机互补、高效协同,实现指挥艺术与技术的完美融合。

4. 作战行动——移形换影

传统作战行动与战法样式,通常由指挥员在战前进行有限规模的统一筹划。智能化战争中,基于自主学习和知识迁移,人工智能能够根据瞬息万变的战场环境提供丰富的作战方案,作战行动更为多样,战术战法更为灵活多变。

一是作战单元集聚成群。高度机动、自主的小型作战单元,通过战场网络紧密铰链,网聚成体,依据具体任务灵活编组,发挥分布式作战集群的功能优势、生存优势和效费交换优势,实现集群作战的快速聚优。二是多集群复合协同。大规模、廉价的无人机群、地面无人车辆集群、水面无人艇、水下自主航行器群等多域多功能集群可以根据战场态势,复合搭配、协同作战,执行全域"马赛克"作战。

17.1.3 智能化作战层次划分

对智能化作战的划分可以从多个角度展开。从规模角度,智能无人作战可分为 3 个层次,以空中力量为例,第一层次为僚机型,数量一般为 30~50 架;第二层次为集群型,数量为 50~100 架;第三层次为蜂群型,数量为上百架甚至上千架以上。

有研究者从智能无人作战系统智能程度的强弱及人机协同演化角度,认为智能化无人化作战起始于人机互动的遥控式作战,经历人机结合的协作式作战,向人机共融的自主式作战方向发展。美国《无人系统综合路线图》将无人——有人机编队作为未来智能化作战发展的重点方向之一。路线图明确了无人机(UAV)与有人机(MAV)协同编队的 5 个发展阶段,如图 17-2 所示。

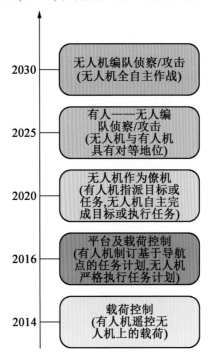

图 17-2 美军无人-有人机编队发展路线图

总结已有研究成果并结合智能化作战的概念不难发现,智能化作战的层次划分主要关注点有两个:一是有人与无人的关系,即无人在作战中的介入程度;二是智能在作战中扮演的角色,即智能对作战的支撑程度。因此,基于上述两个关注点,可将智能化作战划分为如图 17-3 所示的 3 个阶段/层次。

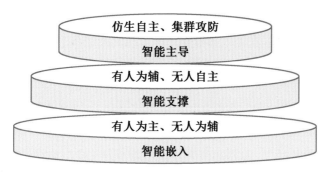

图 17-3　智能化作战层次划分

1. 有人为主、无人为辅的"智能嵌入"

该阶段主要是依托现有装备,嵌入智能技术,初步具备智能无人作战能力;智能无人作战力量在部队整体力量体系中占据一定比例,可满足多样作战功能需求的智能无人系统及装备基本成型;智能化辅助决策系统和智能终端开始列装部队,可普及到营连及重点部队单兵(车)。

2. 有人为辅、无人自主的"智能支撑"

人为部分干预或无干预的自主作战力量在整体力量体系中占据半数以上,智能无人系统及装备有机编组,智成体系,可在较低建制上形成战斗力;人为适度干预下的辅助决策系统普遍运用,智能终端更为智能且普及到所有部队单兵(车)。

3. 仿生自主、集群攻防的"智能主导"

基于云端、虚实互动、在线(离线)学习的作战力量体系趋于完善;智能化作战体系基本形成,无人作战力量成旅、营建制形成战斗力;"制智权"的争夺和"控脑战"成为主要作战样式,仿生自主的大规模无人集群攻防成为常用战法。

需要指出的是,近年来无论是学术界还是工业界,对无人集群作战概念、作战理论、战法运用等研究方兴未艾。但从智能化作战的层次划分来看,目前需要理智认识该问题。基于"仿生自主"和"智能主导"的无人集群(特别是无人机蜂群)整体上仍处于关键技术研发与演示验证阶段,各国在编队飞行、协同控制及群体组网等方面前期取得了一定成果,但受到供电、平台、负载及智能化水平的影响,无人集群距离实战尚有不小差距。下一节,将结合作者所在课题组自身研究,对目前智能化作战尤其是无人集群作战面临的问题及未来可能的发展方向进行阐述。

17.1.4　未来的发展方向

目前,对无人集群作战的研究归纳起来有以下特点:控制技术研究多,战术

指挥研究少;集群仿真实验多,数形结合的指挥决策研究少;单方优化研究多,双方对抗博弈研究少。在无人集群作战向实战化推进的过程中,存在以下几方面问题需要给予重点关注。

1. 自组织自协同

从控制方式来看,无人集群主要有集中控制和自主协同两类。前者依赖于地面站指令和无人机预编程,后者要求集群针对环境态势进行自主智能决策。在战场复杂电磁环境下,尤其当集群进入对手纵深之后,通信不畅甚至通信失效是常见的现实风险,此时,集中控制方式失效,无人集群必须根据外部态势,临机做出有效响应,做到自我管理、自主协同,以继续完成既定军事行动。

无人集群的自组织自协同,既需要底层技术的支撑,也需要上层规则和机制的保障。实时的态势感知、高效的数据解算、科学的资源配置是技术层面需要重点解决的问题;与谁协同,协同什么,怎么协同,则是协同机制设计所要关注的焦点。尽管近年来相关技术(如边缘计算)及机制(如任务驱动)被相继提出,但更多地停留在理论研究或演示验证层面,离实战还具有相当差距。

2. 集群网络构建

一旦无人集群发展到仿生自主、集群攻防的"智能主导"阶段,集群的规模将极为庞大,甚至在同一次作战行动中,根据任务需要可划分为执行侦察、导航、打击等任务的多个子集群。此时,基于信息流的网络关系构建将是决定集群效能发挥的关键要素之一。

如何立足节点间信息交互需求,并结合集群作战的业务逻辑构建集群网络,是作战筹划人员必须要解决的现实难题。一种代表性思路是,在传统树型网络的基础上,融合随机网络、社团网络,构造与作战任务紧耦合的网络拓扑结构,不仅继承了传统作战网络的层次性、规则性,而且具备复杂网络特性。在上述网络形态设计过程中,难点在于需要建立信息流转、网络聚能等军事需求与无标度、小世界等复杂网络特性间的映射关系。

3. 群智涌现机理

相比于单个无人平台,集群作战的优势即在于其能够产生"1+1>2"的涌现效用。集群的群智涌现机理是揭示集群作战战斗力生成方式的关键,是集群作战概念深化、技术研发的基础支撑。系统科学认为:涌现性有两种形式,一种是结构效应,另一种是规模效应。前者是由系统组分基于系统结构,相互制约、相互作用而激发的相干效应;后者是由规模增大引发系统性能产生显著变化的一种特性。两者中起决定作用的往往是结构效应。

合理的结构能够激发出正的结构效应,集群整体效能将大于部分之和;而不合理的结构将导致负的结构效应,集群整体效能还不如单个平台的线性叠加。另外,具备涌现性不等于就获得了最佳的涌现效果——侦察、通信、打击等诸要素只要在时空上进行大致的协同就可达到"1+1>2"的效果,但未必是最优效果,还必须进行以优化为准则的精确协同才能使效果最佳。

4.强人工智能

目前学术界和工业界所谈的"智能"多为弱人工智能,无人作战单元通过配备传感器、定位设备、处理器等完备的硬件,预设相应运行程序规则,并在战前进行大量自主学习功能的训练,从而使得各单元在集群体系中达到自主反应和相互随动。因此,弱人工智能是有限的智能,可控的智能。

科学研究一向倡导"大胆设想,小心求证"。若未来强人工智能出现,那么机器将有知觉和自我意识,可独立思考问题并制订解决问题的最优方案,有自己的价值观和世界观体系,因此,在某种意义上可以看作一种新的文明。在此背景下人类对机器是否会丧失控制权?是否依旧可以实施集群作战?机器是否理解和接受战争的正义性?伦理问题又如何解决?尽管短时期内上述情况很可能不会出现,但无论是信息科学、脑科学,甚至哲学对于强人工智能尚无法排除其产生的可能性。

受军事需求与科学技术的双引擎驱动,智能化作战开始登上战争的舞台,国内外对这一新概念的研究方兴未艾。我们必须把握这一至关重要的战略机遇,深刻认识智能化作战内涵,把准军队智能化建设发展方向,推动智能化进程。

本节立足于智能化作战概念,从作战方式、作战力量、作战指挥、作战行动 4 个方面分析智能化作战特征,依据智能化程度对其发展阶段进行划分,并对未来可能的发展方向和重难点问题进行展望,以期为加快推进作战的智能化进程提供有益借鉴。

17.2　博弈视角下的智能化战争

战争的本质即为博弈。在博弈的各环节,取得优势的一方将获得战争致胜的主动权。在博弈论框架中,局中人类型、策略空间、支付函数是博弈过程 3 个核心要素,深刻影响博弈局势和战争结局。下面将分别从 3 个要素出发,探究博弈视角下的智能技术对战争制胜机理的深刻影响。

17.2.1 局中人类型感知

确定博弈的局中人类型①是博弈展开的第一步,战争中的局中人主要指军队中负责作战体系建设发展和作战谋划指挥的高层机关和领导。具体需要明确局中人类型及相应概率分布,两者将会影响我对作战对手可能采取的策略集的判断。

1. 感知机理及需求

目前,判断局中人类型较为成熟的方法是精炼贝叶斯纳什均衡,在贝叶斯概率模型基础上,通过海撒尼转换将不完全信息的博弈转化为完全但不完美的动态博弈。局中人对其他局中人的实际类型做出主观概率判断,形成先验信息,然后利用动态过程中观察到的信息修正先验信息,最后利用期望值和后验信息做出决策。因此,博弈的过程不仅是局中人选择策略的过程,同时也是局中人修正信念的过程。贝叶斯信息修正过程如下。

局中人 i 的类型用集合 $\{\theta_i\}_{i=1}^{I}$ 表示, θ_i 属于某一类型空间 Θ_i ,局中人的类型服从概率分布 $p(\theta_1, \cdots, \theta_I)$, $\sum_{i=1}^{I} p(\theta_i) = 1$ 。策略用 S_j 表示, S_j 属于策略空间 Ψ 。条件概率 $p(s_j/\theta_i)$, s_j 边缘概率为

$$p(s_j) = \sum_{i=1}^{I} p(s_j/\theta_i)p(\theta_i)$$

若我方掌握到对手采取策略 s_j ,将对先验信息(局中人类型分布)进行修正:

$$\mathrm{prob}(\theta_i/s_j) = \frac{p(s_j/\theta_i)p(\theta_i)}{\sum_{i=1}^{I} p(s_j/\theta_i)p(\theta_i)}$$

信号博弈(signaling game)是一类典型的体现"先验信息动态修正性"的博弈模型。信号博弈中,接收者对于信号发送者的"分离策略"(不同类型发送者以 1 的概率选择不同的信号,信号准确揭示其类型),通过贝叶斯更新可严格区分发送者类型,然而,对于发送者的"混同策略"(不同类型发送者选择相同信号,发送者的选择没有信息量)则无法更新其先验概率,使得 $p(\theta_i/s_j) = p(\theta_i)$ 。

2. 智能技术提升感知置信度

针对"混同策略",接收者无法修正其后验概率的根本原因在于无法获取更多的关于发送者的信息。借助基于人工智能的多源异构信息融合方法,对多维

---

① 最常见的参与者类型包括激进派、温和派,又分别称为鹰派、鸽派。

异构信息进行加工处理,去粗取精去伪存真,所得信息产品将为局中人类型判断提供有力支撑。基于人工智能的多源异构信息融合过程如图 17-4 所示。

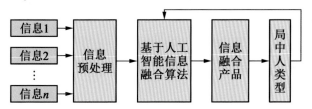

图 17-4　基于人工智能的多源异构信息融合过程

基于人工智能的多源异构信息融合方法包括模糊逻辑、人工神经网络、遗传算法、基于规则的推理、专家系统、逻辑模板法和品质因数法等。人工神经网络是基于现代神经生物学和认知科学在信息处理领域应用的研究成果,具有大规模并行模拟处理、连续时间动力学和网络全局作用等特点,有很强的自适应学习能力,可以避开模式识别方法中建模和特征提取的过程,并实现实时识别,以提高识别系统的性能。与传统的贝叶斯方法相比,基于模糊积分的多源异构信息融合方法用模糊积分融合不确定的多源信息时,可以分析和处理多源的不确定信息,它不需要概率的先验信息及其概率分布,克服了证据组合理论融合方法中的证据难以获得,计算量大等问题。基于粗糙集理论的多源信息融合方法,可对不完整和不确定的数据进行分析,剔除相容信息,抽取潜在有价值的规则知识,解决了数据超载和不完整的信息融合问题。

因此,基于人工智能的多源异构信息融合方法,突破了传统方法对于信息缺失、信息模糊、信息量大等处理手段缺失的瓶颈,将有效提升对于局中人类型判断的置信度,以及后续我方均衡策略选择的精确度。

17.2.2　策略空间研判

在敌我双方博弈过程中,双方的行动策略往往是未知的,获取对方行动策略空间,以及对应的概率分布对我方使命任务的及时调整和作战计划的顺利实施极为重要。

1. 研判机理及需求

研判对手可能的策略空间包括两个方面:一是构建对手策略空间的全集;二是针对己方某策略预测对手最可能的应对策略。

构建对手策略空间全集依赖于对对手情报信息的掌握。敌我作战中的情报信息主要指一国或军队掌握的主要对手作战体系建设发展、战场及部队布设等相关的情报和资料,包括战略意图、编制规模、作战构想,武器装备的发展现

状、科技能力和经济能力等。任何国家或军队都会将自身情报信息列入核心机密,博弈双方均不能获得对手当前和未来作战相关的全部信息,有时甚至得到的是虚假信息,因此博弈是在信息不对称、不完美甚至不完全的环境下进行的。博弈在构建对手策略空间全集中的应用如图 17-5 所示。

图 17-5 构建对手策略空间全集中的应用

构建对手策略空间全集经历从信息到知识到策略的过程。首先,通过引接军队情报部门原始数据、获取战略智库数据或通过开源渠道获取互联网数据等得到对手原始情报;然后,通过数据挖掘、统计学习、数据融合等方法进行知识抽取,得到与策略研判相关的各类主题数据;最后,利用相似性判断、模糊关联、灰色关联等方法,研判出对手可能的策略。对手策略空间全集的构建涉及数据的采集、处理,面临数据获取渠道受限、数据处理效率低等问题。

另一方面,如何针对己方具体策略预测对手最可能的应对策略,传统上主要依赖于专家经验和简单的定性分析,该模式可能导致预测结果与实际的偏离,造成重大决策失误。因此需要寻找一种定量分析预测方法,依托大量历史数据实现精准预测。

2. 智能技术提升研判精准度

构建对手策略空间所涉及的情报信息既包括政治、经济、军事、历史、科技等,又包括战场实时态势信息。对于后者,可采用智能传感与组网技术,广泛快速部署各类智能感知节点,面向任务主动协同探测,构建透明的数字化作战环境。

态势追踪和情报获取的数据必然是大数据,依托大数据分析挖掘、知识图谱、智能检索等技术,进行数据的清洗、转换、存储,开展多源情报融合、战场情况研判等方面的智能化处理,拨开战争迷雾,透析对手作战意图,预测战局发展。

大数据分析技术用于支持对不同种类、不同领域数据的数据质量分析、数据关联挖掘等分析过程,为作战筹划人员提供本质性的、关联性的、规律性的数据分析结果。大数据检索方面,可采用搜索引擎相关的技术,兼顾结构化和非结构化数据、兼顾查全和查准需求构建全文检索数据库,利用基于成本优化的查询算法、知识扩展检索、索引技术、查询词分析、自动分库、搜索结果排序等检索技术,支持用户的多样化检索需求。

在预测对手可能的应对策略方面,强化学习不失为一种有效手段。强化学习是系统以"试错"方式进行学习,系统选择一个动作(策略)作用于环境,环境接受该动作后状态发生变化,同时产生一个强化信号 reward(奖励或者惩罚)反馈给系统,系统根据当前状态和强化信号对上一动作(策略)做出调整,选择新的动作(策略),选择的原则是使受到正强化(奖励)的概率增加,依次迭代,通过这种方式,系统在行动-评价的环境中获得知识,改进行动方案(策略)以适应环境,最终获得一个正强化概率最大的行动方案(策略),该过程如图 17-6 所示。

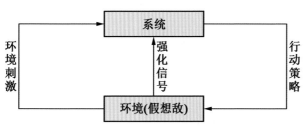

图 17-6　强化学习机理

强化学习需要大量的训练数据,才可能使系统对环境的刺激做出最优反应。在此可以史为鉴,借助人类历史上大量的战例数据,将战争双方对战过程的行动策略及相应的战局结果量化,作为训练数据集输入系统。当然,战例的选择必须具备一定的针对性,可选择当事国历史交战战例,也可选择非当事国战例,但必须与当前交战双方所面临战争局势相近。

17.2.3　支付函数推算

1. 推算机理及需求

博弈中支付的推算主要有两种形式,一种为"绝对的函数计算",即构建各相关要素与支付间精确的函数关系,其特点是结果精确但函数关系本身较难确定;另一种为"相对的模糊匹配",即确定双方相对的收益高低取值,其特点是支付值较易获取但结果不够精确。

在实际问题解算中,为保证计算准确性及博弈的可信度,往往以前者为主。在"绝对的函数计算"中需要注意的是,由于作战进程的时效性,与传统的对称静态博弈不同,作战进程博弈中交互矩阵的支付参数为非常量,会依赖其当前所处的时刻并随时间变化。以二元博弈为例,将非对称策略和时效性结合,构建博弈双方行动策略集和交互矩阵,可以预见,作战博弈中的交互支付矩阵将

服从如下形式：

$$\pi_t = \begin{pmatrix} R_t/r_t & S_t/s_t \\ T_t/t_t & P_t/p_t \end{pmatrix}$$

$\{C_t, D_t\}$ 为我方策略集合，$\{c_t, d_t\}$ 为对手策略集合。我方策略 C_t 在对方选择 c_t 时能够获取收益为 R_t，对方收益为 r_t，其他博弈场景以此类推。因此，支付必然是时间 t 的函数，同时，又与作战能力、作战空间、战法等因素密切相关，如何准确寻求各因素与支付的映射关系将是支付推算的一项极为重要的内容。

另外，若作战过程建模为零和博弈，则只需计算我方支付，对手支付取反即可。若作战过程为非零和博弈，除计算己方支付外，重点需要在获取对手输入参数值基础上，计算对手支付。

综上，支付推算的核心是敌我双方支付函数的确定，如何确定各因素与支付间的映射关系，获取双方较为准确的支付结果，将是该项工作面临的关键挑战。

2.智能技术提升决策科学性

大脑层次结构在接收外界信息后，从低层到高层提取信息特征，并形成该信息的高层抽象表达，这些高层抽象表达构成了大脑对世界的知识库。受此启发，深度神经网络通过激活函数对输入数据作用后进行逐层抽象，从而提取数据特征。通过对大量数据的学习，深度神经网络能够从中提取到内蕴数据特征，并最终完成新样本的识别分类。图 17-7 给出了深度神经网络的基本原理。

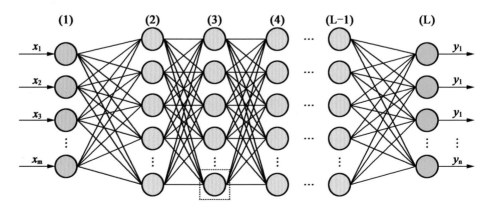

图 17-7　深度神经网络的基本原理

一个基本的神经网络包括输入层、隐藏层和输出层，当扩展出多个隐藏层时，就构成了"深度"神经网络。深度神经网络的训练过程主要是，给定输入，通过设置初始层级权重及偏移值计算输出，将输出与真实样本值比较，该过程逐次迭代，不断调整权重和偏移值，直到输出接近真实样本值，以使得整个网络的预测效果最好。

大量样本的训练和学习是深度神经网络的灵魂，可利用历次作战、演习数据进行逐层训练，不断精炼层级权重及偏移值，最终得到科学合理的决策模型。

以人工智能技术为代表的颠覆性技术，正在加速推进战争形态由信息化向智能化战争演变，人工智能技术正以前所未有的速度在作战指挥、装备、战术等领域渗透、拓展。面对新形势，要牢牢抓住人工智能发展的这一重大历史机遇，研判大局，顶层设计，把握方向，抢占先机，使其成为新时期建设发展的强力引擎。

在本书即将结束的时候，笔者以简洁明了的笔触为未来智能化战争勾画了一张素描，并以此展望博弈视角下的智能化战争大概的轮廓。

博弈论已经成为人类认识世界的基本方法论之一，以冯·诺依曼奠基性的成果为时间节点，经过几十年发展，博弈论已经在经济、军事、社会治理等领域发挥重要作用。博弈论也是一门历久弥新的学科，尤其随着时代变革、技术进步，博弈论在解决时代性、前沿性问题上凸显出无可替代的作用。同时，博弈论又是一门极具开放性与包容性的学科，随机博弈、势能博弈、匹配博弈、平均场博弈等博弈模式如雨后春笋般地竞相蓬勃，不断延展着博弈论的内涵与外延。

对博弈论研究越深，越发觉自身的知识局限与能力不足，时常陷入"哀吾生之须臾，羡长江之无穷"的哀叹中。然，亦知"知不可乎骤得，托遗响于悲风"，庆幸的是，往者虽不谏，来者犹可追。

未来已来，将至已至。上下求索，唯变不变。悟道，以法自然。

参 考 文 献

[1] 禹明刚，陈瑾，何明，等. 基于演化博弈的社团网络无人集群协同机制 [J]. 中国科学 (技术科学)，2023, 48 (2)：221-242.

[2] 禹明刚，何明，张东戈，等. 基于多元公共品演化博弈的无人作战集群策略占优条件 [J]. 系统工程与电子技术，2021, 43 (9)：2553-2561.

[3] 禹明刚，徐煜华. 军事智能抗干扰通信效能评估综述 [J]. 军事运筹与系统工程，2021, 35 (1)：73-80.

[4] 禹明刚，张东戈，康凯，等. 基于多元公共品演化博弈的无人集群合作演化机制 [J]. 系统工程与电子技术，2020, 42 (12)：2787-2794.

[5] 禹明刚，余晓辉，权冀川，等. 面向任务与基于 ANP 的网络信息体系能力需求满足度分析方法 [J]. 系统工程理论与实践，2020, 40 (3)：795 -806.

[6] 禹明刚，何明，张东戈，等. 基于 Bayesian Stackelberg 多阶段博弈的网络信息体系方案优选 [J]. 系统工程与电子技术，2020, 42 (6)：1301 -1309.

[7] 禹明刚，倪金盾，权冀川，等. 基于 ANP 的网络信息体系能力相关性模型研究 [J]. 指挥与控制学报，2018, 4 (4)：291-296.

[8] 禹明刚，王智学. 网络信息体系能力发展规律初探 [J]. 军事运筹与系统工程，2018, 32 (3)：30-36.

[9] 禹明刚，王智学，朱卫星. C4ISR 系统组织互操作性研究 [J]. 系统工程理论与实践，2015, 35 (12)：3241-3250.

[10] 禹明刚，王智学，张婷婷，等. 基于能力的 C4ISR 通信领域上下文本体建模方法 [J]. 系统工程理论与实践，2015, 35 (8)：2158-2165.

[11] 禹明刚，王智学，王庆龙. 面向 C4ISR 系统联合作战的跨组织进程互操作研究 [J]. 系统工程理论与实践，2016, 36 (3)：805-816.

[12] 禹明刚，何明，张东戈，等. 基于演化博弈的结构化无人集群协作控制方

法[J].火力与指挥控制,2021,46(10):24-31+38.

[13] 禹明刚,牟杨城,康凯.一种基于遗传算法的 NIC-SoS 发展路线图优选方法[J]. 指挥与控制学报, 2019, 5(4): 334-338.

[14] 禹明刚,何明,权冀川. 基于能力价值的 NIC-SoS 演化建模及分析方法[J]. 兵器装备工程学报, 2020, 41(1): 111-116.

[15] 禹明刚,权冀川,董经纬.军事信息系统需求模型一致性检验方法[J]. 火力与指挥控制, 2019, 44(11): 143-150.

[16] 禹明刚,王智学,何红悦.军事通信领域上下文本体建模及不确定性推理[J]. 指挥控制与仿真, 2014, 36(4): 7-11+19.

[17] 禹明刚,朱卫星. 外军 C4ISR 系统互操作性建模及仿真评估[M]. 北京: 兵器工业出版社, 2020.

[18] 王智学,禹明刚,朱卫星,等.指挥信息系统需求工程方法[M]. 2 版.西安:西北工业大学出版社,2024.

[19] 张东戈,牛彦杰,禹明刚,等.军事运筹学[M]. 2 版.西安:西北工业大学出版社,2024.

[20] 张东戈,禹明刚,牛彦杰,等.人工智能对指控领域的影响[J/OL].指挥控制与仿真,1-5[2024-07-22]. http://kns. cnki. net/kcms/detail/32. 1759. TJ. 20240710.0944. 006. html.

[21] 刘学达,何明,禹明刚,等. 基于公共物品博弈的无人机集群弹药分配方法[J]. 控制与决策, 2022, 37(10): 2696-2704.

[22] 刘学达,何明,禹明刚,等. 基于演化博弈的无人机集群协同应用[J]. 指挥与控制学报, 2021, 7(2): 167-173.

[23] 王先甲,夏可. 多人雪堆演化博弈在愿景驱动规则下的扩展平均丰度函数[J]. 系统工程理论与实践, 2019, 39(5): 1128-1136.

[24] 全吉,储育青,王先甲. 具有惩罚策略的公共物品博弈与合作演化[J]. 系统工程理论与实践, 2019, 39(1): 141-149.

[25] LEE H H, MOLLA M N, CANTOR C R, et al. Bacterial charity work leads to population-wide resistance[J]. Nature, 2010, 467(7311): 82-85.

[26] GRIFFIN A S, WEST S A. Kin discrimination and the benefit of helping in cooperatively breeding vertebrates[J]. Science, 2003, 302(5645): 634-636.

[27] BSHARY R, GRUTTER A S. Image scoring and cooperation in a cleaner fish mutualism[J]. Nature, 2006, 441: 975-978.

［28］ FEHR E, FISCHBACHER U. The nature of human altruism［J］. Nature, 2003, 425(6960): 785-791.

［29］ HENDERSON L F. The statistics of crowd fluids［J］. Nature, 1971, 229 (5284): 381-383.

［30］ MISCHIATI M, LIN H T, HEROLD P, et al. Internal models direct dragonfly interception steering［J］. Nature, 2015, 517(7534): 333-338.

［31］ WOLFRAM S. Cellular automata as models of complexity［J］. Nature, 1984, 311: 419-424.

［32］ SMITH J M, PRICE G R. The logic of animal conflict［J］. Nature, 1973, 246: 15-18.

［33］ NOWAK M A, SIGMUND K. Evolution of indirect reciprocity［J］. Nature, 2005, 437(7063): 1291-1298.

［34］ LIEBERMAN E, HAUERT C, NOWAK M A. Evolutionary dynamics on graphs［J］. Nature, 2005, 433: 312-316.

［35］ NOWAK M A. Five rules for the evolution of cooperation［J］. Science, 2006, 314(5805): 1560-1563.

［36］ NOWAK M A, SIGMUND K. Evolutionary dynamics of biological games ［J］. Science, 2004, 303(5659): 793-799.

［37］ NOWAK M A, KOMAROVA N L, NIYOGI P. Computational and evolutionary aspects of language［J］. Nature, 2002, 417(6889): 611-617.

［38］ NOWAK M A, SASAKI A, TAYLOR C, et al. Emergence of cooperation and evolutionary stability in finite populations［J］. Nature, 2004, 428 (6983): 646-650.

［39］ NOWAK M A, MAY R M. Evolutionary games and spatial chaos［J］. Nature, 1992, 359: 826-829.

［40］ HAUERT C, DE MONTE S, HOFBAUER J, et al. Volunteering as Red Queen mechanism for cooperation in public goods games［J］. Science, 2002, 296(5570): 1129-1132.

［41］ OHTSUKI H, HAUERT C, LIEBERMAN E, et al. A simple rule for the evolution of cooperation on graphs and social networks［J］. Nature, 2006, 441(7092): 502-505.

［42］ SANTOS F C, SANTOS M D, PACHECO J M. Social diversity promotes the emergence of cooperation in public goods games［J］. Nature, 2008, 454 (7201): 213-216.

［43］ SANTOS F C, PACHECO J M. Scale-free networks provide a unifying framework for the emergence of cooperation［J］. Physical Review Letters, 2005, 95(9): 098104.

［44］ SANTOS F C, PACHECO J M. A new route to the evolution of cooperation ［J］. Journal of evolutionary biology, 2006, 19(3): 726-733.

［45］ SANTOS F C, PACHECO J M, LENAERTS T. Evolutionary dynamics of social dilemmas in structured heterogeneous populations［J］. Proceedings of the national academy of sciences of the United States of America, 2006, 103 (9): 3490-3494.

［46］ SANTOS F C, RODRIGUES J F, PACHECO J M. Graph topology plays a determinant role in the evolution of cooperation［J］. Proceedings Biological Sciences, 2006, 273(1582): 51-55.

［47］ CHEN X J, FU F, WANG L. Prisoner's Dilemma on community networks ［J］. Physica A: Statistical mechanics and its applications, 2007, 378(2): 512-518.

［48］ WANG J, WU B, HO D W C, et al. Evolution of cooperation in multilevel public goods games with community structures［J］. EPL (Europhysics Letters), 2011, 93(5): 58001.

［49］ FU F, CHEN X J, LIU L H, et al. Social dilemmas in an online social network: The structure and evolution of cooperation［J］. Physics Letters A, 2007, 371(1/2): 58-64.

［50］ 禹明刚, 王智学, 蒋猛. 网络信息体系能力需求描述及分析方法［C］. //第六届中国指挥控制大会, 2018: 1203-1209.

［51］ LETCHFORD J, KORZHYK D, CONITZER V. On the value of commitment［J］. Autonomous Agents and Multi-Agent Systems. 2014, 28(6): 986-1016.

［52］ 李瑞晨, 孙俭, 俞启宜. 星球大战与美苏太空争霸［M］. 北京: 世界知识出版社, 1989.

［53］ 王洋. 美苏军备竞赛与控制研究［M］. 北京: 军事科学出版社, 1993.